# 应用表面化学

主　编　张跃忠
副主编　智丽飞
参　编　李芬芳　张　燕　温艳珍　张晓华

北京理工大学出版社
BEIJING INSTITUTE OF TECHNOLOGY PRESS

## 内 容 简 介

本书基于编写组多年教学实践和科研成果，主要阐述了表面化学的基本原理与规律及其在实际生产生活中的应用。书中分别对气-液、液-液、气-固、固-液四类界面进行了介绍，在此基础上对吸附、润湿、表面活性剂及应用、乳状液与泡沫、洗涤、纳米材料的表面化学和表面分析技术等内容进行了介绍。本书将理论知识与实际生产生活中的实际应用相结合。本书概念清晰，兼容了讲授与自学的特点，针对性和适用性较强。

本书可作为工科院校相关专业的高年级本科生或研究生应用表面化学课程的教材或教学参考书，也可供应用化学、化工、油田化学、环境科学、医药、选矿、纺织等相关领域工程技术人员和科技人员参考。

### 图书在版编目（CIP）数据

应用表面化学 / 张跃忠主编. – – 北京：北京理工大学出版社，2024.2

ISBN 978–7–5763–3651–1

Ⅰ.①应…　Ⅱ.①张…　Ⅲ.①应用化学-表面化学

Ⅳ.①O647.11

中国国家版本馆 CIP 数据核字（2024）第 047506 号

---

责任编辑：王玲玲　　　文案编辑：王玲玲
责任校对：刘亚男　　　责任印制：李志强

---

出版发行 / 北京理工大学出版社有限责任公司
社　　址 / 北京市丰台区四合庄路 6 号
邮　　编 / 100070
电　　话 / (010) 68914026（教材售后服务热线）
　　　　　 (010) 68944437（课件资源服务热线）
网　　址 / http://www.bitpress.com.cn

---

版 印 次 / 2024 年 2 月第 1 版第 1 次印刷
印　　刷 / 涿州市新华印刷有限公司
开　　本 / 787 mm×1092 mm　1/16
印　　张 / 16
字　　数 / 369 千字
定　　价 / 92.00 元

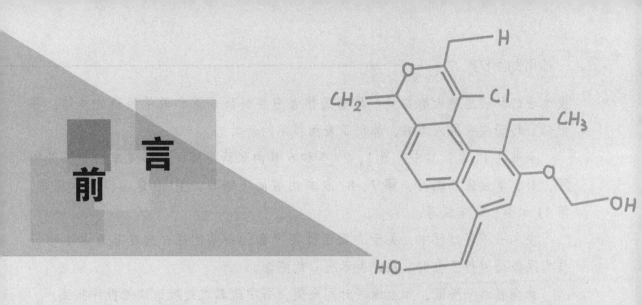

# 前　言

　　表面化学是物理化学的一个分支，是在胶体化学基础上发展起来的一门古老而又年轻的学科。它主要研究的是物质两相之间的界面上发生的物理化学过程。通常将气-固、气-液界面上发生的物理化学过程称为表面化学，而在固-液、液-液界面上发生的物理化学过程称为界面化学。但也有些学者将所有的界面过程化学问题都称作表面化学或界面化学，分得并不是很严格。可以说在自然界和工农业生产及日常生活中，到处都存在着在与表面化学有关的问题，例如，水珠滴在干净的玻璃板上，就会自动铺展；但如果水珠滴在荷叶上，情况则完全相反，这些现象都与表面化学性质有关。表面化学与许多学科，例如电气及通信器材学科、材料科学、医学、生物及分子生物学、土壤学、地质学、环境科学等都有密切联系。它在工农业生产及人们日常生活中都有广泛应用。例如，石油的开采、油漆涂料的生产、各种轻化工和日用化学品的制造、信息材料的制造、采矿中的浮选、环境污染的处理与防治。同时，食品、纺织、军工、体育用品、农药、建材等众多领域都与胶体和表面化学有关。因此，可以毫不夸张地说，表面化学已经渗透到国民经济及人民生活的各个方面。

　　本书以党的二十大报告中"科教兴国战略、人才强国战略、创新驱动发展战略"为指导，结合本学科特点而编写，融合了表面化学领域的最新科研进展。本书首先介绍气-液、液-液、气-固、固-液四类界面的基本原理及规律；其次阐述吸附、润湿、表面活性剂及应用、乳状液与泡沫和洗涤等应用性较强的内容；最后结合最新科研进展，介绍纳米材料的表面化学和表面分析技术。本书中基本知识和基本规律均与实例相结合，对于提升读者对表面化学的理解、启发读者的科研思路大有益处。本书是作者多年科研成果和教学经验的总结，并把部分科研成果引入本书，体现了表面科学的新动态。

全书共 11 章，其中，第 1、2、3 和 6 章由张跃忠编写，第 4 章由李芬芳编写，第 5 章由张燕编写，第 7、8、9 章由智丽飞编写，第 10 章由温艳珍编写，第 11 章由张晓华编写。

在本书编写过程中，关于表面活性剂产品的一些问题，向江苏万淇生物科技有限公司进行了咨询。在此表示衷心的感谢。

受编者水平所限，加上编写时间仓促，书中疏漏之处敬请读者批评指正。

编　者

# 目录

# 绪　论

密切接触两相之间的过渡区（约几个分子的厚度）称为界面（interface），若其中一相为气体，这种界面通常称为表面（surface）。凡是在相界面上所发生的一切物理化学现象，统称为界面现象（interface phenomena）或表面现象（surface phenomena）。研究各种表面现象实质的科学称为表面化学。通常将气-液、气-固界面现象称为表面现象，旨在研究表面和气/固/液多相界面的结构与性质，揭示物质在表界面发生的物理与化学转化过程的基本规律，是典型的综合交叉学科，并向能源、材料、环境、信息和生命等学科领域延伸，为人类社会的可持续发展提供坚实的科学基础。

## 1. 表面化学的发展历史

表面与界面化学过程的研究在化学研究中有着重要作用，也经历了很长的历史。早在18世纪，人们就开始了表面的研究，例如催化、电化学以及表面相的热力学研究等。法国科学家萨巴蒂埃（P. Sabatier）因使用细金属粉末作催化剂，发明了一种制取氢化不饱和烃的有效方法而与他人分享了1912年诺贝尔化学奖。随后人们认识到这种反应中最关键的步骤是控制氢分子在金属表面的吸附，而不使氢分子在金属表面上解离成氢原子（氢分子在金属表面容易发生解离吸附）。这种方法经过适当的改进后，至今仍是有机物氢化反应的标准过程。德国科学家哈伯（F. Haber）因合成氨法的发明而获得1918年诺贝尔化学奖。1932年，美国科学家朗缪尔（I. Langmuir）因提出并研究表面化学而获诺贝尔化学奖。他于1909年开始研究表面化学，1916年提出了单分子层吸附理论和"朗缪尔吸附等温方程"，1917年制成"表面天平"，以测定分子在表面膜内的表面积，1920年研究了表面反应动力学，得到被后人命名为"朗缪尔等温线"的基本理论。后来，英国科学家欣谢尔伍德（C. N. Hinshelwood）进一步发展了这个理论，成为多相催化反应"朗缪尔-欣谢尔伍德机理"。从1932年开始，表面化学过程领域就没有获得过诺贝尔奖。1956年，欣谢尔伍德与苏联科学家谢苗诺夫（N. N. Semenov）因化学反应机理的研究而共同获得诺贝尔化学奖。1986年，美国科学家赫希巴赫（D. R. Herschbach）、美籍华裔科学家李远哲（Y. T. Lee）与德国科学家波拉尼（J. C. Polanyi）因对化学基元反应动力学的贡献而共同获得诺贝尔化学奖。这些诺贝尔奖的工作主要集中在气相化学反应基本原理的研究上。

在朗缪尔的工作以后，相当长时间内，表面化学领域都缺乏开创性的研究工作，原因主要有三点。首先，制备表面时，很难精确控制表面的组分与形状。其次，缺乏可以直接探测表面分子反应的实验技术，表面反应只含有几个分子，通常以极快的速度在只有一个分子厚的薄层中进行。人们只能在气相测量化学组分，进而推断分子在表面可能发生的化学反应，所以这样得到的结果可靠性不高。最后，表面具有极高的化学活性，在大气中，表面很容易吸附空气中的气体或与之发生反应，在研究一个特定的反应时很难保持表面的清洁，因此，这样的研究通常需要真空设备、电子显微镜、无尘室等先进的实验设备以及先进的方法，以保证结果具有极高的精确度与可靠性。整个领域由于 20 世纪 50—60 年代半导体技术的发展而出现了变化。由于真空技术的发展，出现了一些在高真空条件下研究表面的新方法，使人们可以从微观水平上对表面现象进行研究，表面化学开始成为一门独立的基础学科，并吸引了一批具有固体物理、物理化学、化学工程知识背景的科学家，从此表面化学得到迅猛发展，大量研究成果被广泛应用于涂料、建材、冶金、能源等行业。

20 世纪 60 年代以后，各种表面分析技术不断涌现。近几十年来，检测表面性能的实验技术有了突破性的进展，对表面组成、结构、电子性能、磁学性能都可以从极微观的层次进行表征，为深入研究表面反应过程提供了十分方便的实验手段。常用的实验方法有 X 射线光电子能谱、紫外光电子能谱、俄歇电子能谱、电子能量损失谱、低能电子衍射、程序升温脱附技术等，其中，尤以宾尼（Gerd Binning）和罗雷尔（Heinrich Rohrer）在 20 世纪 80 年代发明扫描隧道显微镜以及后来宾尼等研制的原子力显微镜为代表，将表面分析技术的开发推上巅峰。这些林林总总的表面分析技术与方法成为人们探索表面的有力武器，将人们带入了迷人的原子和分子世界，实现了人们一直渴望"看到"以及操控原子和分子的梦想，给表面化学的发展带来了无尽的生机与活力。

德国马普学会弗里茨-哈伯研究所的格哈德·埃特尔（Gerhard Ertl）充分利用了这些新的技术和先进工具研究了氢原子在金属如把铂镍表面的吸附情况。在 20 世纪 70 年代中叶，他将目光转向了哈伯-博施（Haber-Bosch）过程，即氮气与氢气反应生成氨气。这一合成氨工业反应每年提供亿吨化肥，通常以铁为催化剂，氢氧化钠为助剂，氧化铝和二氧化硅为载体，并需要加以压力。当时，氮气和氢气在表面的行为模式并不清楚。埃特尔认为，氮气分子的氮氮三键在铁表面断裂，在与氢气反应之前，氮气已经裂解为原子了。他同时解释了为什么钠和其他一些碱金属能够促进这个反应，因为钠与铁之间的电子密度的不均一有利于氮气分子的裂解。20 世纪 80 年代，埃特尔又开始研究一氧化碳在铂表面的氧化过程，这个反应正是汽车尾气转化器的基本原理。他的研究表明，由于表面发生重构，电子密度的平衡被打破，一氧化碳和氧气在反应过程中处于震荡。因此，瑞典皇家科学院在斯德哥尔摩宣布，将 2007 年诺贝尔化学奖授予德国马普学会弗里茨-哈伯研究所的格哈德·埃特尔（Gerhard Ertl），为表彰他在固体表面化学过程研究中的贡献。作为现代表面化学的奠基人之一，埃特尔能够将普遍性质和深层理解联系起来。他的获奖研究涉及一个很基础的问题，就是分子从气相撞击固体表面并发生反应，在这期间究竟发生了些什么？这个问题涉及一大批自然和工业的重要反应，例如用于制造化肥的哈伯反应，汽车尾气的催化净化，臭氧在大气中冰晶表面的分解，等等。成千上万的此类反应都是基于表面化学反应的原理。埃特尔将表面研究延伸到了原子层面，特别是对于一些工业反应。他严谨的表面分子实验不仅开创了表面化学研究领域，也为同领域的其他研究工作建立了一个基准，理解甚至控制催化反应是可能的。

## 2. 表面化学的研究内容及应用领域

表面化学过程的研究对工农业生产和日常生活有着重要作用。石油炼制工业中的催化重整、加氢精制工艺过程与催化剂的表面性质和表面反应性能密切相关。表面化学家对哈伯-博施过程的透彻研究促进了合成氨工业的飞速发展。在环保方面，人们对一氧化碳在金属表面氧化过程的研究促进了汽车尾气净化装置的研制，极大地减少了汽车尾气对环境的污染。对氟氯烃以催化方式破坏臭氧层过程的研究，有助于帮助人们找到更好的保护臭氧层的方法。在微电子领域，人们不仅用化学气相沉积法生成了大量的很薄的半导体，而且，对半导体表面物理化学性质进行了深入研究，为开发新的高效半导体器件提供了理论依据。在工业生产领域，纺织、造纸、矿山都离不开高效工业表面活性剂，甚至实现强化采掘石油也需加入表面活性剂，以有效地降低岩芯与石油混合物之间的表面张力以及黏度。在能源行业，水在半导体表面光解制氢的研究成果可为实现利用水中氢资源开辟途径。人们正试图找到效率更高的燃料电池，以使车用氢气燃料电池替代日渐匮乏的汽油。由表面化学反应引起的腐蚀是日常生活（如自来水管、炊具、铁门、栏杆等）与工业生产（如船舶、汽车、桥梁、核电站与飞机等）中面临的重要问题。全世界每年有高达 1/4 的铁因锈蚀而失去使用价值（如铁在潮湿、有氧环境下的催化氧化），每年因腐蚀造成的经济损失约 7 000 亿美元。表面化学研究则可以提供防止腐蚀的方法，通过调节表面组分，如在表面形成一层氧化物保护膜或惰性物质，可以减少腐蚀；将铬镀在不锈钢的表面，由于铬对空气或氧以及酸类有很大的惰性，可使钢材防腐蚀。可见表面化学过程的研究在广泛的用化学知识解决实际问题的应用范围内起了关键作用，具有很高的经济价值。

表面化学过程的研究在基础化学研究中也有很重要的作用。在化学反应的理论研究中，在气相中研究分子的形成最简单，因为在气相只需考虑发生相互碰撞的两个反应物的影响。然而，在实际应用中，有很多重要的反应发生在很复杂的环境中，反应物要经常与邻近分子进行能量与动量的交换，如在溶液中，环境是无序动态变化的，对这类系统的描述，必须考虑环境的影响，研究起来非常困难。气-固界面提供了一个处于简单的气相环境与复杂的液相环境之间的环境，在固体表面，吸附分子与载体交换能量及动量，但在很多理想情况下，载体是长程有序的，因此，分子与载体间的相互作用很有规律，可以进行精确的实验与理论计算。所以，通常可以把表面化学反应的研究看作深入理解实际反应的一种途径。催化领域面临的首要任务是在已积累的大量实验基础上继续深入认识若干系列催化过程的机理和开发新的催化反应，研制相应的催化材料。由于表面技术的发展及应用，人们越来越多地在金属及氧化物单晶材料的表面上进行在实际应用中有重要作用的复杂催化反应的模拟研究，以便积累数据，综合分析，从中找出有关催化反应基元过程的重要信息和线索，为设计和改进所需高效催化剂提供理论依据。

## 3. 表面化学的发展规律和态势

表面化学是密切结合实际并与其他学科息息相关的学科，它涉及的范围广，研究的内容丰富。从它的发展历程也可以看出，表面化学的内容在不断深入，面貌在不断更新，开拓的领域也越来越广。在自身的发展过程中，繁衍出一些新的学科，或丰富了其他学科的内容。今后需要积极扩展领域，加强学科间的交流合作。作为一门与实际应用密切结合的学科，现代经济社会为表面化学的发展提供了广阔的空间。可以预期，工农业的持续发展中，将会更广泛地运用表面化学的基本原理和研究方法，特别是石油的开采和炼制，油漆、印染和选矿，甚至人工降雨等。工农业生产实践中提出来的问题，又进一步推动着表面化学学科理论的发展。

随着创新仪器的不断涌现和发展、计算能力的快速提升和研发投入的大幅增加，"表界面化学"呈现了如下发展态势：研究内容聚焦到"表界面"这一核心概念；研究体系从简单模型到复杂真实体系；研究过程从静态、稳态和平衡态到动态、瞬态和非平衡态；研究深入到纳米/团簇和分子/原子的微观尺度及飞秒/阿秒的超快过程；理论与实验结合更加紧密，学科交叉融合特征更加明显。

1）基础理论研究定量化

在 20 世纪 60 年代，表面科学开始发生重大变化，超高真空（UHV）系统被建立，人们开始可以直接测量表面活性区域的性质，可以直接在分子水平上验证上述理论。现阶段，先进的高分辨原位实时表征技术的发展，已经能够达到表界面结构原子级的解析分辨率，使得人们可以详细研究表界面物理化学过程，在微观尺度上定量建立表界面构效关系的理论成为可能。

随着量子力学、统计力学和多尺度模拟方法的蓬勃发展，以气-固界面、液-固界面为主要研究对象的理论模拟方法在 20 世纪 80 年代中期逐渐开展起来。近年来，理论与计算化学（特别是密度泛函理论，DFT）的发展把表界面化学带入了一个新阶段，理论计算及模拟在描述微观原子间相互作用、揭示表界面体系几何/电子结构及静态、动态性质变化规律等方面开始发挥重要作用，实现了对表界面及其基元反应过程比较精确的模拟，并借助分子动力学和反应动力学将微观物理量和宏观实验参数关联起来。以表界面多相催化为例，一些重要的催化理论或概念被定量化、重新认识和拓展，如以 BEP 关系为代表的线性标度关系、d 带（或 p 带）中心、活性描述因子及火山形活性曲线、单原子催化等，有力地加深了人们对表界面催化本质的认识。尤其是在过去 10 年里，基于 DFT 的计算，催化研究从数量到质量都取得了巨大发展，极大地丰富了催化理论认知，促进了整个表界面化学的发展，成为理解表界面反应活性、选择性、稳定性和探索高效表界面材料必不可少的重要研究手段。

2）表征技术革新化

在原子水平上研究材料周期性的体相结构和非周期性的缺陷结构的组成、分布、结构与性质的时空变化，对于催化与表界面化学基础研究至关重要。近十年来，原子分辨电子三维/四维重构技术已经在原子分辨尺度探测材料中晶体晶界、位错、原子坐标以及化学组成等方面取得了重大突破，从"看到三维原子"的定性技术发展为"确定原子坐标"的定量技术。该技术辅以时间分辨维度，可以拓展为原子分辨的四维成像，以便在原子层次探究相转变、晶界变化、原子扩散、界面运动、表面重构等动态过程。基于 X 射线、自由电子激光和同步辐射光源的三维相干衍射成像技术可实现体系的超高空间分辨率、高衬度、原位和定量的三维成像。突破原子分辨率，实现单一颗粒成像也颇值得关注。4D 扫描透射显微技术（4D-STEM）和电子叠层成像术（Electron ptychography）是近年来快速发展的电子成像技术，可以进行虚拟衍射成像、相位衬度成像、应力以及晶体取向分布图等。

表面化学遵循着"阐释—还原—创新"的发展轨迹，即由对宏观表面化学过程的唯象解释，到原子和分子层次的机理还原，再到原理创新驱动的实际应用。近年来，表面化学的发展规律与态势主要包含以下几个方面。①表征技术的多元化：多样化表征技术如单分子光谱技术、近常压原位表征技术、表面非线性光谱以及 q-plus 原子力显微镜成像技术等，使得人们可以从单一性质测量过渡到振动、电子、自旋和光学等多种性质的检测。②研究过程的动态化：表面化学更加关注表面化学过程的原位观测。研究体系从简单模型和探针体系向复杂的真实体系靠拢，由初期的简单研究趋向复杂表面结构的制备和反应环境模拟等。动态化的终极目标是实现表面化学过程的可视化。③实验与理论相结合：开展多时间和空间尺度的理想体系、模型体系、近真实体系乃至真实体系的表面实验研究和理论处理与计算模拟，特别是第一性原理、基于机器学习的势函数构建、外场调控模拟、动态演化再现、微观反应动力学模拟等跨时间和空间尺度的复杂体系的理论与计算研究，借助人工智能和大数据分析，在原子和分子尺度上认识和理解表面结构与反应过程已成 为日趋明显的发展趋势。④多学科交叉融合：表面化学研究正从传统的表面结构、表面吸附与表面反应，外延到许多新兴领域和方向，诸如凝聚态物理、低维材料、能源科学、微电子学、量子信息乃至生命科学等领域。表面化学的跨越式发展亟待物理、化学、材料、能源和生物等学科的交叉融合。

# 参考文献

［1］马秀芳，李微雪，邓辉球. 现代表面化学的发展——2007 年诺贝尔化学奖简介［J］. 自然杂志，2007（6）：353-357.

［2］乐颖毅，范康年. 从 2007 年诺贝尔化学奖看现代表面化学的发展［J］. 科学，2008（60）：53-55.

［3］郭荣，黄建滨，陈晓. 胶体与界面化学的研究进展［J］. 化学通报，2014（77）：677-691.

［4］林信惠，李艳平. 表面化学的开拓者欧文·朗缪尔［J］. 自然辩证法通讯，2012（34）：111-117.

［5］高飞雪，伊晓东. 催化与表界面化学"十四五"发展规划概述［J］. 中国科学，2021（51）：932-943.

表面化学是研究任何两相之间的界面上发生的物理化学过程的科学。根据两相物理状态的不同，界面可以分为气–液、液–液、气–固和固–固等。习惯上常将有气相参与组成的相界面叫作表面，其他的叫作界面。其实两者并无严格的区分，常常通用。

本章以最常见的气–液界面为讨论对象，这是最简单的界面体系，所涉及的许多概念和规律是后面章节的基础。

# 1.1　表面张力和表面自由能

## 1.1.1　表面张力和表面自由能的概念

### 1. 表面张力

液体表面具有收缩的倾向，其表现为呈现球形的小液滴，如水银珠和熔化的金属液滴都呈现球形，这是液膜自动收缩等现象。这些都是表面张力和表面自由能作用的结果。

观察表面张力最典型的实验是皂膜实验。如图 1-1 所示，用金属丝弯曲成一方框，使其一边可以自由移动，让液体在此框内形成液膜 $ABCD$，其中，$CD$ 为活动边，长为 $l$。若刚从皂液中提起这个金属框，可观察到 $CD$ 边会自动收缩。要维持 $CD$ 边不动，则须施加一个适当的外力 $F$。可以推断活动边 $CD$ 必定同时受到和 $F$ 大小相等、方向相反的力的作用，这个力就是表面张力。

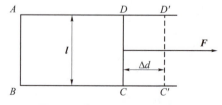

图 1-1　表面张力的物理意义

$$F = 2 \times l \times \gamma \tag{1-1}$$

式中，2 是因为液膜有两个面；$\gamma$ 为表面张力系数，简称表面张力。

对于一定的液体，在一定的物理状态下，平衡时的 $F$ 值与边长 $l$ 成正比，此处，$\gamma$ 为垂直通过液体表面上单位长度，沿着与液面相切的方向收缩表面的力，即表面张力系数，通常简称为表面张力。国际上通用的单位为 mN/m（毫牛顿/米）和 dyn/cm（达因/厘米），1 dyn/cm = 1 mN/m。

#### 2. 表面自由能

对于皂膜实验，从热力学角度来看，液膜在外力 $F$ 作用下移动了 $\mathrm{d}x$ 距离，做功为 $\delta W = F\mathrm{d}x$，结果是使表面积增加了 $\mathrm{d}A = 2l\mathrm{d}x$。

根据热力学基本关系式，对纯物质，有

$$\mathrm{d}G = -S\mathrm{d}T + V\mathrm{d}p + \delta W$$

在可逆情况下，在恒温恒压下，此功等于体系吉布斯自由能的增量

$$\mathrm{d}G = \delta W = \gamma \times 2l \times \mathrm{d}x$$

于是

$$\gamma = \frac{\delta W}{\mathrm{d}A} = \left(\frac{\mathrm{d}G}{\mathrm{d}A}\right) \tag{1-2}$$

故，$\gamma$ 为恒温恒压下增加单位表面积时体系吉布斯自由能的增量，称其为比表面自由能，简称表面自由能。国际上常用的单位有 $J/m^2$（焦耳/米$^2$）、$mJ/m^2$（毫焦耳/米$^2$）、$erg/cm^2$（尔格/厘米$^2$）、$cal/cm^2$（卡/厘米$^2$）。1 $erg/cm^2 = 10^{-1}$ $J/m^2 = 1$ $mJ/m^2 = 2.39 \times 10^{-8}$ $cal/cm^2$。

综上所述，液体表面张力和表面自由能分别是用力学和热力学的方法研究液体表面现象时采用的物理量，有相同的量纲，采用相应的单位时数值相同。但在应用上各有特色。用表面自由能，便于用热力学原理和方法处理界面问题，所得结果不仅适用于液体表面，还对各种界面有普遍意义。特别对于与固体有关的界面，由于它的不可移动性，力的平衡难以应用。另外，采用表面张力的概念以力的平衡方法解决流体界面的问题具有直观方便的优点。

### 1.1.2 表面自由能的定性解释

拉普拉斯早在 19 世纪初就指出，表面张力取决于两个事实：分子在一定距离内有相互作用；气相分子的密度显著小于液相的密度。随着科技的进步，表面张力和表面自由能理论有了长足的进步，但这两点理论仍不失其基础意义。处于液体内部和表面分子受到不同的分子间作用力。处于液体内部的分子，由于分子间作用力只在较短距离内起作用，四周分子对它的作用力是等同的，合力为零，故分子在液体内部运动无须做功。处于液体表面的分子则不同，由于气相分子密度小于液相，表面分子所受到的引力不完全对称，合力指向液体内部，所以能从内部移至表面的分子必须有较高的能量，以克服此力的作用。显然，同量液体中处于表面的分子越多，体系的能量就越高。增加液体表面积必然增加处于表面的分子数，体系能量也相应增加。此能量增量来自外界对体系所做的有用功，故称为表面自由能。由此可见，表面自由能即构成单位面积液体表面的分子比处于液体内部时高出的自由能值。

随物质组成及状态不同，产生表面自由能与表面张力的作用本质也不同，其中，有化学

的，也有物理的。各种作用力中化学键与金属键的强度较大，往往使分子间的相对位移也受到限制，物质失去流动性而处于固态。这些键常对固体表面能做出贡献，使表面能也相应地较高，一般在几百到一千多 mN/m 的范围。对于常见液体，主要是物理的相互作用，即范德瓦尔斯力；少数有金属键的作用，如汞及金属在汞中溶液；还有一部分液体，如水、醇等缔合液体，氢键对它们的表面张力和表面自由能有重要贡献，使缔合液体的表面自由能比一般液体的高。

## 1.1.3 表面自由能的分子理论

表面自由能是分子间相互作用的结果，已有多种理论模型用于表面自由能的理论推算。经过许多研究者的系统工作，发展了计算单位面积表面体系增加能量的方法——加合分子对势能法。

设想形成新表面的过程是把液体内部两层分子间的距离从平衡距离 $r_0$ 移至无限远处，为此，必须克服两部分分子间的引力做功，体系增加的能量便是新生表面的表面能。此能量等于两部分所有分子间相互吸引能量的总和，可通过加合所有分子对势能的办法求出，这就是对势能加合法。通过加合这两层分子对势能的办法可求出体系能量的增加量。

假设分子间相互作用主要是范德瓦尔斯（van der Waals）吸引力中的色散力，而且具有加和性。设新生表面液体与其蒸气接触，蒸气分子对液体分子也有引力作用。设单位体积中有 $N$ 个小单元（分子或基团），两小单元间的吸引力符合力的关系。若两小单元相距 $r+x$（图 1-2），则相互作用能为

$$U_1 = -A/(r+x)^6 \tag{1-3}$$

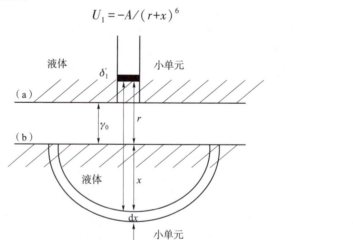

图 1-2 势能加合法计算液体表面张力

式中，$A$ 为范德瓦尔斯引力常数。处于与上部液体中的小单元距离为 $(r+x)$ 和 $(r+x)+\mathrm{d}x$ 之间的下部小单元构成一个壳层，此壳层对上部小单元的吸引能由下式得到

$$U_2 = -2\pi(r+x)^2\left(1-\frac{r}{r+x}\right)\frac{1}{(r+x)^6}N\mathrm{d}x \tag{1-4}$$

整个下部液体对上部小单元的吸引能可从下式积分得到

$$U_3 = -\int_0^\infty 2\pi AN(r+x)^2\left(1 - \frac{r}{r+x}\right)\frac{1}{(r+x)^6}dx = \frac{\pi AN}{6r^3} \tag{1-5}$$

最后，加合上层液体中各个小单元与下层液体间的吸引能即得两层液体间相互作用能。若液体截面积为 $a$，此能量为

$$U_4 = \int_{r_0}^\infty \frac{\pi N^2 Aa}{6r^3}dr = -\frac{\pi N^2 A}{12r_0^2}a \tag{1-6}$$

由于此过程新生表面面积为 $2a$，形成单位表面积体系能量增值即为

$$U^s = -\frac{\pi N^2 A}{24r_0^2} \tag{1-7}$$

这样算出的表面能应为液体对真空的表面能。实际上并不存在这种数量，因为平衡时液体若不与另一液相或固相接触，则必然与其蒸气相接触。蒸气分子或其他构成另一相的物质分子对液相分子也有一定的吸引作用，故对于气-液界面，式（1-7）应改作

$$U^s = -\frac{\pi(N_L - N_V)^2 A}{24r_L^2} \tag{1-8}$$

式中，$N_L$ 和 $N_V$ 从分别为液体和蒸气相单位体积中的分子数；$r_L$ 为液体中分子间的平衡距离。

最后还应说明，此式的推导中应用了范德瓦尔斯吸引能的加合性。严格地说，只有色散力成分具有这种加合性。而且，范德瓦尔斯引力公式只适用于简单的小分子或相当于简单小分子的基团。1968 年，Padday 和 Uffindell 将此法应用于 21 个正构烷烃，得到与实验测定的表面张力值相符很好的结果。他们是取甲基或次甲基作为小单元来计算的。与此相应，公式中的 $N$ 则以单位体积中的碳原子数来表示。表 1-1 列出了部分结果。值得注意的是，计算结果不是与总表面能相符，而是与表面自由能值吻合。Padday 把它解释为新生表面的松弛效应与生成表面时的热效应相抵消的结果。虽然还有这样或那样的问题，Padday 和 Uffindell 的结果仍显示了表面自由能分子理论的进步。

表 1-1 20 ℃时正烷烃表面自由能计算值与测定值

| 碳原子数 | 表面自由能/(mJ·m⁻²) | | 碳原子数 | 表面自由能/(mJ·m⁻²) | |
|---|---|---|---|---|---|
| | 计算值 | 测定值 | | 计算值 | 测定值 |
| 5 | 16.4 | 16.0 | 11 | 25.3 | 24.7 |
| 6 | 19.0 | 18.4~19.2 | 12 | 26.2 | 25.4 |
| 7 | 20.6 | 20.4 | 13 | 26.9 | 25.9 |
| 8 | 22.5 | 21.5~21.8 | 14 | 27.5 | 25.6~26.7 |
| 9 | 23.2 | 22.9 | 16 | 28.2 | 27.6 |
| 10 | 24.1 | 23.9 | | | |

## 1.1.4 影响表面张力的因素

影响表面张力的因素有物质的本性，还有温度、压力等。至于加入另一种或者多种物质

形成的溶液对液体表面张力的影响，则在后面的章节介绍。

### 1. 物质的本性

不同的物质具有不同的表面张力，主要是不同物质分子间作用力不同。对非极性有机液体，$\gamma$ 值一般较小，如正己烷在 20 ℃ 下，$\gamma = 18.43$ mN/m，其分子间相互作用力主要是色散力。对有氢键相互作用的液体，表面张力较大，如水在 20 ℃ 下，$\gamma = 72.8$ mN/m。对于有金属键作用的液体，表面张力值更大，一般都在几百毫牛每米以上，如汞在 20 ℃ 下，$\gamma = 486.5$ mN/m。现已知表面张力最低的液体是 He，在 1 K 下其表面张力 0.37 mN/m，表面张力最高的液体是 Fe，在其熔点 1 550 ℃ 时，$\gamma = 1\ 880$ mN/m。

### 2. 温度的影响

温度升高时，一般液体的表面张力下降，且 $\gamma$-$T$ 有线性关系。当温度升高到接近临界温度时，液-气界面逐渐消失，表面张力趋近于零。温度升高，表面张力降低的定性解释是温度升高时物质膨胀，分子间距离增大，故吸引力减弱，$\gamma$ 降低。当然，也可以用温度升高时气-液两相的密度差别减小来解释。

大多数液体的表面张力随温度上升呈线性下降。但在临界温度以前（距临界温度 30 K 以内），有明显偏差。液体表面张力与温度关系的研究虽已有一个世纪之久，但尚无准确的理论关系。关于表面张力和温度的关系式，目前主要采用一些经验公式。最简单的经验公式是

$$\gamma = \gamma_0(1 - bT) \tag{1-9}$$

式中，$T$ 为绝对温度；$r_0$ 和 $b$ 为随体系而变的经验常数。

此外，还有经验公式

$$\gamma = \gamma_0\left(1 - \frac{T}{T_c}\right)^n \tag{1-10}$$

式中，$T_c$ 为液体临界温度；$n$ 为经验常数，对有机液体，$n$ 的平均值为 1.21。当温度为 $T_c$ 时，表面张力趋于零。

还可用多项式来表达 $\gamma$-$T$ 之间的函数关系。例如，水的表面张力与温度的关系为

$$\gamma = 75.796 - 0.145t - 0.000\ 24t^2 \tag{1-11}$$

式中，$t$ 为温度，℃。该式的适用温度为 10~60 ℃。

几种液体在不同温度下的表面张力见表 1-2。

表 1-2　几种液体在不同温度下的表面张力　　　　mN/m

| 液体 | 0 ℃ | 20 ℃ | 40 ℃ | 60 ℃ | 80 ℃ | 100 ℃ |
|------|------|------|------|------|------|-------|
| 水 | 75.64 | 72.75 | 69.56 | 66.18 | 62.61 | 58.85 |
| 乙醇 | 24.05 | 22.27 | 20.60 | 19.01 | — | — |
| 甲苯 | 30.74 | 28.43 | 26.13 | 23.81 | 21.53 | 19.39 |
| 苯 | 31.6 | 28.9 | 26.3 | 23.7 | 21.3 | — |

### 3. 压力的影响

由热力学基本关系式 $\mathrm{d}G = -S\mathrm{d}T + V\mathrm{d}p + \gamma\mathrm{d}A$，在 $T$ 一定时，根据全微分的性质，有

$$\left(\frac{\partial \gamma}{\partial p}\right)_{A,T,n} = \left(\frac{\partial V}{\partial A}\right)_{p,T,n}$$

因为表面层物质密度低于液体体相密度，所以，表面张力随压力增加而增加。但实际情况则相反，表现为随压力增加而减小。通常某种液体的表面张力是指该液体与含有该液体的蒸汽的空气相接触的值。因为在一定温度下液体的蒸气压是定值，所以，只能通过改变气相中空气的压力或增加惰性气体等方法来改变气相的压力。气相压力增加，气相中物质在液体中的溶解度增加，并可能产生吸附，会使表面张力下降。压力的影响与气体的溶解及吸附的影响相比，后者更甚。所以，液体表面张力一般随气相压力的增加而降低。如 20 ℃ 时，水在 0.098 MPa 压力下表面张力为 72.8 mN/m，在 9.8 MPa 压力下为 66.4 mN/m；苯在 0.098 MPa 压力下表面张力为 28.85 mN/m，在 9.8 MPa 压力下为 21.58 mN/m。可见表面张力随压力的增加而减小，但当压力改变不大时，压力对液体表面张力的影响很小。

# 1.2 表面热力学基础

热力学方法是研究表面问题的重要工具，本节将讨论有关的基本概念及规律。鉴于热力学方法的普遍适用性及为了以后应用的方便，虽然本章仅讨论纯液体的表面性质，然而这里介绍的基本热力学关系并不完全限于一组分体系。

## 1.2.1 表面张力的广义热力学定义

### 1. 用两相平衡体系的热力学函数定义

对于热力学平衡体系，具体表面功（$\gamma \mathrm{d}A$）的热力学基本关系式如下。

$$\mathrm{d}U = T\mathrm{d}S - p\mathrm{d}V + \gamma\mathrm{d}A + \sum_i \mu_i \mathrm{d}n_i \qquad \gamma = \left(\frac{\partial U}{\partial A}\right)_{S,V,n} \qquad (1\text{-}12)$$

$$\mathrm{d}H = T\mathrm{d}S + V\mathrm{d}p + \gamma\mathrm{d}A + \sum_i \mu_i \mathrm{d}n_i \qquad \gamma = \left(\frac{\partial H}{\partial A}\right)_{S,p,n_i} \qquad (1\text{-}13)$$

$$\mathrm{d}F = - S\mathrm{d}T - p\mathrm{d}V + \gamma\mathrm{d}A + \sum_i \mu_i \mathrm{d}n_i \qquad \gamma = \left(\frac{\partial F}{\partial A}\right)_{T,V,n_i} \qquad (1\text{-}14)$$

$$\mathrm{d}G = - S\mathrm{d}T + V\mathrm{d}p + \gamma\mathrm{d}A + \sum_i \mu_i \mathrm{d}n_i \qquad \gamma = \left(\frac{\partial G}{\partial A}\right)_{T,p,n_i} \qquad (1\text{-}15)$$

以上各式是在各自条件下增加单位表面积时体系的热力学能（$U$）、焓（$H$）、亥姆霍兹函数（$F$）和吉布斯自由能（$G$）的改变值。

## 1.2.2 表面熵

根据式 $\mathrm{d}G = -S\mathrm{d}T + \gamma\mathrm{d}A$，可得

$$\left(\frac{\partial S^\sigma}{\partial A}\right)_T = -\left(\frac{\sigma\gamma}{\sigma T}\right)_A \qquad (1\text{-}16)$$

$\left(\frac{\partial S^\sigma}{\partial A}\right)_T$ 是恒温条件下体系（吉布斯表面）增加单位表面积所增加的熵值，即表面熵。

此值难以直接测定，但式（1-16）右边为实验可测量，说明可由表面张力温度系数得到表面熵值。且$\frac{\sigma\gamma}{\sigma T}$一般为负值，故表面熵为正值，即恒温条件下增加体系面积使体系的熵增加。

Prigogine 和 Saraga 从表面空位模型假设，用统计力学方法计算的表面熵也为正值，与实验结果又很一致。这说明表面空位模型（或称表面层稀薄化模型）中，表面层稀薄化可能正是表面熵为正值的根源。

### 1.2.3　表面能与表面焓

根据式（1-14）

$$\gamma = \left(\frac{\partial F}{\partial A}\right)_{T,V,n} = \left[\frac{\partial(U-TS)}{\partial A}\right]_{T,V,n}$$

于是

$$\left(\frac{\partial U}{\partial A}\right)_{T,V,n} = \gamma - T\left(\frac{\partial \gamma}{\partial T}\right)_{A,V,n} \tag{1-17}$$

式中，$\left(\frac{\partial U}{\partial A}\right)_{T,V,n}$ 是液体的总表面能，常简称为表面能。它包括表面形成过程中体系以功的形式和以热的形式得到的能量。前者就是表面自由能 $\gamma$，式（1-17）右方第二项代表热效应。

由于$\left(\frac{\partial \gamma}{\partial T}\right)_{A,V,n}$ 对于纯液体通常为负值，$-T\left(\frac{\partial \gamma}{\partial T}\right)_{A,V,n}$ 便总是正值。这说明恒温恒容下扩大液体表面积的过程是吸热过程，液体的总表面能将大于它的表面自由能。同样，可由式（1-13）导出恒温恒压下扩大单位面积时体系焓的增量，即表面焓。

$$\left(\frac{\partial H}{\partial A}\right)_{T,p,n} = \gamma - \left(\frac{\partial \gamma}{\partial T}\right)_{A,p,n} \tag{1-18}$$

# 1.3　弯曲液面

众所周知，一杯水的液面是平面，而滴定管或毛细管中的水面是弯曲液面。那么在细管中液面为什么是曲面？弯曲液面有什么性质和现象？或者说，将会对体系的性质产生什么影响？日常生活中常见的毛巾会吸水、湿土块干燥时会裂缝以及实验中的过冷和工业装置中的暴沸等现象都与液面或界面弯曲相关。本节将讨论有关弯曲液面与液体性质的规律。

## 1.3.1　弯曲液面下的附加压力

弯曲液面下的压力与平液面的压力是不同的。如用细管吹肥皂泡后，必须把管口堵住，泡才能存在，否则就自动收缩了。这是因为肥皂泡是弯曲的液膜，两边有压力差，泡内的压力大于泡外的，这个压力差（$\Delta p$）称为附加压力。附加压力的产生是由于液体存在着表面张力。

对于弯曲液面，如图1-3所示。由于表面张力是作用于切面上的单位长度并使液面缩小的力，一周都有，但不在一个平面上，合力指向曲率中心，因此，凸液面下的压力较大，是气相压力 $p_0$ 与附加压力 $\Delta p$ 之和。

$$p_凸 = p_0 + \Delta p$$

凹液面则相反，附加压力 $\Delta p$ 指向气体，凹液面下所受压力为

$$p_凹 = p_0 - \Delta p$$

对于平液面，表面张力作用在一个平面上，一周都有，大小相等，合力为零。因此，平液面的附加压力为零。

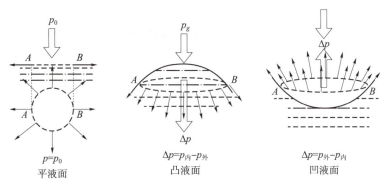

图 1-3　各种液面下的附加压力

综上所述，在表面张力的作用下，弯曲液面两边存在压力差 $\Delta p$，称为附加压力，附加压力的方向总是指向曲率中心。

## 1.3.2　附加压力与曲率半径的关系

曲面上某点的曲率是与该点相切的圆的半径 $R$ 的倒数。凸液面的曲率为正，凹液面的曲率为负，平液面的曲率为 0。对规则的球形，球的半径为曲率半径。

设有一个毛细管内充满液体，管段有一半径为 $R$ 的球形液滴与之平衡，如图1-4所示。如果对活塞稍稍施加压力减小了毛细管中液体的体积，而使液滴的体积增加 $dV$，相应地，其表面积增加 $dA$，因此，为了克服表面张力，环境对体系做功

$$(p_0 - \Delta p)dV - p_0 dV = \Delta p dV$$

当体积达到平衡时，此功的数值和表面能 $\gamma dA$ 相等，即

$$(p_凹 - p_凸)dV = \Delta p dV = \gamma dA \qquad (1-19)$$

图 1-4　附加压力与曲率半径的关系

因为球面积 $A = 4\pi R^2$，$dA = 8\pi R dR$，球体积 $V = \dfrac{4}{3}\pi R^3$，$dV = 4\pi R^2 dR$，于是

$$\frac{dA}{dV} = \frac{8\pi R dR}{4\pi R^2 dR} = \frac{2}{R}$$

代入式（1-19），得

$$\Delta p = \frac{2\gamma}{R} \qquad (1-20)$$

式（1-20）表明：

①凸液面，液滴越小，液滴内外压差越大，即凸液面下方液相的压力大于液面上方气相的压力；

②凹液面，若液面是凹的（即 $R$ 为负），此时凹液面下方液相的压力小于液面上方气相的压力；

③平液面，若液面是平的（即 $R$ 为 $\infty$），压差为零。

式（1-20）同样适用于气相中的气泡（如肥皂）。但肥皂泡有两个气-液界面，并且两个球形界面的半径基本相等，此时气泡内外的压差即为

$$\Delta p = \frac{4\gamma}{R} \tag{1-21}$$

如果液面不是球形的一部分而是任意曲面，并且曲面的主要半径为 $R_1$ 和 $R_2$，则曲界两侧压力差为

$$\Delta p = \gamma \left( \frac{1}{R_1} + \frac{1}{R_2} \right) \tag{1-22}$$

式（1-22）为拉普拉斯公式的一般形式。显然，当液面为球形时，式（1-22）即变为式（1-20）。

拉普拉斯公式说明，由于液体表面张力的存在，弯曲液面对内相有附加压力，此附加压力的大小与液体表面张力及液面曲率有关：当液面为凹面时，弯曲液面曲率半径为负值，$\Delta p$ 为负值，即液体内部压力小于外压；当液面为凸面时，$\Delta p$ 为正值，内压高于外压。换言之，弯曲液面的内外压差存在使得体相的一些性质随液滴大小和曲面形状而变化。根据拉普拉斯公式，球形气泡液面，半径越小，$\Delta p$ 越大。表1-3列出了水中小气泡的半径与泡内外压差的关系。

表1-3　水中小气泡的半径与泡内外压差的关系

| 半径 $r$/nm | 1 | 2 | 10 | 1 000 |
|---|---|---|---|---|
| $\Delta p$/Pa | $1.44 \times 10^8$ | $7.2 \times 10^7$ | $1.44 \times 10^7$ | $1.44 \times 10^5$ |

这种附加压力的存在，是绝对不能忽视的。下面举两个实例。

"气蚀"现象：20世纪初，当第一批远洋巨轮制造成功，下水试航，经过12 h航行后，发现螺旋桨变得千疮百孔。经过多年研究，最后证实是水中无数的极小细微的小气泡造成的。通常把小气泡对金属螺旋桨所造成的损坏称为"气蚀"。

这是当螺旋桨在水中高速运转时，水在巨大压力冲击下可生成无数小气泡，形成一大片气泡云。这些气泡有的小到肉眼都难以分辨，它们有极小的曲率半径。实验指出，这时周围的液体对气泡产生一个极大的压力，这就是附加压力。在这个压力作用下，气泡的液膜将以极大的速度发生收缩而破裂。当液膜破裂时，产生的压力可以达到几千兆巴（Mbar，1 Mbar = $10^5$ MPa）。无数个小气泡用这样大的压力连续而密集地撞击在金属构件上，将会使构件受到破坏。这就是"气蚀"。防止"气蚀"有多种方法，例如，在螺旋桨叶片表面涂上二硫代碳酸二乙酯钠涂料，采用"超气穴"法等。

"气塞"现象：当护士给病人注射各种针剂药物时，注射前，一定要严格检查针筒中是否有小气泡，若有小气泡，一定要设法除掉。这是因为血液中一旦混有小气泡，就可能在血管中产生弯曲液面。当外部稍加压力时，气泡两边弯液面曲率半径不相等，如

图 1-5 所示，结果产生了阻止血液流动的力。只有当外加压力达到一定程度时，血液才能开始流动。这是"气塞"现象。

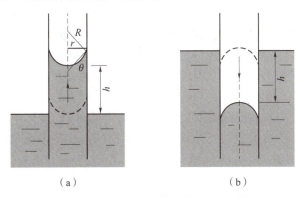

图 1-5 血管中的"气塞"现象

当人体从高压区域转到低压区域时，必须注意逐渐缓慢地过渡。这是因为气体在液体中的溶解度是随环境压力的增大而增大的。因此，在高压条件下，血液和组织液中溶进了大量的气体。如果外界气压突然下降，血液和组织液中气体就会急剧地释放出来，结果会在血管中形成许多小气泡，就像汽水瓶刚打开时，冒出小气泡的情况一样。这些小气泡堵塞着微细血管，阻碍血液的正常流通。于是，人就会昏迷，甚至死亡。正是这种原因，海底潜水员在返回海面途中必须缓慢上升，否则会发生"气塞"现象；当飞机高速起飞，气压突然降低时，飞行员也有可能发生"气塞"现象。

### 1.3.3 毛细现象

在日常生活中经常见到液体中气泡的上浮、水的自然滴落等现象，这些滴状物的形成都是因液体表面张力的存在而引起的。将垂直的干净玻璃毛细管插入水中，在管中的水面会自发上升到一定高度，这种液体在自身表面张力和界面张力作用下的宏观运动被称为毛细作用（capillary）（拉丁语中 capillus 是毛发的意思，表示水只有在很细的毛细管中才发生液面上升的现象）。毛细作用不限于毛细上升的现象，而是泛指因液体表面张力的存在而引起的液体表面形态、性质变化的各种现象。

液体在毛细管中的上升或下降，称为毛细现象。如玻璃毛细管插入水中，管内水的液面会上升；玻璃毛细管插入汞中，管内汞的液面会下降，如图 1-6 所示。液体在毛细管中上升（或下降）的高度 $h$ 与液体的表面张力有关。

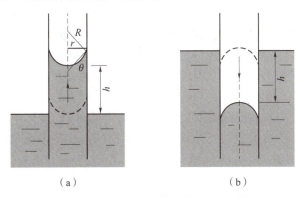

（a）　　　　　　　　　（b）

**图 1-6 液体在毛细管中的上升或下降**

（a）上升；（b）下降

设毛细管半径为 $r$，接触角为 $\theta$，则液面曲率半径为 $R = -\dfrac{r}{\cos\theta}$，根据拉普拉斯公式，液面两侧压力差为 $\Delta p = -\dfrac{2\gamma\cos\theta}{r}$。

①凹液面。当 $\theta < 90°$ 时，$\cos\theta$ 值为正，$\Delta p$ 为负。毛细管中液面下液相压力比气相压力小，所以管内液面上升。当上升高度为 $h$，产生的静压力与附加压力达到平衡时，则

$$\frac{2\gamma\cos\theta}{r}=(\rho_1-\rho_g)gh \tag{1-23}$$

式中，$\rho_1$ 和 $\rho_g$ 分别为液相和气相的密度；$g$ 为重力加速度。式（1-23）又称为毛细上升公式。这是毛细管法测液体表面张力的基本公式。

②凸液面。当 $\theta>90°$ 时，$\cos\theta$ 值为负，$\Delta p$ 为正，毛细管中液面下降，下降高度也符合式（1-23）。

毛细现象千变万化，引人入胜。在表面化学中，它既是最古老的课题之一，又是一个不断翻新的领域。毛细现象并不限于一般意义上的毛细管，例如，两平板间的夹缝，各种形状的棒、纤维、颗粒堆积物的空隙都是特殊形式的毛细管，甚至将一片固体插入液体中所发生的边界现象也可作为毛细现象来研究它的规律。

当两块玻璃板中间夹一些水时，则玻璃板很难分开。由式（1-23），若是完全润湿，当接触角 $\theta=0°$ 时，液面呈凹形，液体一方的压力比其他的小，因为 $R_1=\delta/2$（$\delta$ 是两板间距），$R_2\rightarrow\infty$，所以

$$\Delta p=\gamma\left(\frac{1}{R_1}+\frac{1}{R_2}\right)=\frac{2\gamma}{\delta} \tag{1-24}$$

据此，可用于解释砖瓦毛坯干了之后，体积会缩小。

## 1.3.4　Kelvin 公式

在一定温度下，液体的饱和蒸气压是一定的。一般所指的蒸气压是大块的平液面的蒸气压。若将液体分散成小液滴，其蒸气压是否与平液面的蒸气压一样呢？若不一样，它和液滴半径 $r$ 有什么关系？

下面介绍一个实验。在一块玻璃板上洒几滴水，旁边有一个烧杯，其中盛放有一些水，然后置于一恒温钟罩内，如图 1-7 所示。放置一段时间后观察，发现小水滴会变小，最后会消失，显然烧杯中的水量增加了。究其原因，是因为小水滴平衡的蒸气压 $p_r$ 比平液面的蒸气压 $p_0$ 大。若钟罩内实际蒸气压为 $p$，其值介于两者之间：$p_r>p>p_0$，则对于小液滴而言未达饱和，对烧杯中平液面来说却已达到饱和，于是小液滴将不断蒸发，而在烧杯中不断凝结。

在恒温下，如果把 1 mol 水平液面的液体转变为半径为 $r$ 的球形小液滴，如图 1-8 所示，设小液滴所受压力为 $p'$，由前所述，凸液面下所承受压力比平液面的大，即 $p'>p$，根据拉普拉斯公式，附加压力 $\Delta p$ 为

$$\Delta p=p'-p=2\gamma/r$$

图 1-7　凸液面蒸气压比平液面蒸气压大

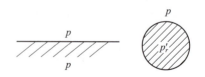

图 1-8　平液面与小液滴

这就是小液滴弯曲液面两侧的压力差。此压力差引起吉布斯自由能变化，根据热力学基本关系式，在温度一定时，有

$$\Delta G_m = V_m \Delta p = V_m 2\gamma / r \tag{1-25}$$

又因为
$$\Delta G_m = \mu_r - \mu$$

式中，$\mu_r$ 与 $\mu$ 分别表示小液滴和大块的平液面液体的化学势。

液体与其蒸气达到平衡时，根据相平衡条件，物质在两相中的化学势相等。

对小液滴
$$\mu_r = \mu_r^l = \mu_r^g = \mu^{\ominus}(T) + RT \ln \frac{p_r}{p^{\ominus}}$$

对大块的平液面液体
$$\mu = \mu^l = \mu^g = \mu^{\ominus}(T) + RT \ln \frac{p_0}{p^{\ominus}}$$

式中，$p_r$ 与 $p_0$ 分别为小液滴和大块的平液面液体的蒸气压。于是，有

$$\Delta G_m = \mu_r - \mu = RT \ln \frac{p_r}{p_0}$$

由式（1-25）可得

$$\ln \frac{p_r}{p_0} = \frac{2\gamma V_m}{RTr} \tag{1-26}$$

这就是著名的 Kelvin 公式。由 Kelvin 公式可知：

液滴或凸液面，曲率半径越小，液体的蒸气压越大。表 1-4 列出了不同半径水滴的蒸气压。由表中数据可见，若 $r = 10^{-8}$ m，其蒸气压已比正常值高出 11.11%。

表 1-4　水滴半径与蒸气压的关系

| 水滴半径 $r$/m | $10^{-6}$ | $10^{-7}$ | $10^{-8}$ | $10^{-9}$ |
|---|---|---|---|---|
| $p_r/p_0$ | 1.001 | 1.011 | 1.111 | 2.95 |

当 $r \to \infty$ 时，即为平液面，$p_r = p_0$。

凹液面，曲率半径为负，其蒸气压小于平液面的蒸气压。曲率半径越小，蒸气压越低。如玻璃毛细管中的水面、液体中的气泡等。

Kelvin 公式可用于溶液的过饱和、过热液体、过冷液体、过饱和溶液等。

①过饱和蒸汽。水蒸气在相对纯净的高空可以达到很高的过饱和度，而不凝结成水滴。由气体变成液体是新相生成的过程，开始是形成一些分子团，再聚成小水珠，最后凝成大液滴。水珠半径小到 $10^{-8}$ m 时，蒸气压就要增加 11%，而这样大小的水珠中约有 $1.4 \times 10^5$ 个水分子。即使空气中的水蒸气可以过饱和 11%，这么多的水分子在气相中同时聚在一起形成水珠的可能性也是很小很小的。因此，需有一个曲率不很大的核心才能使水蒸气凝结成液体。微尘可以起到这种作用。人工降雨利用了这一原理，将粉末态干冰或 AgI 晶种作为凝结核心，撒在过饱和蒸汽的空气中，使水蒸气形成雨滴落下。

②过热液体。众所周知，平液面的水达到沸点时，其饱和蒸气压等于外压。在沸腾时，液体形成的气泡必须经过从无到有、从小到大的过程。最初形成的半径极小的气泡内，其蒸气压远小于外压，这意味着在外界压迫下小气泡难以形成，致使液体不易沸腾而成为过热液体。过热较多时，容易发生暴沸，这也是实验室或者工业上经常造成事故的原因之一。为了

防止暴沸，在加热液体时，要加入沸石或者插入毛细管。这是因为多孔沸石中已有曲率半径较大的气泡存在，因此泡内压力不至于很小，故在沸腾温度时液体即沸腾而不致过热。

此外，Kelvin 公式也可用于固体在液体中的溶解平衡。

# 1.4　溶液的表面张力

前面内容介绍的是气-液界面的一般规律。对于纯液体物质的表面张力，在一定的温度、压力下为定值，只有通过改变表面积来改变表面自由能。对于溶液，由于溶质的加入会使溶液的表面张力与纯液体的表面张力不同，有的溶质的加入会使溶液的表面张力升高，有的则下降。有的甚至在表面张力-溶液浓度图中出现最大值；有的出现最小值。下面介绍水溶液中溶液浓度对表面张力影响的常见情况。

## 1.4.1　水溶液表面张力的三种类型

当水中加入溶质形成水溶液时，表面张力与浓度的关系常见的有三种类型：

### 1. 第 I 类曲线

如图 1-9 中曲线 I 所示。这类曲线是溶液的表面张力随溶液浓度的增加而略有上升。这类溶液的溶质有无机盐、酸和碱等，以及含有多个羟基基团的有机物，如蔗糖等。由图 1-9 中 I 曲线可知，此类曲线的表面张力与溶液的浓度有线性关系。

$$\gamma = \gamma_0 + kc \tag{1-27}$$

式中，$\gamma$、$\gamma_0$ 分别表示溶液和纯水的表面张力；$c$ 表示溶液本体的浓度；$k$ 为系数。图 1-10 所示是 $NaCl-H_2O$ 的 $\gamma-c$ 实验结果。

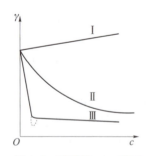

图 1-9　溶液的 $\gamma-c$ 关系

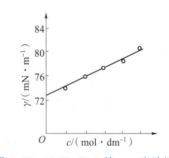

图 1-10　$NaCl-H_2O$ 的 $\gamma-c$ 实验结果

无机盐类电解质之所以能增加水的表面张力，是因为无机电解质在水中电离成离子，带电离子与极性水分子发生强烈的作用，使离子水化。实际上，这类物质的加入使溶液体相内部粒子之间相互作用比纯水的还要强，因而将溶液体相中的粒子移到表面更难，或者说这类溶质处于表面会使表面自由能更高，于是这类物质更倾向处于液体内部，结果在体相内的浓度大于表面。

### 2. 第 II 类曲线

如图 1-9 中曲线 II 所示。这类溶质的加入会使水的表面张力下降，随着浓度的增加，表面张力下降更多，但不是直线关系。属于这种类型的溶质有短链的有机脂肪酸、醇、醛、酯、胺及其衍生物等。其表面张力与浓度之间的关系可用希什科夫斯基（Szyskowski）提出的经验公式来描述。

$$\frac{\gamma_0 - \gamma}{\gamma_0} = b\ln\left(\frac{c/c^\ominus}{a} + 1\right) \tag{1-28}$$

式中，$c^\ominus$ 为标准态，即 $c^\ominus = 1\ mol \cdot dm^{-3}$；$a$ 为溶质的特征经验常数，对不同溶质，其值不同；$b$ 为有机化合物同系物的特征经验常数，对有机化合物同系物有大致相同的值。

由式（1-28）可知，在一定浓度下，对同一类有机物同系物，$a$ 值越小，则 $\frac{\gamma_0 - \gamma}{\gamma_0}$ 值越大，即降低表面张力的能力越强。能使表面张力降低得较大的物质表面活性就大，所以可从 $1/a$ 值的大小来判断物质的表面活性。

由物质的 $a$ 和 $b$ 值，可根据式（1-28）计算不同浓度下溶液的表面张力。表 1-5 是丙醇和异丙醇水溶液表面张力实验和计算的结果。

表 1-5　丙醇和异丙醇水溶液表面张力实验和计算的结果　　　　　　　　　$mN \cdot m^{-1}$

| 浓度 /(mol·dm⁻³) | 丙醇（15 ℃） | | 异丙醇（18 ℃） | |
|---|---|---|---|---|
| | $\gamma$ 实验值 | $\gamma$ 计算值 | $\gamma$ 实验值 | $\gamma$ 计算值 |
| 0 | 73.4 | — | 73 | — |
| 0.250 | 59.3 | 53.9 | 48.3 | 48.5 |
| 0.500 | 51.9 | 52.3 | 40.7 | 40.6 |
| 1.000 | 43.5 | 44.0 | 32.6 | 32.0 |

当溶液很稀时，$c/c^\ominus \ll a$，$\ln\left(\frac{c}{a} + 1\right) \approx \frac{c/c^\ominus}{a}$，式（1-28）可写为

$$\gamma_0 - \gamma = \frac{\gamma_0 b}{a} \times \frac{c}{c^\ominus} \tag{1-29}$$

即 $\gamma$–$c$ 为直线关系，斜率为 $-\dfrac{\gamma_0 b}{ac^\ominus}$。因此，曲线在低浓度时可以看成直线。

### 3. 第Ⅲ类曲线

如图 1-9 中曲线Ⅲ所示，加入少量的溶质就能显著地降低水的表面张力。在很小的浓度范围内，溶液的表面张力急剧下降，$\gamma$–$c$ 曲线很快趋于水平线，即再增加溶液的浓度，溶液的表面张力变化不大。有时在水平线的转折处出现最小值，如图 1-9 中虚线所示，这是由于杂质的影响。属于这类物质的有肥皂、油酸钠、八碳以上直链有机酸的碱金属盐、烷基苯磺酸钠、高级脂肪酸等。

第Ⅲ类物质 $\gamma$–$c$ 关系也可用式（1-28）来描述。将式（1-28）改写成

$$\gamma = \gamma_0 - \gamma_0 b\ln(c+a) + \gamma_0 b\ln a = \gamma_0' - \gamma_0 b\ln(c+a)$$

由表 1-6 可知，同系物的碳链越长，$a$ 越小，表面活性越大。对于多碳链的表面活性剂，其中 $\dfrac{c}{c^\ominus} + a \approx \dfrac{c}{c^\ominus}$，所以，有

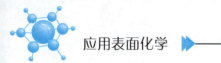

$$\gamma = \gamma_0' - \gamma_0 b \ln \frac{c}{c^\ominus} \tag{1-30}$$

该式说明，$\gamma$ 与 $\ln \dfrac{c}{c^\ominus}$ 成直线关系。

表1-6  脂肪酸水溶液表面张力的有关参数（20 ℃）

| 脂肪酸 | $M$ | $\gamma/$ $(mN \cdot m^{-1})$ | $b$ | $a$ | $\dfrac{\gamma_0 - \gamma}{c}/$ $(Nm^2 \cdot mol^{-1})$ |
|---|---|---|---|---|---|
| 甲酸 | 46 | 37.6 | 0.125 2 | 1.370 | 3.39 |
| 乙酸 | 60 | 27.4 | 0.125 2 | 0.352 | 9.82 |
| 丙酸 | 74 | 26.7 | 0.131 9 | 0.112 | 31.4 |
| 正丁酸 | 88 | 26.8 | 0.179 2 | 0.051 | 93.1 |

## 1.4.2  特劳贝（Traube）规则

特劳贝比较了很多有机同系物的 $\gamma - c$ 曲线，发现同系物中每增加一个基团，值增加 3 倍，称为特劳贝规则。也就是说，同系物中每增加一个—$CH_2$ 基团，表面张力减小为原来的 1/3。表1-6列出了甲酸、乙酸、丙酸和正丁酸水溶液的 $b$、$a$ 及 $\dfrac{\gamma_0 - \gamma}{c}$ 值，表中数据可证明特劳贝规则基本是正确的。

## 1.4.3  表面活性物质

将能使水的表面张力降低的物质称为表面活性物质，如上述第Ⅱ类和第Ⅲ类物质均属于表面活性物质。那些在低浓度下就能显著降低水的表面张力的物质称为表面活性剂，也就是上述第Ⅲ类物质。而那些使水的表面张力增加的物质称为表面非活性物质，如上述第Ⅰ类物质。

表面活性物质具有降低水的表面张力的能力与它们的物质结构有关。其共同特征是两亲性：一端为亲水性基团，如—$COO^-$、—$OH$、—$SO_3H$；另一端为亲油性基团（又称疏水基团），如有机物的碳氢链。例如，硬脂酸钠 $C_{17}H_{35}COONa$，其中，$C_{17}H_{35}$—为亲油基团，—$COONa$ 为亲水基团。

水是极性液体，由于表面活性剂的两亲性，它的极性头与水的亲和力强，倾向处于水中。而疏水的尾端又受到水的排斥，有逃离水相的倾向，被排向水界面，将疏水部分伸向空气（或油相）。于是处于表面层表面活性物质分子所受的向液体水内部的拉力比处在表面的水分子向水内部的拉力要小一些，所以，表现在宏观上是溶液的表面张力比纯水的小。

以上是从降低表面张力的角度来定义表面活性物质的。实际应用时，降低水的表面张力的并不一定就是表面活性剂。例如，一些物质能改变液体对固体表面的润湿性能，能够使乳状液稳定或破乳等，但这些物质并不一定能降低水的表面张力。所以，现在认为凡是能够使体系的表面状态发生明显变化的物质，都可以称为表面活性物质，如一些高分子表面活性剂，这将会在后面的章节中介绍。

# 参考文献

［1］陈宗淇，王光信，徐桂英. 胶体与界面化学［M］. 北京：高等教育出版社，2016.

［2］沈钟，赵振国，康万利. 胶体与表面化学（第四版）［M］. 北京：化学工业出版社，2012.

［3］顾惕人. 表面化学［M］. 北京：科学出版社，1994.

［4］姜兆华，孙德智，邵光杰. 应用表面化学［M］. 哈尔滨：哈尔滨工业大学出版社，2018.

［5］颜肖慈，罗明道. 界面化学［M］. 北京：化学工业出版社，2005.

# 第2章　液-液界面

液-液界面是由两种不互溶或部分互溶液体相互接触而形成的界面。在日常生活和生产中，常常碰到各种有关两种液体相接触或一种液体分散于另一种液体之中的现象。例如，原油破乳、沥青和农药乳化、食品和化妆品及药品乳剂的制备、萃取或液膜分离等，都是一种液体在另一种液体上铺展。与这些体系有关的重要物理化学性质就是液-液界面张力。

## 2.1　液-液界面张力

和液体的表面一样，在液-液界面存在界面张力和界面过剩吉布斯函数。

界面张力定义：在液-液界面上或其切面上垂直作用于单位长度的使界面面积收缩的力，单位为 N/m 或者 mN/m。例如，油分散在水中，一般呈液珠状态，这是因为界面张力的作用使界面处于最小的球面。

界面过剩吉布斯函数是在一定温度和压力下，增加单位界面积时体系吉布斯函数的增加量，单位为 J/m$^2$。

产生界面张力的原因仍然是分子间的作用力以及构成界面的两相物质的性质不同而引起的，界面张力反映了界面上的分子受到两相分子作用力之差。界面张力一般随温度升高而下降。表 2-1 列出了一些液-液体系的界面张力。

表 2-1　20 ℃时一些液-液体系的界面张力　　　　　　　　　　mN·m$^{-1}$

| 界面 | 界面张力 | 界面 | 界面张力 | 界面 | 界面张力 | 界面 | 界面张力 |
| --- | --- | --- | --- | --- | --- | --- | --- |
| 汞 | 426.0 | 四氯化碳 | 45.0 | 氯仿 | 32.80 | 硝基甲烷 | 9.66 |
| 正己烷 | 51.10 | 溴苯 | 39.82 | 硝基苯 | 25.66 | 正辛醇 | 8.52 |
| 正辛烷 | 50.81 | 四溴乙烷 | 38.82 | 乙酸乙酯 | 19.8 | 正辛酸 | 8.22 |

续表

| 界面 | 界面张力 | 界面 | 界面张力 | 界面 | 界面张力 | 界面 | 界面张力 |
|---|---|---|---|---|---|---|---|
| 二硫代碳 | 48.36 | 甲苯 | 36.10 | 油酸 | 15.59 | 庚酸 | 7.0 |
| 2,5-二甲基己烷 | 46.80 | 苯 | 35.0 | 乙醚 | 10.7 | 正丁醇 | 1.8 |

　　液–液界面的形成一般有三种方式：黏附、铺展和分散。黏附（adhesion）是两种液体接触后失去各自的气–液界面而形成液–液界面的过程。铺展（spreding）是一种液体在第二种液体上展开，形成新的液–液界面取代第二种液体的气–液界面，同时还形成相应的第一种液体的气–液界面的过程。分散（immersion）是指大体积液体变为小液滴的形式存在于另一种液体中的过程，只形成液–液界面。图 2-1 为三种液–液界面形成的示意。

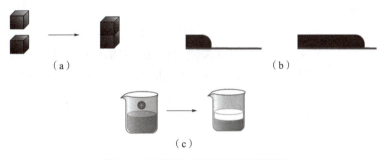

（a）　　　　　　　　　　　　　　　　（b）

（c）

**图 2-1　三种液–液界面形成的示意**
（a）黏附；（b）铺展；（c）分散

　　两种液体能否自动形成液–液界面，要看此过程中体系自由能的改变量。液–液界面存在界面张力和界面过剩自由能。界面张力是指垂直通过液–液界面上任一单位长度，与界面相切的收缩界面的力。界面自由能是等温等压下，增加单位界面面积时体系自由能的增量。它们的单位与表面上的情形相同。界面张力来源于分子间的作用力和构成界面两相的性质差异，液–液界面张力与各相的化学组分密切相关。常用 $\gamma_{ab}$ 表示界面张力，a、b 代表构成界面的两相。通常，液–液界面张力随温度升高而降低。

　　根据两种液体的表面张力和界面张力能够推算液–液界面形成过程的自由能改变量。黏附过程的自由能降低值称为黏附功，一般用 $W_a$ 表示。

$$W_a = \gamma_a + \gamma_b - \gamma_{ab} \tag{2-1}$$

　　当黏附功 $W_a$ 为正值时，说明黏附过程可以自动进行。因液–液界面张力值会小于两液体的表面张力之和，即 $\gamma_{ab} < \gamma_a + \gamma_b$，黏附过程容易进行。表 2-2 为部分黏附功数据。

**表 2-2　部分黏附功数据**

| 液–液界面 | 黏附功/($mN \cdot m^{-1}$) |
|---|---|
| 辛烷–水 | 44 |
| 庚烷–水 | 42 |
| 辛醇–水 | 92 |
| 辛烯–水 | 73 |
| 庚酸–水 | 95 |

铺展过程的自由能降低值称为铺展系数 $S$。当液体 b 在液体 a 上铺展时，铺展系数为

$$S = \gamma_a - \gamma_b - \gamma_{ab} \tag{2-2}$$

只有 $S>0$ 时，该体系的铺展过程才能自动进行。一种液体能否在另一种不互溶的液体上铺展，取决于两种液体本身的表面张力和两种液体之间的界面张力。一般来说，铺展后，表面自由能下降，则这种铺展是自发的。大多数表面自由能较低的有机物可以在表面自由能较高的水面上铺展。铺展系数指两液体刚接触时的铺展情况，而两种液体接触后，它们会互相饱和，使各自的表面张力发生变化。新的铺展系数为

$$S' = \gamma_a' - \gamma_b' - \gamma_{ab}' \tag{2-3}$$

式中，$S'$ 为终止铺展系数。对于苯–水体系，20 ℃ 两液体互相饱和，使水的表面张力从 72.8 mN·m$^{-1}$ 降低到 62.2 mN·m$^{-1}$，那么，$S$ 和 $S'$ 的值分别为 8.9 和 –1.6。

一种液体在另一种液体上形成的漂浮液滴的形状是重力加上两液体的表面张力和它们之间的界面张力相互平衡的结果，即

$$\gamma_a = \gamma_b \cos a + \gamma_{ab} \cos b$$

液–液界面铺展现象的研究有其实用意义，如彩色胶片生产中，要把多种感光胶液分层涂布在片基上。现在采用的是一次涂布法，这就要求上层液体能很好地铺展在下层液体上，为此，需调节各层液体成分，使 $S=0$。再如，扑灭油类火灾的灭火剂，要求水溶液在油上铺展，因此，必须选择一种合适的表面活性剂，使 $S>0$。

# 2.2 液–液界面张力理论

## 2.2.1 Antonoff 规则

最早是由 Antonoff 提出估算液–液界面张力的最简公式。Antonoff 提出两种互相饱和的液体间的界面张力 $\gamma_{ab}$ 等于两液体表面张力之差，即

$$\gamma_{ab} = \gamma_a - \gamma_b \tag{2-4}$$

式（2-4）被称为 Antonoff 规则。

Antonoff 规则是一个经验规则，表 2-3 列出了几种有机液体与水的界面张力的计算值和实测值，结果表明，Antonoff 规则对一些体系适用，但并不普遍适用。

表 2-3　几种有机液体与水的界面张力的计算值和实测值

| 液体 | 表面张力/（mN·m$^{-1}$） | | | 界面张力/（mN·m$^{-1}$） | | 温度/℃ |
| --- | --- | --- | --- | --- | --- | --- |
| | 水层 | 有机液层 | 纯有机液体 | 计算值 | 实验值 | |
| 苯 | 63.2 | 28.8 | 28.4 | 34.4 | 34.4 | 19 |
| 乙醚 | 28.1 | 17.5 | 27.7 | 10.6 | 10.6 | 18 |
| 氯仿 | 59.8 | 26.4 | 27.2 | 33.4 | 33.3 | 18 |
| 四氯化碳 | 70.9 | 43.2 | 43.4 | 24.7 | 24.7 | 18 |

续表

| 液体 | 表面张力/(mN·m⁻¹) | | | 界面张力/(mN·m⁻¹) | | 温度/℃ |
|---|---|---|---|---|---|---|
| | 水层 | 有机液层 | 纯有机液体 | 计算值 | 实验值 | |
| 戊醇 | 26.3 | 21.5 | 24.4 | 4.8 | 4.8 | 18 |
| 5%戊醇-95%苯 | 41.4 | 28.0 | 26.0 | 13.4 | 16.1 | 17 |

Antonoff 规则的主要缺陷是：

①认为低表面张力液体总可以在高表面张力的液体上面铺展，事实则不然。

②假设在界面上的分子不论是 a 或 b，它受到 a 相引力应等于 a 分子间作用力，受到 b 相引力应等于 b 分子间作用力。忽略了 a 与 b 分子间的相互作用力。

## 2.2.2 Good-Girifalco 理论

Good 和 Girifalco 认为，两种液体形成界面可视为两液体的黏附过程（图 2-2（a）），此过程自由能的降低即为黏附功 $W_a$，即

$$W_a = \gamma_a + \gamma_b - \gamma_{ab} \tag{2-5}$$

同种液体（如液体 1 或液体 2）的黏附过程称为自黏过程如图 2-2（b）。与黏附过程不同的是，自黏过程没有新界面生成。自黏过程自由能降低称为自黏功 $W_c$，即

$$W_c = \gamma_a + \gamma_a = 2\gamma_a(\text{或} 2\gamma_b) \tag{2-6}$$

图 2-2  黏附和自黏

（a）黏附；（b）自黏

由于非电解质溶液中 Berthelot 关于范德瓦尔斯方程中不同分子之间的引力常数（$A_{ab}$）与相同分子间的引力常数（$A_{aa}$、$A_{bb}$）间存在一种"几何平均"关系，即

$$A_{aa} = \sqrt{A_{aa}A_{bb}}$$

Good 和 Girifalco 受到范德瓦尔斯方程中两种分子引力常数与同种分子引力常数间有几何平均数值关系的启发，提出两液相间的黏附功与各项的自黏功间也有几何平均关系，即

$$W_{ab} = \sqrt{W_{aa}W_{bb}} \tag{2-7}$$

这样得到 Good-Girifalco 公式

$$\gamma_{ab} = \gamma_a + \gamma_b - 2\sqrt{\gamma_a \gamma_b} \tag{2-8}$$

通过式（2-8）能够从两种液体的表面张力推出它们之间的界面张力。式（2-8）应用于碳氟油与碳氢油的液-液界面，计算值与实验值相符较好。但对于有机化合物和水组成的界面，两者相差很大。

由于两种液体分子体积不同、分子间的性质不同，它们的相互作用与同种分子间相互作用的关系不能是简单的几何平均关系，因此，Good-Girifalco 公式需要通过系数 $\varphi$ 加以修正，即

$$\gamma_{ab} = \gamma_a + \gamma_b - 2\varphi\sqrt{\gamma_a \gamma_b} \tag{2-9}$$

$$\varphi = \varphi_V \varphi_A$$

$$\varphi_V = \frac{4 V_a^{\frac{1}{3}} V_b^{\frac{1}{3}}}{\left( V_a^{\frac{1}{3}} + V_b^{\frac{1}{3}} \right)^2}$$

$$\varphi_A = \frac{\dfrac{3}{4} \varphi_a \varphi_b \left( \dfrac{2 I_a I_b}{I_a + I_b} \right) + \alpha_a \mu_b^2 + \alpha_b \mu_a^2 + \dfrac{2}{3} \dfrac{\mu_a^2 \mu_b^2}{kT}}{\left( \dfrac{3}{4} \alpha_a^2 I_a + 2 \alpha_a \mu_a^2 + \dfrac{2}{3} \dfrac{\mu_a^4}{3kT} \right)^{\frac{1}{2}} \left( \dfrac{3}{4} \alpha_b^2 I_b + 2 \alpha_b \mu_b^2 + \dfrac{2}{3} \dfrac{\mu_b^4}{3kT} \right)^{\frac{1}{2}}}$$

式中，$\mu$ 代表分子偶极矩；$\alpha$ 为极化率；$I$ 为电离能；$k$ 为玻尔兹曼常数；$T$ 为绝对温度；$V$ 为分子体积。

Good-Girifalo 公式虽然进行了改进，但仍有许多与实际情况不符合，主要缺陷是没有从根本上考虑分子间的各种相互作用。

## 2.2.3　Fowkes 理论

Fowkes 从另一个角度成功地改进了 Good-Ginifalco 理论，Fowkes 认为色散力、氢键、金属键及 $\pi$ 电子、离子之间的相互作用等，均对液体的表面张力有贡献，表面张力是各种贡献的总和。这些贡献可以归纳为两项，即色散力贡献（$\gamma^d$）和极性相互作用贡献（$\gamma^p$）。

$$\gamma = \gamma^d + \gamma^p$$

色散力在不同组分中具有普遍性，在不同组分分子间的色散力和各自分子间的色散力可以用几何平均规则进行关联。如果只有色散力在两种分子间起作用，则

$$\gamma_{ab} = \gamma_a + \gamma_b - 2 \left( \gamma_a^d \gamma_b^d \right)^{\frac{1}{2}} \tag{2-10}$$

应用上式根据液体表面张力计算液–液界面张力时，必须先求出液体的 $\gamma^d$。非极性液体的表面张力就是其 $\gamma^d$。测定极性液体和非极性液体各自的表面张力及它们之间的界面张力，便可推算极性液体的表面张力色散成分 $\gamma^d$。

当构成界面的两种液体的分子间相互作用都含有极性成分时，极性相互作用对界面张力贡献也不可忽略，Fowkes 将式（2-10）改进为

$$\gamma_{ab} = \gamma_a + \gamma_b - 2 \left( \gamma_a^d \gamma_b^d \right)^{\frac{1}{2}} - 2 \left( \gamma_a^p \gamma_b^p \right)^{\frac{1}{2}} \tag{2-11}$$

Fowkes 理论在预示液–液界面张力及其他有关性质上取得了一定的成功，但对部分体系仍存在较大误差。Wu 研究了普通液体与聚合物熔体间的界面张力，发现采用 Fowkes 理论计算的结果与实验误差达 50%～100%。为此，提出界面作用力除色散力外，还应包括极性作用力，用 $F^d$ 和 $F^p$ 表示两种力对界面的贡献，即

$$\gamma_{ab} = \gamma_a + \gamma_b - 2 F_{ab}^d - 2 F_{ab}^p \tag{2-12}$$

Wu 认为，计算 $F^d$ 时，Fowkes 采用了几何平均法由两种液体的表面张力得到，就色散力的性质来说，这并不是唯一合理的方法，因色散力作用的引力常数为

$$A_{aa} = \frac{3}{4} h \nu_a \alpha_a^2 \tag{2-13}$$

$$A_{bb} = \frac{3}{4} h \nu_b \alpha_b^2 \tag{2-14}$$

$$A_{ab} = \frac{3}{2}h\left(\frac{\nu_a\nu_b}{\nu_a+\nu_b}\right)\alpha_a\alpha_b \tag{2-15}$$

式中，$h$ 为普朗克常数；$\nu$ 为分子的特征振动频率，$h\nu = I$。解上述方程，消去 $\alpha$，得

$$A_{ab} = \frac{2(\nu_a\nu_b)^{\frac{1}{2}}}{\nu_b+\nu_b}(A_{aa}A_{bb})^{\frac{1}{2}} \tag{2-16}$$

若消去 $\nu$，则得

$$A_{ab} = \frac{2A_{aa}A_{bb}}{A_{aa}\left(\dfrac{\alpha_b}{\alpha_a}\right)+A_{bb}\left(\dfrac{\alpha_a}{\alpha_b}\right)} \tag{2-17}$$

若 $\nu_a = \nu_b$，则得

$$A_{ab} = (A_{aa}A_{bb})^{\frac{1}{2}} \tag{2-18}$$

即呈几何平均关系，而若 $\alpha_b = \alpha_a$，则得

$$A_{ab} = \frac{2A_{aa}A_{bb}}{A_{aa}+A_{bb}} \tag{2-19}$$

$$\frac{1}{A_{ab}} = \frac{1}{2}\left(\frac{1}{A_{bb}}+\frac{1}{A_{aa}}\right) \tag{2-20}$$

成为倒数平均关系。

对于某一对分子究竟采用何种平均方法，应根据两者的极化率和特征频率值来确定。一般有高分子溶体参与构成界面张力时，倒数平均法更为准确，故界面张力公式为

$$\gamma_{ab} = \gamma_a+\gamma_b-4\left(\frac{\gamma_a^d\ \gamma_b^d}{\gamma_a^d+\gamma_b^d}+\frac{\gamma_a^p\ \gamma_b^p}{\gamma_a^p+\gamma_b^p}\right) \tag{2-21}$$

因此，知道了 $\gamma$ 和 $\gamma^d$ 的值，就可求出 $\gamma^p$ 及 $\gamma_{ab}$ 值。

### 2.2.4　界面张力的酸碱理论

Fowkes 研究指出，氢键等极性作用力不适用于采用几何平均或倒数平均。这类相互作用具有电子转移性质，一方为电子给体，另一方为电子受体，即为广义的酸和碱。这是通过界面的电子转移降低了体系能量，减小了界面张力。因此，Fowkes 提出，如果两种液体是同等的路易斯酸或碱，跨越界面的作用力只考虑色散力成分，采用式（2-10）即可。若两者一个为路易斯酸，一个为路易斯碱，则还需考虑电子转移的附加作用。这样界面张力公式为

$$\gamma_{ab} = \gamma_a+\gamma_b-W_a^d-W_a^{AB}-W_a^P \tag{2-22}$$

式中，$W_a^d$ 为色散力对黏附功的贡献，$W_a^d = 2(\gamma_a^d\ \gamma_b^d)^{\frac{1}{2}}$；$W_a^{AB}$ 是酸碱作用对黏附功的贡献，可从酸碱效应摩尔焓变（$\Delta H_{AB}$）算出

$$W_a^{AB} = N_{ab}\times\varepsilon_{AB} = \frac{1}{a}\frac{-\Delta H_{AB}}{N_0} \tag{2-23}$$

式中，$a$ 是每个分子对所占的面积；$N_0$ 是 Arogadro 常数；$N_{ab}$ 是单位面积上两种液体分子对的数目；$\varepsilon_{AB}$ 是每个分子对的酸碱作用能。根据 Drago 方法可以得到酸碱效应摩尔焓变

（$\Delta H_{AB}$）为

$$-\Delta H_{AB} = E_a E_b + C_a C_b \tag{2-24}$$

式中，$E$、$C$ 是路易斯酸或碱的静电作用参数和共价作用参数；下标 A、B 表示酸和碱。表 2-4 列出了部分路易斯酸和路易斯碱的 $E$、$C$ 值。

表 2-4　部分路易斯酸和路易斯碱的 E、C 值　　　　kJ·mol$^{-1}$

| 路易斯酸 | $C_A$ | $E_A$ | 路易斯碱 | $C_A$ | $E_A$ |
|---|---|---|---|---|---|
| 苯酚 | 0.904 | 8.85 | 甲胺 | 11.44 | 2.66 |
| 特丁醇 | 0.614 | 4.17 | 乙胺 | 12.31 | 2.08 |
| 异氰酸 | 0.528 | 6.58 | 四氢呋喃 | 8.73 | 2.00 |
| 氯仿 | 0.325 | 6.18 | 丙酮 | 4.76 | 2.018 |
| 水 | 0.675 | 5.01 | 苯 | 1.452 | 1.002 |

# 2.3　超低界面张力

对于混合表面活性剂体系的界面张力，不同类型的表面活性剂混合物通常具有更强降低液-液界面张力的能力。碳氟化合物和碳氢化合物两种表面活性剂的混合体系就具有很强的降低界面张力的能力，如 $C_7F_{15}COONa$-$C_8H_{17}N(CH_3)_3Br$ 混合表面活性剂水溶液的最低界面张力由 24 mN·m$^{-1}$、41 mN·m$^{-1}$ 降低到 15.1 mN·m$^{-1}$。

界面张力为 0.1~0.001 mN·m$^{-1}$ 时，称为低界面张力，高于上限为高界面张力，低于下限为超低界面张力。

低界面张力现象为表面化学家 HarKins 所发现。1926 年，HarKins 和 Zollman 在研究油酸钠降低苯-水体系界面张力时发现，向体系中加入 NaOH 和 NaCl 可使界面张力进一步降低，如往体系中各加入 0.1 mol·L$^{-1}$ NaOH 和 NaCl，则苯-水界面张力从 35.0 mN·m$^{-1}$ 降至 0.04 mN·m$^{-1}$，降低幅度高达三个数量级。该发现在当时并未受到足够的重视，直到 20 世纪 30 年代，Vonnegat 首先应用旋滴法成功地测得了低界面张力，同时，由于三次采油研究的发展，低界面张力的现象才引起人们的兴趣。

从理论上讲，在保持其他条件不变时，若能降低界面张力，则注水驱油的效率便可大大提高，这也是低界面张力问题引起极大兴趣的重要原因。

## 1. 超低界面张力测定

测定低表面张力的方法包括淌滴法、悬滴法和旋滴法。前两种一般用于大于 10~3 mN/m 界面张力的测定。

测定超低界面张力的最好方法是旋滴法，其测定方法是：

在样品管中充满高密度液体，再加入少量低密度液体。密闭后，装在旋滴仪上，转轴携带液体以角速度 $\omega$ 自旋，在离心力、重力及界面张力的作用下，低密度液体在高密度液体中形成一个长球形或圆柱形液滴，液滴的形状由转速和界面张力决定。

当液滴呈长圆柱形，两端为半圆形时，计算公式为

$$\gamma = \frac{\Delta\rho \times \omega^2 \times Y_0^3}{4} \tag{2-25}$$

式中，$\Delta\rho$ 为两相密度差；$\omega$ 为角速度；$Y_0$ 为圆柱半径。

若为长椭球体，计算公式为

$$\gamma = \frac{\Delta\rho \times \omega^2 \times R^3}{4\left(\dfrac{x}{b}\right)-1} \tag{2-26}$$

$$R = \left(\frac{3V}{4\pi}\right)^{\frac{3}{4}}$$

式中，$V$ 为液滴体积；$x$ 为液滴长度的一半；$b$ 为顶点曲率半径；$\omega$ 为 1 200～2 400 r·min$^{-1}$。

### 2. 超低界面张力体系的经验

超低界面张力最主要的应用领域是增加原油采收率和形成微乳状液。提高原油采收率的化学方法之一是在注水时加入表面活性剂使油水界面张力降低，对所加表面活性剂的要求是来源丰富、价格低廉，所以研究最多的表面活性剂溶液是石油磺酸盐。

石油磺酸盐组成是水、表面活性剂、盐，加入油相后，便产生由油、水、表面活性剂、盐组成的低界面张力体系。其中，油相包括各种烃类，如烷烃、不饱和烃、芳香烃、环烷烃及其混合物。表面活性剂可以是单一组分或混合物，盐类包括各种水溶性无机盐，研究最多的是氯化钠。体系的界面张力对各组分的性质和含量相当敏感，盐浓度、表面活性剂分子和油相成分的变化都可能使超低表面张力特性消失，针对以石油磺酸钠为活性剂的低界面张力体系，摸索出了部分经验。

①油相组成（表面活性剂和盐的配方固定）。改变油相成分，发现界面张力随烃的碳原子数而变，在某一碳原子数时，界面张力出现最低值，此时的碳原子数称为最适宜碳数（$n_{\min}$），表示该同系物油相对表面活性剂配方的最适宜碳数，对各同系物均存在这种关系。

②等当碳原子数。固定表面活性剂和盐的配方，各同系物的最适宜碳数不同，但存在一定关系，其中，烷烃（A）、烷基苯（B）、烷基环乙烷（C）的 $n_{\min}$ 间有如下关系

$$n_{\min}(A) = n_{\min}(B) - 6 = n_{\min}(C) - 2 \tag{2-27}$$

式（2-27）提供了一种由某一油相的碳数得到另一油相的碳数的方法。

从式（2-27）也可看出，烷基苯当中，苯环的 6 个碳原子事实上不起作用，而烷基环己烷中，环烷基中的 6 个碳原子事实上只有 4 个有贡献。将这些等效的烷烃的碳原子数叫作同系物油相的等当碳原子数（NE），用于表示油相形成低界面张力体系的特性，即对同一表面活性剂和盐的配方显示最低界面张力的烷基碳数与其他系列中显示最低界面张力的那个烃等价。如庚烷、庚基苯、丙基环己烷的等当碳原子数相同。

③石油磺酸盐的平均分子。当石油磺酸盐的平均分子增加时，表面张力相应增加，并且两者间呈线性关系。

④适宜表面活性剂浓度和适宜盐浓度。两种情况下，表面张力与浓度曲线均出现谷值。

⑤表面活性剂结构的影响。一般而言，烷基数增加，表面张力减小，即表面活性剂烷基分支化使油相最适宜碳数减少。

# 参考文献

［1］颜肖慈，罗明道. 界面化学［M］. 北京：化学工业出版社，2005.

［2］沈钟，赵振国，康万利. 胶体与表面化学（第四版）［M］. 北京：化学工业出版社，2012.

［3］顾惕人. 表面化学［M］. 北京：科学出版社，1994.

［4］姜兆华，孙德智，邵光杰. 应用表面化学［M］. 哈尔滨：哈尔滨工业大学出版社，2018.

［5］陈宗淇，王光信，徐桂英. 胶体与界面化学［M］. 北京：高等教育出版社，2016.

# 第 3 章　气-固界面

固体物质种类繁多，与之接触所组成的气-固界面也是多种多样。如空气中的烟尘、河流中泥沙的沉降、设备的腐蚀、气体的吸附及固相对气相的催化作用等，不胜列举。可见气-固界面性质及发生在气-固界面上的种种现象研究更是十分重要。

## 3.1　固体表面能与表面张力

### 3.1.1　固体表面自由能和表面张力

表面自由能和表面张力是表征物体表面性质的重要物理量，它们的定义在液体表面一章中已详细讨论过。对于固体表面，一般来说，这些讨论仍然适用，但又有重要的差别。在液体中，由于液体原子（分子）间的相互作用力相对较弱，它们之间的相对运动较容易。因此，液体中产生新的表面的过程就是内部原子（分子）克服引力跑到表面上成为表面原子（分子）的过程。新形成的液体表面很快就达到一种（动态）平衡状态。液体的表面自由能与表面张力在数值上是一致的。但是，对固体来说，其中原子（分子、离子）间的相互作用力相对较强。就大部分固体而言，组成它的原子（分子、离子）在空间按一定的周期性排列，形成具有一定对称性的晶格。即使对于许多无定形的固体，也是如此，只是这种周期性的晶格延伸的范围小得多（微晶）。因此，在通常条件下，固体中原子、分子彼此间的相对运动比液体中的原子、分子要困难得多。由于这个原因，带来了一系列后果。第一，固体在表面原子总数保持不变的条件下，可以由于弹性形变而使表面积增加，也就是说，固体的表面自由能中包含了弹性能。表面张力在数值上已不再等于表面自由能。第二，由于固体表面上的原子组成和排列的各向异性，固体的表面张力是各向异性的。不同晶面的表面自由能也不相同。若表面不均匀，表面自由能甚至随表面上不同区域而改变。对于一个粗糙表面，在凸起处和凹陷处的表面自由能是不同的，处于凸起部位的"分子作用球"主要包括的是气相，相反，处于凹陷处底部的"分子作用球"大部分在固相，显然，凸起处的表面自由能与表面张力比凹陷处要大。第三，实际固体的表面绝大多数处于非平衡状态，决定固体表面形态的主要不是它的表面张力大小，而是形成固体表面时的条件以及它所经历的历史。第四，固体的表面自由能和表面张力的测定非常困难，可以说目前还没有找到一种能够从实验上直接测量的可靠方法。尽管如此，表面自由能和表面张力的概念对于固体的许多过程，如晶体生长、润湿、吸附等，仍然有重要的意义。下面就简化了的一些情况进行讨论。

假定有一个各向异性的固体，其表面张力可以分解成互相垂直的两个分量，分别用 $\gamma_1$ 和 $\gamma_2$ 表示，设在两个方向上面积的增加为 $dA_1$ 和 $dA_2$，如图 3-1 所示。

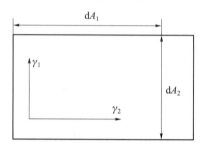

图 3-1　各向异性固体的表面张力在两个方向上的分解

表面自由能的总增量由反抗表面张力 $\gamma_1$ 和 $\gamma_2$ 所做的可逆功给出

$$d(AF^s)_{T,V,n} = \gamma_1 dA_1 + \gamma_2 dA_2 \tag{3-1}$$

式中，$F^s$ 表示单位面积的自由能；$A$ 表示固体的表面积。

$$\gamma_1 = \frac{d(A_1 F^s)_{T,V,n}}{dA_1} = F^s + A_1 \left(\frac{\partial F^s}{\partial A_1}\right)_{T,V,n} \tag{3-2}$$

$$\gamma_2 = \frac{d(A_2 F^s)_{T,V,n}}{dA_2} = F^s + A_2 \left(\frac{\partial F^s}{\partial A_2}\right)_{T,V,n} \tag{3-3}$$

单位面积的表面吉布斯自由能 $G^s$ 为

$$G^s = U^s - TS^s + pV^s \tag{3-4}$$

式中，$U^s$ 为单位面积的内能；$S^s$ 为单位面积的熵；$V^s$ 为单位面积的表面相体积。

因为实际的表面相厚度很小，通常只有几个分子层厚，因此，$V^s$ 很小，可以忽略不计。

$$G^s = U^s - TS^s = F^s \tag{3-5}$$

所以，一般可以认为表面上单位面积的吉布斯自由能近似等于单位面积的自由能。因此，式（3-2）和式（3-3）也可写为

$$\gamma_1 = G^s + A_1 \left(\frac{dG^s}{dA_1}\right) \tag{3-6}$$

$$\gamma_2 = G^s + A_2 \left(\frac{dG^s}{dA_2}\right) \tag{3-7}$$

将式（3-6）和式（3-7）合并，有

$$\gamma_1 dA_1 + \gamma_1 dA_2 = d(AG^s) = G^s dA + A dG^s \tag{3-8}$$

式中

$$dA = dA_1 + dA_2$$

式（3-8）即是 Shuttleworth 导出的各向异性固体的两个不同方向的表面张力 $\gamma_1$、$\gamma_2$ 与表面自由能 $G^s$ 的关系。对于各向同性的固体，有

$$\gamma_1 = \gamma_2 = \gamma$$

式（3-8）变为

$$\gamma = G^s + A\left(\frac{\mathrm{d}G^s}{\mathrm{d}A}\right) \tag{3-9}$$

若固体表面已达到某种稳定的热力学平衡状态，则

$$\frac{\mathrm{d}G^s}{\mathrm{d}A} = 0 \tag{3-10}$$

但是对于大多数真实的固体，它们并非处于热力学平衡状态，所以 $\mathrm{d}G^s/\mathrm{d}A \neq 0$ 和 $\gamma$ 不等于它们的平衡值，而且 $\gamma$ 和 $G^s$ 彼此也不等。Shuttleworth 指出，对于与机械性质有关的场合，应当用 $\gamma$；而与热力学平衡性质有关的场合，应当用 $G^s$。

## 3.1.2　固体表面应力和表面张力

固体与液体在形成新的表面时不同。由于液体分子的可动性，形成新表面时，分子瞬间可以达到平衡位置，因此液体的表面能与表面张力相等。但固体在形成新表面时，如将截面为 1 cm$^2$ 的固体切开，生成两个新的固体表面，新生成的固体表面上的分子受到不平衡的力作用，它们应移到平衡的位置上，对于固体，这种移动很难，需要很长时间才能完成。在未完成之前，这些分子会受到一个力的作用。这种固体新表面上的分子（原子）维持在未形成新表面前的位置上，单位长度所受到的力称为表面张力，或拉伸应力，用 $\tau$ 表示。

固体的表面张力是新产生的两个固体表面的表面应力的平均值，即

$$\gamma_s = (\tau_1 + \tau_2)/2 \tag{3-11}$$

式中，$\tau_1$ 和 $\tau_2$ 为两个固体新表面的表面应力，通常 $\tau_1 = \tau_2 = \gamma_s$。

## 3.1.3　固体表面能的估测

固体表面能测定尚无公认的标准方法，一般可采用以下方法来估计它的值。

①熔融外推法。对于熔点较低的固体，如有机物、碱性氯化物、银等，将其加热熔融，测定液态时表面张力与温度的关系，外推到熔点以下，估计其固态时的表面能。这种方法实际上假设固态和液态表面性质相近，不太合理。

②劈裂功法。用精巧的测力装置测出劈裂固体形成新表面时做的功。例如，用一动摆，沿解理面撕开云母片层结构，摆的能量损失等于形成新表面的表面能。

③溶解热法。固体溶解时，气-固表面消失，表面能以热的形式释放。若用精密量热计测定固体物不同比表面时的溶解热，由它们的差值可估算表面能。

Lipsett 等的实验结果表明，粗颗粒 NaCl 的溶解热为 3 882.7 J·mol$^{-1}$，将 1 g NaCl 分散成 1 μm 粒径时，总表面积为 2.8 m$^2$，于是 NaCl 的表面总能量为

$$E = \frac{66.94}{58.5 \times 2.8} = 0.409(\mathrm{J \cdot m^{-2}})$$

Brunanes 等用溶解热法测定了 CaO、Ca(OH)$_2$、水化硅钙在 23 ℃时的总表面能分别是

$1.31\ \mathrm{J\cdot m^{-2}}$、$1.18\ \mathrm{J\cdot m^{-2}}$和$0.386\ \mathrm{J\cdot m^{-2}}$。

④接触角法。液体在固体上接触角的大小与固体表面能有关。具体关系参见6.1.2节部分。

# 3.2 实际固体表面

通常所说的"固体表面"是指"空气–固体界面"。固体按照大小和形状，可以分为普通大小的固体、纤维状固体、粉末固体及粒径在$10^{-6}\ \mathrm{m}$以下的胶体粒子。实际固体的表面还存在各种不完整性与不均匀性，下面分别从物理、化学及结晶化学的角度来讨论固体表面的性质。

## 3.2.1 固体表面的粗糙性

所谓粗糙，是相对平滑而言的。那么什么叫粗糙？什么叫平滑？我们无法下一个普遍的定义，因为这与我们观察固体表面的尺度有关，例如，从原子尺度上，相对于理想的平滑表面，晶体表面上的台阶和扭折就是粗糙的。这种在原子、分子尺度上的粗糙性比起所有固体表面上的机械皱纹是小到可以忽略不计了。本节所讨论的粗糙性是指亚微观水平上，所用尺度的数量级是微米。

图3–2中的 $XY$ 表示固体表面的剖面轮廓线（放大约$10^3$倍）。若将全部"山丘"削平填入"谷地"，得到一个完全平滑的界面 $AB$。$AB$ 称为样品的主平面或主表面。

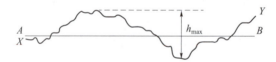

图3–2 固体表面的剖面轮廓线示意

$XY$ 上最高点与最低点之间的垂直距离为 $h_{\max}$ 显然对一个无序的皱纹来说，随所探测的轮廓线的长度而增加，但这种增加通常也是适度的。因此，一般只要测量几厘米长度时就可以得到一个合理的 $h_{\max}$ 值。此时最高点及主平面之间的距离及主平面与最低谷之间的距离都近似等于 $1/2h_{\max}$。若测定 $XY$ 和 $AB$ 之间很多点的垂直距离，取其绝对值，分别为 $h_1$，$h_2$，$\cdots$，$h_n$，那么主平面以上的平均高度与主平面以下的平均深度应相等，用 $h_{平均}$ 表示，有

$$h_{平均}=\frac{1}{n}(h_1+h_2+\cdots+h_n) \tag{3-12}$$

当 $n$ 足够大时，在一个较为均匀的表面上，$h_{平均}$ 与 $n$ 无关。当表面是各向异性时，$h_{平均}$ 与样品剖面的方向有关。也可以用均方根高度 $h_{\mathrm{rms}}$ 来表示表面的粗糙性。

$$h_{\mathrm{rms}}=\left[\frac{1}{n}(h_1^2+h_2^2+\cdots+h_n^2)\right]^{1/2} \tag{3-13}$$

若沿 $l$ 连续测量 $h^2$，那么

$$h_{\mathrm{rms}}=\left(\frac{1}{l}\int_0^1 h^2\mathrm{d}l\right)^{1/2} \tag{3-14}$$

当某一样品的表面轮廓线可以近似用正弦曲线来表示时，有

$$h_{rms} = 1.11 h_{平均}$$

显然无规线 $XY$ 比直线 $AB$ 要长。令二者长度之比为 $r$。若表面各向同性，则固体表面的真实面积（$A_r$）是其几何面积（$A_g$）（即主平面面积）的 $r$ 倍。$r$ 称为样品的粗糙性因子。$h_{max}$、$h_{平均}$、$h_{rms}$ 和 $r$ 等从不同角度表征了固体样品表面的粗糙性，统称为粗糙度参数。显然，每个固体样品表面都有它自己的一组粗糙度参数。不同样品的粗糙度参数可以相差很大，但经过一定的表面加工处理以后，粗糙度参数可以处于一定范围之内。表 3-1 中列出一些常用的机械加工处理表面的方法及相应的 $h_{平均}$ 值，对一般金属都适用。美国标准协会制作了一套共 26 个不同类型和粗糙度的标准金属样品作为粗糙度测量的标准。

表 3-1　常用机械加工处理的金属表面的方法及相应的 $h_{平均}$ 值

| 机械加工处理方法 | $h_{平均} / \mu m$ |
| --- | --- |
| 研磨或抛光 | 0.02 ~ 0.25 |
| 衍磨 | 0.10 ~ 0.50 |
| 冷轧或挤压 | 0.25 ~ 4 |
| 铸模铸造 | 0.40 ~ 4 |
| 铣、镗、钻 | 3 ~ 6 |

改变金属表面的粗糙度不仅可以用机械处理方法，还可以用化学和电化学方法，如化学抛光、电解抛光。为了得到最佳抛光效果，对于不同的金属材料，有各自合适的抛光液配方。经化学抛光和电解抛光后，样品的 $h_{平均}$ 一般来说会有所降低。

## 3.2.2　固体表面的不均匀性

固体表面的复杂性除了前面讲述的结构上的不完整性和亚微观、宏观上的粗糙性以外，还反映在固体表面层内化学组成的变化上。通常所说的"固体表面"是指"空气-固体界面"，这个界面不是无限薄的一层，而是具有一定厚度、化学组成变化的过渡区。例如，一块金属铁，如果从固体表面逐步深入固体内部，一般来说，首先将遇到覆盖在固体上的沾污物以及它们所吸附的气体，接着是氧化物、氮化物或硫化物层等，下面才可能是固体自身的表层，但由于不同程度的应变，其结构常常又与固体内部不同，再下面才是固体的体相。

清除覆盖在固体表面上的一般沾污物也许并不是一件难事，由此可以得到一个不"脏"的固体表面。然而要获得一个不残留异物的真正清洁的固体表面却是一件十分困难的工作。很多金属只要与空气有所接触，就会有在其表面上形成一层氧化物。在不少实例中，氧化物膜本身的化学组成并非均匀。例如，铜表面在空气中形成一层氧化物膜，在靠近金属处，其组成近似为 $Cu_2O$，在靠近空气处，为 $CuO$。一块低碳钢可以为三种氧化物膜所覆盖：与金属接触的是 $FeO$，与空气接触的是 $Fe_2O_3$，中间的是 $Fe_3O_4$。更确切地说，也许是三种氧化物的饱和固溶体的混合物构成钢表面的氧化膜层。这个区域下面的金属组成与体相也不一致，这可能是由于钢中碳的氧化比铁中碳的氧化更快，结果在体相金属与氧化物膜之间夹了

一层碳局部耗尽的区域。其他元素的存在也会影响氧化物膜的组成，一个明显的例子是铜。一根很纯的铜丝在 900 ℃ 干燥的空气中被氧化，氧化物膜在 400 ℃ 以上仍不脆，若铜中含有 0.03% 以上的磷时，生成的氧化物膜就具有脆性，这种氧化物膜是氧化铜与磷酸铜的混合物。

氧化物膜的厚度视不同金属及氧化时的不同环境条件而变化，室温下，干燥空气中相对较纯的铁上的氧化物的厚度不超过 20 Å，但在潮湿空气中，氧化物膜的厚度明显增加，可以看到表面上的锈斑。锌表面上的氧化物保护膜的厚度约为 40 Å。锗表面上的氧化物膜厚度为 10~50 Å。在干燥空气中，金属铝表面形成一层坚固的氧化物保护膜，厚度约为 10~30 Å，以后几乎不再进一步氧化。但在有水气存在时，氧化物膜要厚得多（100 Å 以上），而且这种氧化过程在数年内都不会停止。氧化物膜的沉积是分层的，接近金属一侧是致密的无定形无水层，厚度约为 10~20 Å，接近空气一侧是厚的多孔水化层。

总之，只要没有发生机械形变，在金属表面上由于化学作用产生的诸如 Fe-FeO-Fe$_3$O$_4$-Fe$_2$O$_3$-空气这类表面覆盖层总是存在的。这样的金属若经受滚轧或类似的机械形变，氧化物膜可能被强制嵌入"皮下"层，在一些被机械加工的钢铁制件上，不仅在与空气的直接界面处，而且在深入金属许多埃距离处都存在 Fe$_2$O$_3$。

表面层内化学组成的变化不仅在金属材料上，而且在其他固体材料上也同样能观察到。

一个新产生的玻璃表面可能有与其体相大致相同的组成，但这种一致性在湿空气中或水介质中不能持续保持，因为在这样的环境中，玻璃表面的硅酸盐会发生水解。水解反应是一种离子交换，H$_2$O 中的 H$^+$ 取代了玻璃表面上硅酸盐中的 Na$^+$ 或 K$^+$，而后被取代的碱金属离子扩散离开固相。可以通过随时测量表面层的折射率 $n_s$ 来跟踪这个变化过程。将冕牌和火石玻璃浸入 20 ℃ 1 mol/dm$^3$ H$_2$SO$_4$ 中 4 h，其表面层折射率下降 0.02~0.10。一块组成为 PbO 60%、BaO 8%、SiO$_2$ 30% 的玻璃，其 $n_s$ 为 1.75，在 0.1 mol/dm$^3$ 盐酸中浸渍 1 min 后，表面形成了一层约 1 μm 厚，$n_s$ = 1.46 的覆盖层。用火花放电法将硅酸铝玻璃的表面层（0.3 μm 厚）蒸发，用质谱测定蒸气中不同元素的比例，以此来观察比较新鲜表面层与老的表面层中组成的变化。结果发现，玻璃的新鲜表面层中 Si：Na 为 140，老的表面层中为 280，相应的 Si：Ca 分别为 450 和 900；Si：K 为 5 和 22；Si：Al 为 5 和 3。由此看来，长时间暴露于空气中的玻璃表面损失了大约一半 Na 和 Ca，而 Al 却浓集了。在有些情况下，水分子还可能渗透入固体的表面层，使表面层发生肿胀，这不仅使固体表面层体积增加，而且使其 $n_s$ 降低。这是引起玻璃丝抗张强度下降的重要原因之一。

表面层内化学组成的变化不仅与外来杂质及周围环境有关，而且与固体自身的组成和结构有密切关系。随着表面分析技术的发展，已经发现一些合金与固溶体中存在着不同程度的偏析。从能量角度考虑，表面偏析自由能与键能及应力释放有关。由于表面偏析的结果，表面层的组成与体相发生偏差，而且温度越低，偏差往往越严重。在低温下做表面分析时，这是需要考虑的。

以上讨论所涉及的主要是沿固体表面纵向化学组成的变化。实际上，沿固体表面主平面方向往往也是不均匀的。即固体表面上不同部位的组成常常有差别。许多固体是多晶（如普通的金属材料、合金、硅酸盐等）或部分结晶（如有些高分子材料）。多晶固体的表面是由不同结晶学取向的微晶构成的镶嵌结构。金属中的位错，特别是晶粒间界经常是杂质的优先凝聚区。位错与晶界在表面上露头处，其组成和性质与表面上其他部位不同。在适当的侵蚀液中，腐蚀可以是有选择性的。表面上位错露头处的溶解速度明显比其他部位要快，结果在表面上形成腐蚀坑，坑中裸露出的面通常是具有简单指数的结晶学面，如（100）、（110）、（111）面等。这种加速溶解现象有时沿晶界也可以观察到。晶界处物质在晶粒受到明显侵蚀之前可能被腐蚀液溶掉，结果使多晶体变成分立的晶粒粉末。在有些合金中，也可能是优先溶解晶粒，在腐蚀以后，那些抗蚀性强的晶界形成一道道"山脊"。金属与溶液之间的电位差与暴露于溶液中的晶面有关。在两个邻近的不同结晶学取向的颗粒之间可以形成"局部电池"，当这些颗粒的化学组成不同时（如合金中两种不同的相），"局部电池"的电压甚至可能较高。晶界与邻近颗粒之间也存在电位差。这些是产生金属腐蚀的主要原因。失泽、生锈及类似的其他表面反应都证实金属等固体表面化学组成的不均匀性。

综上所述，几乎所有实际固体的表面上都存在不同程度的结构不完整性和组成不均匀性。这就使固体表面上各处的表面能产生差异，那些表面能高的区域，性质比较活泼，往往形成所谓吸附中心、活性中心、腐蚀中心、感光中心……这些对于我们研究吸附、催化、腐蚀、感光过程等的微观机理是很重要的。

# 3.3　清洁固体表面的制备

## 3.3.1　清洁固体表面的直接制备

许多物理和化学过程都涉及固体表面，随着科学技术的日益发展，固体表面的组成、结构与性能关系的研究无论是在理论上还是实践中，都越来越重要了。早期关于固体表面的研究结果有相当部分不大可靠，主要原因是当时人们还没有掌握获得和维持清洁固体表面的实验技术，故被研究的表面不可避免总有不同程度的沾污。例如，将一个清洁的固体样品放置在 $10^{-3}$ Pa 的真空中，在大约 0.2 s 内，其表面就会覆盖一单层的残余气体。由此可见，若没有超高真空条件（通常指压力低于 $10^{-6}$ Pa 的真空），即使获得了清洁的表面，也很难保持。近 30 年来，超高真空技术得到了迅速的发展，残余气压低达 $10^{-8}$ Pa 甚至更低的超高真空设备已经商品化了，再加上各种相应技术的配合，清洁固体表面的获得已不再是一件困难的工作了。这为表面物理和表面化学的研究提供了必要的基础和条件，在此就获得清洁固体表面的方法作一简单介绍。

正如上面所述，任何获得清洁固体表面的方法都离不开超高真空条件。在超高真空下，将欲研究的物质加热蒸发至某种衬底物质上成膜，然后进行退火处理，此即为真空蒸发法，此法所成的膜通常为多晶体。若控制适当条件，可以在衬底上生长出小单晶——晶须。某些具有解理特性的晶体，如云母、方解石、食盐等，在超高真空中解理可以得到非常清洁的表面。若要获得大面积的清洁表面，可将固体样品真空压磨成粉末，必要时做适当退火处理，以消除应力。

### 3.3.2　表面杂质清除

消除固体表面上的杂质同样离不开超高真空。这方面常用的方法有高温闪蒸法、离子轰击法、场致脱附法和化学处理法等。下面就这几种方法进行简单介绍。

①高温闪蒸法。将样品短周期，一般为几秒，重复加热至高温，以防止杂质在表面与体相间扩散。

②离子轰击法。常用惰性气体（如 Ar）离子轰击或溅射固体表面，以除去沾污物。离子溅射常与各种表面分析能谱配合做样品的深度分析。近年来，又出现一种利用原子束流刻蚀固体表面的新方法。

③场致脱附法。用强电场将固体表面上的杂质拉出。目前，这种方法只适用于场发射电子显微镜与场发射离子显微镜。

④化学处理法。单独用洗涤剂、酸、有机溶剂等来清洗固体表面是达不到真正清洁的要求的。通常是根据不同的具体对象和要求，在超高真空下将化学法与其他方法结合，往往可以得到较好的效果。例如，用氧化还原与真空加热可除去铂等贵金属表面上的有机物。用"低温钝化"和超高真空蒸发清除硅表面的杂质。

## 参考文献

[1] 陈宗淇，王光信，徐桂英. 胶体与界面化学 ［M］. 北京：高等教育出版社，2016.

[2] 沈钟，赵振国，康万利. 胶体与表面化学（第四版）［M］. 北京：化学工业出版社，2012.

[3] 顾惕人. 表面化学 ［M］. 北京：科学出版社，1994.

[4] 姜兆华，孙德智，邵光杰. 应用表面化学 ［M］. 哈尔滨：哈尔滨工业大学出版社，2018.

[5] 颜肖慈，罗明道. 界面化学 ［M］. 北京：化学工业出版社，2005.

# 第4章 固−液界面

固−液界面是生产生活中最常见的界面之一，固−液界面对晶体的生长、材料的成形以及表面的润湿等都具有重要的影响。此外，在生产实践中经常遇到固−液界面的电现象，如电解加工、电镀、电冶金等，深入了解这类带电界面的结构特点和结构与性能的关系，对实际工作有一定的指导作用。

## 4.1 固−液界面概述

古时人们就知道物质状态的不同，发明了固、液、气用于区分和描述。随着时代的发展，当人们对物质的了解越深入，便越需要精确地描述它们。在自然界中，一个体系包含不同状态的物质的情况普遍存在，当人们对物质的认识以原子为尺度时，不同状态的原子发生接触，便会产生界面区域。由于固与气和液与气之间的差距较大，界面可以看作暴露在外界，其相应的研究难度也因此较低，目前有很多的先进实验技术如原子力探针显微镜、扫描电镜等，可以做到原子尺度的表面表征，但是描述一个固体与液体组成的固−液界面则仍是一个非常具有挑战性的问题。在实验方面，固−液界面被限制在两个致密相之间，目前已知的绝大部分实验手段均难以进行直接测量；在理论方面，目前尚缺乏一个理论能在相同的框架内准确描述固相、液相和固−液界面。

固−液界面是指固相与液相的交界区域，它的厚度很小，仅在纳米量级，但它的存在却紧密联系着人们的生产生活，它的性质也涉及众多的自然现象。如滑冰是冬日里人们喜爱的娱乐活动，在 2008 年的北京冬奥会上，速滑选手甚至能滑出 55 km/h 的惊人速度，花滑选手也能在冰面上不停地旋转，冰壶运动员能让重达 42 磅的冰壶到达他们想要的任何地点，这一切都让人们认为冰是滑的。但如果观察一块低温的冰，就会发现其表面非常粗糙，无法理解它竟然如此光滑，人们设想冰表面可能存在一层水膜起润滑作用，Smit 和 Bakker 也通过实验发现了冰表面存在的"准液体层"（quasi-liquid layer，QLL）。冰之如此滑，离不开冰表面的液体水以及它们组成的固-液界面在其中所起的作用，这也只是在习以为常的现象里固-液界面的存在之一。

不仅在自然现象中，固-液界面在最先进的材料制造工艺中也起着关键作用。随着工业的发展，机械器件也越来越复杂，传统的加工生产工艺已逐渐落后，特别是在铸造加工的过程中，会造成很大的资源浪费，因此，制造工艺迎来了升级，例如，3D激光打印技术、纳米线生长技术等。激光打印技术可以实现器件制造从想象到产品的一步跨越，首先金属粉末被推至激光工作区域并形成薄薄一层，然后按照设计好的器件形状控制激光熔化对应的区域，待冷却之后，金属液体便会在之前的基础上固化生长为相应的"一层"器件，逐层熔化、生长，便能得到最终的三维器件。对于3D激光打印技术，它的难点在于控制粉末熔化后的固化生长过程，而固-液界面的性质则是其中的关键因素，它会影响器件固化生长时的晶体学取向、生长速度以及溶质分配等，进而影响成品的结构强度等性质。此外，纳米材料的制备过程也离不开固-液界面。形核及晶体生长领域是与固-液界面关联最深的领域之一，也是人们研究最多的领域之一，界面影响着晶核的生长速度、溶质浓度、孔隙率等各个方面。

这些例子仅仅是固-液界面存在的沧海一粟，也正是由于其广泛存在于各个领域并扮演重要角色，人们开始致力于研究固-液界面的力学、热学性质和最基础的结构信息。在过去的半个世纪，人们在理论、计算（相场理论、分子动力学模拟、密度泛函理论等）和实验领域做出了大量的努力和成果，但人们对原子尺度的界面仍知之甚少，人们希望对界面热力学性质总结出经验性规律，以预言更多材料的界面性质，也希望对界面性质的各向异性有定性分析和定量预测，甚至希望能够了解界面处固-液过渡时粒子间的堆积结构，以对固-液相转变过程有更基本的理解，因此人们一直致力于对界面的研究。

与此同时，研究工作者也没有停止对固-液界面理论的探索。在20世纪初的关于界面能的理论处理中，界面通常被任意地限制在某预定的厚度，Young和Becker等人在理论中均假定两个相邻的相在其共同界面之外的区域都是同质均匀的，在20世纪50年代，研究工作者据此发展了明锐界面模型（sharp interface model）来研究枝晶生长，明锐界面模型通常伴随着晶体生长时各向同性的假设，因此难以处理界面的各向异性问题。因此，Cahn等人对明锐界面模型并不赞同，并于1958年导出Cahn-Hilliard方程，成为相场建模的经典方程。Langer依据此在20世纪80年代发展了弥散界面模型（diffuse interface model），也称相场模型，此模型主要思想是使用一个非守恒的常数阶参数来描述相位，该参数在弥散界面模型里平稳变化并根据控制方程演化，以避免跟踪界面位置，但该模型的界面厚度通常远大于实际的纳米量级界面厚度，因此在某些研究领域（如溶质俘获）并不适用。除此之外，还有研究工作者开发了相场晶体模型（Phase Field Crystals，PFC），以确切的粒子数密度分布代替了弥散界面模型中的相位相关的辅助变量方程，通常该模型较明锐界面模型更容易实现，也比弥散界面模型更加精确。这些模型的最主要区别就在于界面处粒子的堆积结构和界面宽度，这些量是相场方程中的重要边界条件问题，也严重依赖分子动力学模拟的数据支持。除此之外，有部分研究工作者期望通过求解界面哈密顿量得到界面处粒子数密度分布函数，称为液态理论（liquid-state theory）。研究的手段是通过构建体系自由能或亥姆霍兹自由能与粒子数密度的泛函，并假设体系达到平衡态时界面处的过剩自由能最低，在此条件下求解出界面处粒子数密度关于体积、界面过剩量、块体密度和关联函数$C(r)$的函数关系式。目前能够得到$C(r)$的情况并不多，为简化$C(r)$函数，仅能做到墙-液体体系的计算。

# 4.2　固-液界面结构与界面自由能

固-液界面两侧均为凝聚态介质，但其性质存在较大的差异。液相一侧原子的排列是无序的，并且原子间的作用力通常较固相一侧弱。因此，在固-液界面上同样存在着界面能及界面能的各向异性，但固-液界面能通常远远小于气-液及气-固界面能。固-液界面处的原子受到界面附近 $1 \sim 100$ nm 区域内原子的影响。与固体和液体内部原子相比，位于界面处的原子由于受到来自固体和液体原子的共同作用，导致固-液界面的结构与固体和液体内部的结构有明显的区别。通常认为固-液界面是一个由若干个原子层构成的过渡区，在过渡区内进行着原子向规则有序转变和向无序转变的动态过程。如果原子向规则有序排列的转变速度大于反向转变的速度，则界面向液相一侧移动，发生结晶过程。如果相反，则发生熔化过程。熔化过程通常是一个吸热过程，而结晶则是一个放热过程。熔化热和结晶释放的结晶潜热在数值上是相等的。

通过对固-液界面结构的研究，不但能够得到界面结构与固体和液体内部结构的差别，而且可以通过对固-液界面微观结构的研究得到有关晶体生长的信息，从而有助于理解物理学中的许多现象，例如凝固、晶体生长、浸润等。

## 4.2.1　固-液界面结构

熔体生长、溶液生长、气相生长这些主要的晶体生长方法均是原子由无序状态向有序状态转变的过程，在母相和新生相之间存在一个锐变的界面。在数个原子层厚度的界面区内，其原子的排列方式既不同于新生相，也不同于母相，而是一个与其在新生相中的成键特性和母相中原子之间的相互作用力有关的过渡区。该过渡区的结构对生长特性的影响反映在以下几个方面：影响生长过程中原子的堆垛方式，从而影响表观的生长形态；造成界面能、生长形态的各向异性；影响结晶界面的动力学过冷度和生长速度，导致生长速度的各向异性；对于多元材料，与各组元的选择结晶相关，影响溶质组元的分凝系数。因此，进行结晶界面微观原子结构分析是晶体生长过程研究的一个基本物理问题。

结晶界面的结构模型较多，下面重点介绍杰克逊（Jackson）理论。

根据杰克逊理论，可以将生长着的晶体的界面微观结构分为两类，即光滑界面和粗糙界面。光滑界面从显微尺度来看，呈参差不齐的锯齿状，界面两侧的固-液两相是截然分开的，在界面的上部，所有的原子都处于液体状态，在界面的下部，所有的原子都处于固体状态，即所有的原子都位于结晶相晶体结构所规定的位置上。这种界面通常为固相的密排晶面。由于这种界面呈曲折的锯齿状，所以又称为小平面界面。当从原子尺度观察时，这种界面是光滑平整的。粗糙界面，从原子尺度观察时，这种界面高低不平，并存在几个原子间距厚度的过渡层。在过渡层中，液相和固相的原子犬牙交错地分布着。由于过渡层很薄，在光学显微镜下，这类界面是平直的，又称为非小平面界面。除了少数透明的有机物之外，大多数材料包括金属材料是不透明的，因此不能依赖直接观察的方法确定界面的性质。

为了便于划分光滑界面和粗糙界面，引入了原子占据比这个概念。设界面上可能具有的原子位置数为 $N$，其中，$N_A$ 个位置为固相原子所占据，那么界面上被固相原子占据位置的比例为 $x = N_A/N$，被液相原子占据的位置比例则为 $1-x$。如果界面上有近 50% 的位置为固相原子所占据，即 $x = 50\%$，这样的界面即为粗糙界面。如果界面上有近 0% 或 100% 的位置为晶体原子所占据，则这样的界面称为光滑界面。

必须指出，所谓粗糙界面和光滑界面，是就原子尺度而言的。在显微尺度下，粗糙界面由于其原子散乱分布的统计均匀性反而显得比较平滑，而光滑界面则由一些轮廓分明的小晶面所构成。因此，粗糙界面又称非小面界面，光滑界面又称小面界面。

界面的平衡结构应当是界面能最低的结构，当在光滑界面上任意添加原子时，其界面自由能的变化 $\Delta G_s$ 可以用下式表示

$$\frac{\Delta G_s}{NKT} = \alpha x(1-x) + x\ln x + (1-x)\ln(1-x) \tag{4-1}$$

式中，$k$ 为波尔兹曼常数；$T$ 是熔点；$\alpha$ 是杰克逊因子，是预测固–液界面结构的一个判据。取不同的 $\alpha$ 值作 $\dfrac{\Delta G_s}{NKT}$ 与 $x$ 的关系线，如图 4-1 所示。

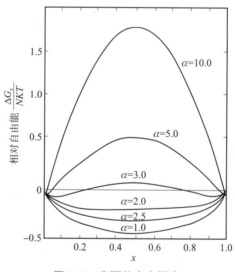

图 4-1　表面结点占据率

①当 $\alpha \leq 2$ 时，在 $x = 0.5$ 处，界面能处于最小值，即相当于相界面上的一半位置为固相原子所占据，这样的界面即对应于粗糙界面。

②当 $\alpha \geq 5$ 时，在 $x$ 靠近 0 处或 1 处，界面能最小，即相当于界面上的原子位置有极少量或极大量为固相原子所占据，这样的界面正是对应于光滑界面。

各种材料的杰克逊因子和界面性质：

纯金属与合金和某些有机物的杰克逊因子 $\alpha \leq 2$，其固–液界面为粗糙型界面；许多有机化合物的 $\alpha \geq 5$，其固–液界面为光滑型界面；少数材料如 Si、Ge、Sb、Bi 和氢化物晶体等的 $\alpha$ 为 2~5，处于中间状态，情况比较复杂，其固–液界面呈混合型，并且与界面的取向有关。

对于大多数固–液界面体系，由于界面处的粒子会自发相变、界面处微观结构变化等现象，形成愈加复杂的界面结构，给界面处的实验观察和理论描述带来了难以跨越的困境，而

且结构信息最终会投影到界面的热力学性质上。越来越多的研究表明，界面处的数层粒子的热力学性质与块体有明显区别，这些区别包括局域压强分量和应力在界面处分布不均匀，还包括界面处每层粒子的扩散系数、二维结构因子等。目前，在实验和理论领域精确表征、描述固−液界面的形貌以及界面处结构还存在困难，因此，人们对固−液界面最常用的手段是分子动力学模拟。

## 4.2.2　固−液界面自由能

对一个不包含界面的完整体系而言，体系中的原子或分子受到来自四周相邻原子或分子的相互作用，这些相互作用力的总体效果是平衡的，但从热力学角度分析，该体系具有一定的自由能。如果将该体系沿某个界面分开，形成两个新的界面，则使得位于界面处的原子相互作用的平衡关系被打破。为了克服界面处两相不平衡的相互作用，界面处会产生相对于原来系统自由能的过剩自由能。这种由于新的界面产生而导致的新增自由能就称为界面自由能。

固−液界面的自由能的形成是由于界面附近原子受到来自固体内部与液体内部不平衡的相互作用力。当固−液两相接触时，存在一定厚度的固−液接触区域，即固−液界面，这个区域是固相到液相的过渡区域，位于该区域内的原子受固体内部原子和液体内部原子的共同相互作用。由于固相和液相是两个不同的物态，因此界面处原子受到的相互作用力总体上不能够达到平衡。所以，将一个原子由固体或液体内部移动到界面处，必须要克服原子相互力而对体系做功。

假设固相 S 和液相 L 平衡共存时，整个体系的亥姆霍兹自由能（$F$）为：

$$F = F_S + F_L + A\gamma^F \tag{4-2}$$

式中，$A$ 为界面面积，有

$$\gamma^F = E - TS \tag{4-3}$$

是单位面积固−液界面的亥姆霍兹自由能的增量。此时，体系的吉布斯自由能（$G$）为：

$$G = G_S + G_L + A\gamma^G \tag{4-4}$$

式中，

$$\gamma^G = E - TS + pv \tag{4-5}$$

是单位面积固−液界面吉布斯自由能的增量；$E$ 代表单位面积界面的能量；$T$ 为温度；$S$ 是单位面积的界面熵；$p$ 为压强；$v$ 代表物质在固−液界面处体积的变化量。在材料体系当中，$v$ 是一个可以忽略不计的微小量。因此，上式中 $\gamma^F = \gamma^G$，通常统一用 $\gamma^G$ 表示固−液界面能。

固−液界面能的大小及其各向异性参数是材料凝固过程中控制晶体形核和枝晶生长的重要参数。准确地计量及认识材料体系及其各向异性有助于解释凝固过程中的诸多现象。例如，经典形核理论表明，$\gamma^G$ 的大小很大程度上决定了晶体凝固的临界形核功，从而左右着凝固过程中晶体的形核率。而固−液界面能的各向异性尽管非常微弱（在 1%~4% 的量级），但在枝晶生长方向的选择上却起着决定性的作用。由于固−液界面能的数值比较小，而它的各向异性又很微弱，实验上对其直接进行测量具有较大的挑战性。为此，人们发展了一些间接测量的方法，例如，形核法、平衡形态法、晶界凹槽法。对固−液界面能及其各向异性的实验测量还有很多的局限性，相关的实验数据也极其匮乏。实验测量上面临的诸多挑战，促使了

计算机模拟在计算固−液界面能及其各向异性上的发展。所以，目前绝大部分关于固−液界面能及其各向异性的研究都来源于计算机建模与模拟，其中，基于原子尺度模拟来计算固−液界面能及其各向异性的方法主要有两种：劈开法（Cleaving Potential Method，CPM）和毛细波动法（Capillary Fluctuation Method，CFM）。

# 4.3　界面电现象

在两相的界面上，通常要发生电荷的分离并产生电势差。胶体的一个重要性质——电动现象，就是表面电荷与电势存在的直接表现。表面带电是许多胶体体系赖以稳定的重要原因，它对界面上的吸附、界面膜的状态，以及胶体的扩散、渗透、流变等性质均有显著影响。因此，表面电现象是表面和胶体化学研究中的一个重要内容。该部分以界面双电层结构为重点，讨论的对象主要是固−液界面，但其原则同样适用于其他界面。

## 4.3.1　界面电荷与电势

固体表面上的电荷来源有以下途径：电离、吸附、摩擦接触和晶格取代等。

### 1. 电离

黏土颗粒、玻璃等皆属于硅酸盐，其表面在水中可以电离出钠离子、钾离子、钙离子等，故其表面带负电。硅溶胶在弱酸性和碱性介质中荷负电，也是质点表面硅酸电离的结果。高分子电解质和缔合胶体的电荷，均因电离而引起。例如，蛋白质分子含有很多羧基（—COOH）和氨基（—NH$_2$），当介质的 pH 大于其等电点时，蛋白质荷负电；反之，当介质的 pH 小于其等电点时，蛋白质荷正电。

肥皂属于缔合胶体（也称胶体电解质），在水溶液中，它是由很多可电离的小分子 RCOONa 缔合而成的。由于 RCOONa 可以电离，故质点表面可以荷电。

### 2. 吸附

吸附则是指固体表面吸附液体中的某种离子，固体表面对溶液中离子的吸附是有选择性的。固体表面上吸附了正离子，固体就带正电；固体表面吸附了负离子，固体就带负电。一般来说，凡是能够与固体表面形成不电离、不溶解物质的离子，就有条件被牢固地吸附在固体表面。被固体表面吸附，而使固体表面带电的离子称为定位离子（Potential-determining ion），或称为电位决定离子。

### 3. 非水介质荷电原因

对于非离子的物质和非水解质，认为这种环境中电荷的来源是固体质点和液体介质之间的摩擦，就像琥珀棒与丝绸摩擦而生电一样。两相接触时，对电子有不同的亲和力，这就使电子由一相流入另一相，在这种情况下，可用柯恩（Cohen）的经验规律来判断固体表面是带正电还是带负电。该经验规律认为，当两相接触时，介电常数大的一相带正电，介电常数小的一相带负电。水、玻璃、苯的介电常数分别为 81、6、2.3，水与玻璃形成界面时，玻璃带负电，水带正电，但是当苯与玻璃形成界面时，则玻璃带正电，苯带负电。应注意，这个规律只适用于非导体，并且我们将只讨论固体与电解质水溶液相接触的情况。

### 4. 晶格取代

造成固体表面带电的另一种比较特殊的情况是晶格取代，如黏土晶格中的 $Al^{3+}$ 往往有部分被 $Mg^{2+}$ 或 $Ca^{2+}$ 取代，结果使黏土带负电。为维持电中性，表面常吸附一些正离子，而这些正离子遇水后即成为水化离子而离开表面，于是使黏土质点带电，某些硅酸盐矿物中的 $Si^{4+}$ 被 $Al^{3+}$ 取代，结果也使其带上负电荷。

## 4.3.2 双电层理论

当固体表面带电以后，由于静电吸引，表面的电荷吸引溶液中带相反符号电荷的离子，使其向固体表面靠拢。被静电吸引的反号离子称为反离子。反离子仍处于溶液之中，与固体表面有一定距离，构成了所谓的双电层。下面以最常见的固-液体系为例，说明双电层的结构。

### 1. 亥姆霍兹模型（平板电容器模型）

最早的理论是平板双电层模型，是亥姆霍兹于 1879 年提出，因此也称为亥姆霍兹模型。该模型的结构如图 4-2 所示，固体的表面为一个带电层，离开固体表面一定距离的溶液内是另一个带相反符号的带电层，这两个电层相互平行，整齐地排列，好像一个平板电容器。

如果两层的间距为 $d$，则跨过该双电层的电位差可以用亥姆霍兹公式来计算：$\varphi = \dfrac{4\pi d\sigma}{D}$，$D$ 为介电常数，$\sigma$ 为固体表面电荷密度，$d$ 为双电层的距离。

在动电现象中，双电层电位的值一般总是小于固体表面电位，又如往溶液中加入任何电解质，双电层的电位都有很大变化。这些问题用简单的亥姆霍兹公式都无法解释。

### 2. Gouy-Chapman 模型（扩散双电层）

在亥姆霍兹模型中，只考虑了静电吸引，没有考虑质点的热运动因素。在 1910 年 Gouy 及 1913 年 Chapman 提出修正意见，考虑到质点由于热运动产生的分散性，把电场力和热运动综合考虑，提出了扩散双层模型。他们认为：界面反电荷并不是紧紧贴在界面上，也不像平板电容器那样分布在一个平面上。溶液中离子受热运动影响向体相中扩散，同时，又受固体表面的吸引力而被拉近固体表面。故双电层中离子的分布取决于引力和热扩散的平衡。在两种作用达平衡时，靠近固体时，平衡离子密度高，远离固体时，平衡离子密度低，这样就形成了扩散双电层，如图 4-3 所示。

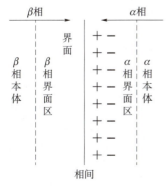

图 4-2 平板双电层模型的结构

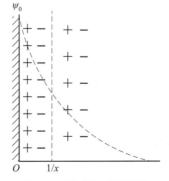

图 4-3 扩散双电层模型

扩散双电层模型的假设：

①固体表面是一个无限大的、带有均匀电荷密度的平面。

②扩散层中的反离子作为点电荷处理，其分布服从玻尔兹曼分布规律。

③溶液中各部分的介电常数处处相等，不随反离子的分布而异。

为简便起见，假设溶液中电解质由一种简单对称型盐组成，而且相同价数的离子影响不大，正负离子 $i$ 的价数均为 $Z_i$，与固相表面相距 $x$ 处的电势为 $\psi$。根据玻尔兹曼分布规律，该处离子 $i$ 的浓度为

$$n_i = n_{i0}\exp\left(-\frac{Z_i e_0 \psi}{kT}\right) \tag{4-6}$$

式中，$n_i$ 为扩散层中距表面 $x$ 处的离子浓度；$n_{i0}$ 为距表面很远处（$\psi = 0$ 处）的离子浓度（体相浓度）；$e$ 为单位电荷；$k$ 为玻尔兹曼常数。因此，单位体积内的电荷密度 $\rho$ 为 $Z_i e_0 n_i$，故

$$\rho = \sum Z_i e_0 n_i = \sum_i Z_i e_0 n_{i0}\exp\left(-\frac{Z_i e_0 \psi}{kT}\right) \tag{4-7}$$

当溶液很稀时，$\psi$ 很小时，则 $Z_i e\psi < kT$，当 $|x|$ 小于 1 时，有 $e^x = 1 + x + \dfrac{x^2}{2!} + \cdots$，则

$$\sum Z_i e_0 n_{i0}\exp\left(-\frac{Z_i e_0 \psi}{kT}\right) = \sum Z_i e_0 n_{i0}\left[1 - \frac{Z_i e_0 \psi}{kT} + \frac{1}{2}\left(-\frac{Z_i e_0 \psi}{kT}\right)^2 + \cdots\right]$$

由于 $\psi$ 很小，等式从右边第三项起可以忽略，则式（4-7）可近似得到

$$\rho = \sum Z_i e_0 n_{i0} - \frac{\psi}{kT}\sum n_{i0} Z_i e_0 \tag{4-8}$$

由于系统为电中性，正负离子的电荷数量相等，即 $\sum Z_i e_0 n_{i0} = 0$，则

$$\rho = \frac{-e^2 \psi}{kT}\sum_i n_{i0} Z_i^2 \tag{4-9}$$

为求解 $\psi$，需要找出另一个联系 $\psi$ 的关系式，此即电学上的 Poisson 方程，即

$$\frac{d^2\psi}{dx^2} = -\frac{\rho}{\varepsilon} \tag{4-10}$$

式中，$\varepsilon$ 为介电常数。将式（4-10）代入此式（4-9）得

$$\frac{d^2\psi}{dx^2} = \frac{e^2 \psi}{\varepsilon kT}\sum_i n_{i0} Z_i^2 = \kappa^2 \psi \tag{4-11}$$

式中，$\kappa^2 = \dfrac{e^2}{\varepsilon kT}\sum_i n_{i0} Z_i^2$。在双电层中，$\kappa$ 是一个很重要的参数。

由式（4-11），得

$$\frac{d^2\psi}{dx^2} - \kappa^2 \psi = 0 \tag{4-12}$$

对上式积分，得

$$\psi = A\exp(-\kappa_x)$$

考虑到 $x = 0$，$\psi = \psi_0$，则 $A = \psi_0$，有

$$\psi = \psi_0 \exp(-\kappa_x) \tag{4-13}$$

因为指数 $\kappa_x$ 的量纲为 1，所以具有长度单位，人们常用它代表扩散双电层的厚度。式（4-13）十分重要，它表明扩散层内的电势 $\psi$ 随离表面的距离 $x$ 而呈指数下降，下降快慢由 $\kappa$ 的大小决定。

根据电中性原理，固相表面所带电量必和液相一侧所带电量大小相等、符号相反，所以，固体表面电荷密度（即单位面积上电荷数）必然等于从固体表面到无穷远处在溶液内部那部分体积的电荷数，现在取单位面积

$$q = -\int_0^\infty \rho \, \mathrm{d}x \tag{4-14}$$

由 Poisson 方程

$$\rho = -\varepsilon \frac{\mathrm{d}^2\psi}{\mathrm{d}x^2} \tag{4-15}$$

将式（4-15）代入式（4-14），得

$$q = -\int_0^\infty -\varepsilon \frac{\mathrm{d}^2\psi}{\mathrm{d}x^2}\mathrm{d}x = \varepsilon \frac{\mathrm{d}\psi}{\mathrm{d}x}\bigg|_0^\infty = 0 - \varepsilon \frac{\mathrm{d}\psi}{\mathrm{d}x} i_{x=0} = -\varepsilon \left(\frac{\mathrm{d}\psi}{\mathrm{d}x}\right)_{x=0} \tag{4-16}$$

当 $Z_i e_0 \psi < kT$ 时，由式（4-16），得

$$\frac{\mathrm{d}\psi}{\mathrm{d}x} = -K\psi_0 \exp(-Kx)\big|_{x=0} = -K\psi_0 \tag{4-17}$$

将式（4-17）代入式（4-16），得

$$q = K\psi_0\varepsilon = \frac{\varepsilon}{K^{-1}}\psi_0, \psi_0 = \frac{K^{-1}}{\varepsilon}q \tag{4-18}$$

表达了表面电荷与表面电势的关系。显然，此结果与平行板电容器所代表的结果形式上完全相同，即 $K^{-1}$ 相当于平板电容器的厚度，所以通常将 $K^{-1}$ 作为扩散双层厚的度量，这就对平板电容器模型给予了解释。

### 3. Stern 双层模型

Gouy-Chapman 的扩散双电层模型在认识双电层的结构与解释电动现象方面取得了相当的成功，但又遇到了不少困难，尤其在高表面电势情形下。同价离子对双电层的影响应该相同，$\zeta$ 电势的绝对值随离子浓度的增加而下降，但永远与表面电势同号，其极限值为零。但实验结果表明，同价离子对 $\zeta$ 电势的影响也会有明显差别。$\zeta$ 电势还可能随离子浓度的增加而改变符号，这些都是 Gouy-Chapman 理论所不能解释的。

Gouy-Chapman 模型的问题在于点电荷的假设，实际上，溶液里电荷都是以离子的形式存在的。对于真实离子，Stern 认为，由于离子有一定的大小，因此限制了它们在表面上的最大浓度和离表面的最近距离；真实离子与带电表面之间，除了静电作用外，还有非电性的吸引，例如范德瓦尔斯吸引作用。由于这类吸引作用与离子本性有关，所以又称为特性吸附作用。从上述观点出发，综合了上述两种模型中的合理部分，Stern 于 1924 年提出了新的双电层模型。Stern 双电层模型可以分为两部分：一层为紧靠表面的紧密层（也称 Stern 层或吸附层），其厚度由被吸附离子的大小决定；另一层类似于 Gouy-Chapman 双电层中的扩散层，其浓度由体相溶液的浓度决定。吸附层的厚度仅为一两个分子厚，扩散层中的电势与电荷分布完全可按 Gouy-Chapman 理论处理。整个双电层的结构如图 4-4 所示。

图 4-4 中 $d$ 相当于紧密层中离子的半径，$K^{-1}$ 是扩散层的厚度。

关于 Stern 理论现有两种说法：

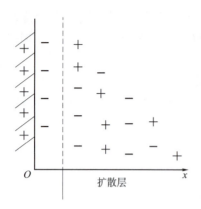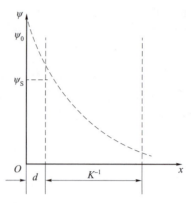

图 4-4 Stern 模型双电层的结构

1) Gouy-Chapmann-Stern 模型

该模型的基本假设与 GC 理论只有一条不同，就是把离子看成占有体积的电荷（$V_{离} \neq 0$）。求得 $\psi$ 与 $x$ 关系的方程和 GC 理论的处理思路完全一样，只是注意边界条件 $x=d$ 时 $\psi = \psi_S$，式（4-16）中积分下不是从 0 开始，而是从 $d$ 开始，即

$$q = -\int_d^\infty -\varepsilon \frac{\mathrm{d}^2\psi}{\mathrm{d}x^2}\mathrm{d}x = \varepsilon \frac{\mathrm{d}\psi}{\mathrm{d}x}\bigg|_d^\infty = -\varepsilon \left(\frac{\mathrm{d}\psi}{\mathrm{d}x}\right)_{x=d} \tag{4-19}$$

原来式（4-19）中的 $\psi_0$ 和现在的 $\psi_S$ 关系为

$$\psi_S = \psi_0 - \left(\frac{\mathrm{d}\psi}{\mathrm{d}x}\right)_{x=d} d \tag{4-20}$$

（1）对 Z-Z 型二元电解质体系

利用 $x=d$，$\psi = \psi_S$ 的边界条件，并令

$$V_0' = \frac{\exp\left(\dfrac{Ze_0\psi_S}{2kT}\right) - 1}{\exp\left(\dfrac{Ze_0\psi_S}{2kT}\right) + 1}$$

则得 $q$ 及 $\psi$ 的表达式

$$q = \sqrt{8n_0\varepsilon kT}\sinh\left(\frac{Ze_0\psi_S}{2kT}\right) = \sqrt{8n_0\varepsilon kT}\sinh\left[\frac{Ze_0}{2kT}\left(\psi_0 - \frac{q\mathrm{d}}{\varepsilon}\right)\right] \tag{4-21}$$

$$\psi = \frac{2kT}{Ze_0}\ln\frac{1 + V_{00}'\exp\left[-K_z(x-d)\right]}{1 - V_{00}'\exp\left[-K_z(x-d)\right]} \tag{4-22}$$

（2）当 $Ze_0\psi < kT$ 时，同样可得

$$\psi = \psi_S\exp\left[-K_z(x-d)\right] \tag{4-23}$$

2) Stern 对特性吸附的校正理论

Stern 进一步认为，在吸附层内的紧密层的介电常数在强电场作用下要发生改变，使其和溶液内部不同，$\varepsilon$ 就不为常数了，这样就有两点与 GC 理论假设不同（$V_{离} \neq 0$，$\varepsilon \neq \mathrm{const}$）。同时，Stern 认为双层内吸附是朗缪尔型单分子层的等温吸附，在扩散层中的离子与吸附于 Stern 层内的离子平衡。若只考虑与固体表面电荷相反的离子，这类离子在固体表面上的吸附能包括两项：静电能 $Ze_0\psi_S$ 与范德瓦尔斯引力能 $W$ 之和，即吸附能 $Q = Ze\psi_S + W$。作如下

假定：

Stern 层内：单位面积上有 $N_1$ 个位置可供吸附，现在已有 $n_1$ 个离子吸附在上面，这样还能进一步吸附的空位置数为 $(N_1-n_1)$。

溶液当中：单位体积内有 $N_2$ 个位置可供离子存在，平衡时单位体积内已有 $n_0$ 个离子，这样可供离子存在的空位置数为 $(N_2-n_0)$。

进入吸附层离子速度：

$$k_1(N_1-n_1)n_0$$

离开吸附层离子速度：

$$k_2(N_2-n_0)n_1\exp\left(\frac{-Q}{kT}\right)$$

这里要实现脱附，必须大于等于吸附能才能进行，当处于吸附平衡时，有

$$(N_1-n_1)n_0=k'(N_2-n_0)n_1\exp\left(\frac{-Q}{kT}\right) \tag{4-24}$$

$$k'=\frac{k_2}{k_1} \tag{4-25}$$

一般来讲，在溶液中总能满足 $N_2\gg n_0$，因此，有

$$n_1=\frac{N_1}{1+\dfrac{N_2}{n_0}k'\exp\left(\dfrac{-Q}{kT}\right)} \tag{4-26}$$

若设想 Stern 层内电荷密度为 $q_1$，离子价数为 $Z_i$，则有 $q_1=n_1Z_ie_0$，当铺满一个单层达到饱和吸附量 $q_m=N_1F_{10}$ 时，代入式（4-26），得

$$q_1=\frac{q_1}{1+\dfrac{N_2}{n_0}k'\exp\left(\dfrac{-Q}{kT}\right)} \tag{4-27}$$

另外，固体表面与 Stern 层之间可当作平板电容器处理。设紧密层内介电常数为 $\varepsilon_S$，固体表面上电荷密度为 $q$，由图 4-4 看出

$$q=\frac{\varepsilon_S}{d}(\psi_0-\psi_S) \tag{4-28}$$

若扩散层内电荷密度为 $q_2$，由电中性原理可知，$q+q_1+q_2=0$，因此，有

$$-q_2=q+q_1 \tag{4-29}$$

在这里，$q_2$ 的意义和 GC 扩散层含义相同，可由对溶液侧积分求得

$$q_2=\int_d^\infty\rho\mathrm{d}x=-\sqrt{8n_0\varepsilon kT}\sinh\left(\frac{Z_ie_0\psi_S}{2kT}\right) \tag{4-30}$$

将式（4-27）、式（4-29）代入式（4-28），得

$$\frac{\varepsilon_S}{d}(\psi_0-\psi_S)+\frac{q_m}{1+\dfrac{N_2}{n_0}k'\exp\left[-\left(\dfrac{Z_ie_0\psi_S+W}{kT}\right)\right]}=\sqrt{8n_0\varepsilon kT}\sinh\left(\frac{Z_ie_0\psi_S}{2kT}\right) \tag{4-31}$$

此式虽然比较完善，可对许多双层实验现象给予解释，但式中 $\psi_S$、$\varepsilon_S$、$N_2$ 等的测定很复杂，一般从界面电容的测定可获得有益数据。由图 4-4 看出，总的界面电容 $C$ 的关系

式为

$$\frac{1}{C}=\frac{1}{C_1}+\frac{1}{C_2} \tag{4-32}$$

式中，$C_1=\dfrac{\varepsilon_s}{d}$、$C_2=\dfrac{q_2}{\psi_s}$。

#### 4. 双层结构的其他模型

Stern 模型至少在定性上能较好地解释电动现象，反映更多的实验事实，但此理论的定量计算尚有困难。在 Stern 之后，Grchorne 约在 1947 年提出了双电层模型。他进一步发展了 Stern 的双电层概念。将溶液相中的电层分为内层和扩散层。内层中又可分为两层：①内亥姆霍兹层，其中有未水化的离子，也有一层水分子，它们紧贴在粒子表面，水的介电常数仅为 6，这一层实际上就是 Stern 模型中的 Stern 层；②外亥姆霍兹层，其中有水化的离子，它们与粒子吸附较紧，并且可随粒子一起运动，此层和溶液间有滑动面。在此模型中，Grchorne 强调，电荷在粒子表面的分布是不均匀的，是一簇簇地分布着的，当离子在 Stern 层中吸附后，周围表面电荷又会重新分布。1954 年，Devanathan 提出了把 Stern 模型中的几个物理量特别是电容相联系的方程式。1963 年，Bockris、Devanathan、Muller 三人提出了双层精细结构的 BDM 模型。这一模型主要考虑到金属电极与电解质溶液界面水分子的影响，紧靠电极表面的内层为吸附的水分子偶极层（厚度为 $d$），也叫内亥姆霍兹层（IHP），外层是厚度为 $L$ 的水化离子层，也叫外亥姆霍兹层（OHP）。如图 4-5 所示，在 IHP 内，介电常数为 $\varepsilon_1$，由于强电场作用，使水分子几乎处于介电饱和状态，$\varepsilon_1 \approx 6$。OHP 层内介电常数为 $\varepsilon_0$，这一层阳离子周围被水分子包围，介电常数 $\varepsilon \approx 40$，图中 $\xi$ 和滑动面对应，也叫动电势，后面将再介绍。

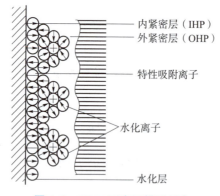

**图 4-5　BDM 双电层模型示意**

## 4.3.3　电动现象

从上一节内容看出，固-液界面双电层中，固相一侧与液相一侧带有电量大小相等但符号相反的荷电粒子。这些反号荷电粒子在外电场或外力的作用下要产生相对运动，这一现象统称为电动现象。在胶体系统中（粒子线性尺寸在 $10^{-9} \sim 10^{-7}$ m 之间），每一个胶团就是一个小双电层，也就是每个胶团内部都存在着超微界面。在外电场或外力作用下，这些超微界面两侧的电荷将产生怎样的运动规律是本节要讨论的具体内容。

根据电场力和外力作用形式不同，可把动电现象分为四种。

①电泳。在电场力作用下，溶胶粒子和它所负载的离子向着与自己电性相反的电极方向迁移。对于液相，就是溶质相对溶剂运动的现象。

②电渗。在电场力作用下，液相（溶剂）对固定的固体表面电荷（溶质）相对运动的现象。固相可以是毛细管、多孔滤板、膜等。

上述两种现象都是在外电场作用下溶质与溶剂间产生的相对运动，也就是由电而引起的运动，因此，简称为电动现象。

③沉降电势。在外力作用下，使带电粒子做相对于液相（溶剂）的运动所产生的电势。"沉降"二字起源于外力，一般是重力的原因。

④流动电势。在外力作用下，使液体（溶剂）沿着固相表面流动，由此产生的电势称为流动电势。

这两种现象都是在外力作用下溶质与溶剂间的相对运动而伴随着电现象的发生。简言之，是由运动而产生电的现象，叫动电现象。

动电现象和电动现象在不严格区分的情况下，统称为电动现象或者动电现象都可以。它们的产生原因在于固−液之间（溶质与溶剂之间）相对滑动。在前面介绍双电层结构时，已经提到，在固−液相间靠近 OHP 处有一个可滑动面，它所对应的电势就叫动电势 $\zeta$（Zeta）。注意，$\zeta$ 电势的数值取决于滑动面的位置、实验条件及胶粒的性质。$\psi_L$（即图 4-4 中的 $\psi_S$）是热力学的分散电势，它无法直接测得。$\zeta$ 在给定条件下是可测量的，因此更有实际意义。一般情况下，$|\psi_L| > |\zeta|$ 成立，当稀溶液时，$\psi_L = \zeta$ 的近似处理不会有很大偏差。

### 1. 电泳

外电场作用下，溶液中的离子要定向迁移，在胶体中，由于胶粒带电，也同样要产生电迁移。若电场强度为 $E$，溶胶粒子所带电量为 $Q$，则所受到的电场力 $F_{电}$ 为

$$F_{电} = Q \cdot E \tag{4-33}$$

在电场力作用下，胶粒的运动要受介质阻力的影响。设摩擦阻力系数为 $f$，一般阻力和运动速率成正比，$F_{阻}$ 的表达式为

$$F_{阻} = f \cdot v \tag{4-34}$$

当达到匀速运动时，上述两力相等。根据离子淌度的定义，$u = v/E$，得

$$u = Q/f \tag{4-35}$$

对式（4-34）中的 $f$，若胶粒半径为 $a$，可引用 Stokes 公式 $f = 6\pi\eta a$，则

$$u = \frac{Q}{6\pi\eta a} \tag{4-36}$$

式中，$\eta$ 为溶液黏度系数。若想求得离子淌度，还必须求出 $Q$ 和 $a$，下面分别讨论。

（1）$Z_i e_0 \psi < kT$（$Ka < 0.1$）

根据球壳形双层理论，把胶粒半径看成电极半径 $a$，可直接得

$$\psi = \frac{qa^2}{\varepsilon(1+ka)r} \exp[-k(r-a)] = \frac{Q}{4\pi\varepsilon r(1+ka)} \exp[-k(r-a)]$$

对于稀溶液 $\zeta \approx \psi_a$，$\psi|_{r=a} = \psi_a$，因此，可近似有

$$\zeta = \psi_a = \frac{Q}{4\pi\varepsilon a} - \frac{Q}{4\pi\varepsilon(a+K^{-1})} \tag{4-37}$$

同时，在稀溶液中，满足 $K^{-1} \gg a$，式（4-37）可简化为（严格来讲，$\psi_a$ 相当于分散层

电势）

$$\zeta = \frac{Q}{4\pi\varepsilon a} \tag{4-38}$$

将其代入式（4-35），得

$$u = \varepsilon\zeta/(1.5\eta) \tag{4-39}$$

实践证明，$Ka < 0.1$ 时，式（4-39）对球形粒子是十分适用的。也有人将此式称为 Huckel（许克尔）公式。

（2）$Ka > 100$

当 $Ka$ 较大时，可把胶粒表面按平面处理，直接用平面双层理论阐述，如图4-6所示，考虑面积为 $A$，厚度为 $\mathrm{d}x$ 的一个体积元，它离平表面 $S$ 的距离为 $x$。根据牛顿力学，作用于最靠近平表面的那个面上的黏性力在 $x$ 方向上的分力可表示为式（4-40）。

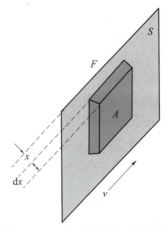

图4-6　$Ka$ 很大时胶粒运动示意

在离平表面 $x + \mathrm{d}x$ 处，同样有

$$F_x = \eta A \left(\frac{\mathrm{d}v}{\mathrm{d}x}\right)_x \tag{4-40}$$

$$F_{x+\mathrm{d}x} = \eta A \left(\frac{\mathrm{d}v}{\mathrm{d}x}\right)_{x+\mathrm{d}x} \tag{4-41}$$

综合看作用于该体积元的净黏性力，为

$$F_{\text{黏}} = \eta A \left[\left(\frac{\mathrm{d}v}{\mathrm{d}x}\right)_{x+\mathrm{d}x} - \left(\frac{\mathrm{d}v}{\mathrm{d}x}\right)_x\right] = \eta A \frac{\mathrm{d}^2 v}{\mathrm{d}x^2}\mathrm{d}x \tag{4-42}$$

稳态下，作用于单位体积内的电场力与黏性力应大小相等，方向相反，$F_{\text{电}} = E \cdot Q = E \cdot \rho \mathrm{d}V = E\rho \cdot A\mathrm{d}x$，将 $\rho = -\varepsilon\dfrac{\mathrm{d}^2\psi}{\mathrm{d}x^2}$ 代入，得

$$F_{\text{电}} = -E\varepsilon A \frac{\mathrm{d}^2\psi}{\mathrm{d}x^2}\mathrm{d}x \tag{4-43}$$

将式（4-42）、式（4-43）联立，假定 $\eta$、$E$、$\varepsilon$ 为常数，两边积分，得

$$\eta\frac{\mathrm{d}v}{\mathrm{d}x} = -E\varepsilon\frac{\mathrm{d}\psi}{\mathrm{d}x} + \text{const} \tag{4-44}$$

$x \to \infty$，不存在相对运动，$\dfrac{\mathrm{d}v}{\mathrm{d}x} = 0$，$\varepsilon\dfrac{\mathrm{d}\psi}{\mathrm{d}x} = 0$，常数项也为0。

$$\eta \frac{\mathrm{d}v}{\mathrm{d}x} = -\varepsilon E \frac{\mathrm{d}\psi}{\mathrm{d}x} \tag{4-45}$$

根据 $\zeta$ 的概念，BDM 双电层精细结构图形中，当 $\psi = \zeta$ 时，$x$ 取值正好在滑动面上，粒子与电极的相对运动速率 $v_\zeta = 0$，而在双电层外部，$x \rightarrow \infty$，$\psi \rightarrow 0$，此时溶液内部远离滑动面，整体粒子运动速率 $v_0 = v$，因此，再对式（4-45）两边积分，有

$$\eta \int_v^0 \mathrm{d}v = -\varepsilon E \int_0^\zeta \mathrm{d}\psi \eta v = E\varepsilon\zeta$$
$$u = \varepsilon\zeta/\eta \tag{4-46}$$

此式称为 Helmholtz-Smoluchowski 公式，适用于 $Ka>100$ 情况。

（3）$0.1<Ka<100$

在溶胶系统中，上述两种极端情况是不多的，常遇到的是介于二者之间。但在这种情况下，数学处理很困难，可变参数太多。D. C. Henry 作出如下假设条件：

①胶体粒子是非导电的小球。

②稀溶液中粒子间无相互作用力。

③双电层结构符合 GC 模型，且 $Z_i e_0 \psi < kT$，在外电场作用下，双电层不变形。

④双电层内，$\varepsilon$、$\eta$ 为常数。

⑤双电层内的电势和外加电场可简单叠加。按上述基本假设，Henry 推导出淌度公式为

$$u = \frac{\varepsilon}{\eta}\left(\zeta + 5a^5 \int_\infty^a \frac{\psi}{r^6}\mathrm{d}r - 2a^3 \int_\infty^a \frac{\psi}{r^4}\mathrm{d}r\right) \tag{4-47}$$

式中，$\psi$ 按 GC 理论为

$$\psi = \frac{A}{r}\exp(-Kr), \quad \zeta = \psi_{r=a} = \frac{A}{a}\exp(-Ka)$$

所以

$$\psi = \frac{a\zeta}{r}\exp[-K(r-a)] \tag{4-48}$$

将式（4-48）代入式（4-47）后并积分整理，得

$$u = \frac{\varepsilon\zeta}{1.5\eta}\left\{1 + \frac{1}{16}(Ka)^2 - \frac{5}{48}(Ka)^3 - \frac{1}{96}(Ka)^4 + \frac{1}{96}(Ka)^5 - \right.$$
$$\left.\left[\frac{1}{8}(Ka)^4 - \frac{1}{98}(Ka)^6\right] \cdot \exp(Ka) \int_\infty^{Ka} \frac{\mathrm{e}^{-t}}{t}\mathrm{d}t\right\} \tag{4-49}$$

当 $Ka \rightarrow 0$ 时，此式变为式（4-39）；当 $Ka \rightarrow \infty$ 时，则变为式（4-46）。当 $0.1<Ka<100$ 时，这个中间区 Henry 公式填补了空白。但有一点要注意，本式要求双电层在外电场作用下不变形的假设与事实不符。伴随着质点的移动，双电层在松弛效应作用下要产生变形。这是因为带电质点和它周围的离子氛要各自朝与自身电性相反方向的那一极移动，导致正、负电性重心不重合。当去掉外电场后，这种不对称性要经过一段时间才会消失，该时间叫松弛时间。全面考虑，除胶粒与其离子氛相互之间逆向移动（延迟效应）这一点外，变了形的离子氛对粒子移动又产生抑制作用，它是变形离子氛因电性重心不重合而产生的静电吸引。实际计算表明，$\zeta<25$ mV 时，不管 $Ka$ 多大，松弛效应均可忽略。但在高电势下，Henry 公式偏差增大。

**2. 电渗**

电渗是在外电场作用下使液体流动而固相不动的现象。流动电势是在外力作用下，液相

和固相的相对运动而产生的电势。图 4-7 是两种电动现象的示意。图 4-7（a）由两个相互平行的玻璃毛细管组成，上面毛细管中有一气泡，用来观察液体的流动。测量毛细管两端装上两铂片电极，整个体系是密封的，通电时电极表面不能有气泡产生。在毛细管两端加上电场后，电场力和黏性力达到平衡时，扩散层的离子迁移速度就已稳定。毛细管圆柱体的半径为 $R$，它比 $K^{-1}$ 大得多，这些条件意味着符合式（4-46）的要求，$u = \varepsilon\zeta/\eta$。设毛细管总横截面积为 $A$，单位时间液体流量为

$$J = v \cdot A = \frac{A\varepsilon\zeta^{\eta}}{\eta}E \tag{4-50}$$

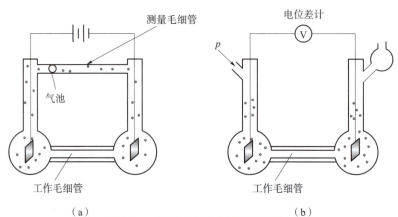

图 4-7　流动电势和电渗发生示意

（a）流动电势；（b）电渗

若液相电导率为 $\lambda$，$I$ 为通过毛细管的电流，则 $I = E\lambda A$，代入式（4-50），得

$$J = \frac{\varepsilon I\zeta}{\eta\lambda} 或 \zeta = \frac{\eta\lambda J}{\varepsilon I} \tag{4-51}$$

由此式看出，通过测定液体流量就可求算 $\zeta$ 值。但要注意，这里电流应包括两部分，一部分是管壁表面上双电层（电导率为 $\lambda_\gamma$）通过的电流 $I_\gamma$，另一部分是溶液内部通过的电流 $I_b$（电导率为 $\lambda_b$），即

$$I = I_\gamma + I_b = E(\pi R^2 \lambda_b + 2\pi R\lambda_\gamma) = EA\left(\lambda_b + \frac{2\lambda_\gamma}{R}\right) \tag{4-52}$$

代入式（4-51），得

$$\zeta = \frac{\eta J\left(\lambda_b + \dfrac{2\lambda_\gamma}{R}\right)}{I\varepsilon} \tag{4-53}$$

可以看出，当 $R \to \infty$ 时，表面双电层电导影响可忽略。

以上是分析电渗的情况，反过来，在图 4-7（b）中，毛细管的表面是带电的，如果在两端加压力，迫使液体流动，由于扩散层的移动，与固体表面产生电势差。这种电势有阻碍电荷继续移动的趋势。若毛细管长度为 $L$，在管两端的压力差为 $p$，两端产生的电动势为 $\varphi$，同时，认为管内液体流动为层流，根据流体力学的 Poiseuille 公式，有

$$V(r) = \frac{p}{4\eta L}(R^2 - r^2) \tag{4-54}$$

式中，$r$ 为距毛细管轴线的垂直距离，则在轴线方向上，单位时间内从毛细管流出的体积或者说流量微元为

$$dJ_v = V(r) 2\pi r dr = \frac{p}{4\eta L}(R^2 - r^2) 2\pi r dr \tag{4-55}$$

从图 4-8 的层流示意中看出，$x = R - r$，若考虑到电流大小与液体流过毛细管的速率成正比，$\rho$ 为体积电荷密度，则有

$$dI = \rho dJ_v = -\frac{\rho p}{4\eta L}(2Rx - x^2) 2\pi (R-x) dx \tag{4-56}$$

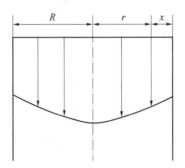

图 4-8　层流示意图

感兴趣的是毛细管附近的双电层的区域，即 $x \ll R$，所以，式（4-56）简化为

$$dI = -\rho \frac{\pi p}{\eta L} R^2 x dx$$

由 $\rho = -\varepsilon \dfrac{d^2 \psi}{dx^2}$，$A = \pi R^2$，得

$$dI = \frac{\varepsilon p A}{\eta L} \frac{d^2 \psi}{dx^2} x dx \tag{4-57}$$

$$I = \frac{\varepsilon p A}{\eta L} \int_0^R \left(\frac{d^2 \psi}{dx^2}\right) x dx = -\frac{\varepsilon p A}{\eta L} \left[ x \frac{d\psi}{dx} - \int_0^R \frac{d\psi}{dx} dx \right]_0^R$$

当 $x=0, r=R$ 时，$\psi \approx \zeta$；当 $x=R$，$r=0$ 时，$\psi=0$（轴心部相当于本体溶液），$\dfrac{d\psi}{dx}=0$。同时，由电导率与 $I$ 的关系，有下面等式

$$I = \frac{A p \varepsilon}{\eta L} \zeta = E \cdot A \left(\lambda_b + \frac{2\lambda_\gamma}{R}\right) \tag{4-58}$$

由于 $E = \dfrac{\varepsilon p \zeta}{\eta L \left(\lambda_b + \dfrac{2\lambda_\gamma}{R}\right)}$，则

$$\varphi = E \cdot L = \frac{\varepsilon p \zeta}{\eta \left(\lambda_b + \dfrac{2\lambda_\gamma}{R}\right)} \tag{4-59}$$

式（4-58）所求得的电流称为流动电流，它完全是由于双电层可动部分相对于双电层中静止部分的运动引起的，式（4-59）得到的就是流动电势。比较式（4-58）和式（4-53），可看出

$$\frac{\varphi}{p} = \frac{\varepsilon\zeta}{\eta\left(\lambda_b + \dfrac{2\lambda_\gamma}{R}\right)} = \frac{J}{I} \tag{4-60}$$

$\dfrac{\varphi}{p}$ 和 $\dfrac{J}{I}$ 这两组不同的物理量比值通过此式联结在一起。这是 L. Onsager（昂萨格，1968 年诺贝尔奖获得者）提出的极为普遍的互易性定律的一个实例。

下面对式（4-59）进行讨论。

①当 $R \to \infty$ 时，$\left(\lambda_b + \dfrac{2\lambda_\gamma}{R}\right) = \lambda_b$，说明毛细管半径足够大时，界面效应可以忽略。

②当 $\lambda_b$ 或 $\lambda_\gamma$ 上升时，$\varphi$ 下降。例如 $1 \times 10^{-3}$ mol/L 的 NaCl 水溶液，$\lambda_b + \dfrac{2\lambda_\gamma}{R} \approx 1.26 \times 10^{-2}$ s/m，$I = 1 \times 10^{-3}$ A，$\zeta = 0.050$ V、$p = 101\,325$ Pa，计算得 $\varphi = 0.300$ V。电解质溶液由于电导率高，使 $\varphi$ 较低。对于低电导率的物质，如未经处理过的汽油的电导率约为 $10^{-12}$ s/m，当用一定的压力泵抽取汽油时，所产生的流动电势可以十分惊人，在这样高电压下，有打火花引起燃爆的危险。因此，汽油的输送装置必须很好地接地，或者加入抗静电剂，如二异丙基水杨酸钙等。有人可能会问，石油开采原油向外喷射的压力很大，并未看到打火花。实际上，天然原油中含有氧化物、沥青等，使其电导率大大提高了。

③介电常数高或黏度低能导致流动电势增加，但 $\varepsilon$、$\eta$ 的数量级变化不如 $\lambda$ 那么大。

④式（4-58）的互易性为测定 $\zeta$ 提出了两个可比方法。这对科学研究验证非常有利，在实际科研活动中，为了证明某一结果的正确性，只用一种方法验证总不如两种方法从不同角度去检验同一问题所得的结论可靠。

### 3. 流动电势与沉降电势

流动电势是指当电解质溶液在一个带电荷的绝缘表面流动时，表面的双电层的自由带电荷粒子将沿着溶液流动方向运动，这些带电荷粒子的运动导致下游积累电荷，在上下游之间产生电位差就是流动电势。

沉降电势可以看作流动电势的反过程，因此，只要将式（4-60）中的 $p$ 换成沉降中的驱动力 $4/3\pi a^3(\rho-\rho_0)ng$，即可得到关于沉降电势的定量表达式

$$E_{ad} = \frac{4\pi\varepsilon a^3(\rho-\rho_0)ng\xi}{3\eta\lambda_0} \tag{4-61}$$

式中，$a$ 为质点半径；$\rho$ 与 $\rho_0$ 分别为质点与液体的密度；$\eta$ 为单位体积内的质点数。式（4-61）最早由 Smoluchowski 得到，后 Booth 指出，此式只适用于 $Ka \gg 1$ 的情形。对于任意 $Ka$ 值的一般情形，和电泳的情形一样，需乘一校正因子，即

$$E_{ad} = \frac{4\pi\varepsilon a^3(\rho-\rho_0)ng\xi}{3\eta\lambda_0}f_1 \tag{4-62}$$

$f_1$ 是 $\xi$ 与 $Ka$ 的函数，其定量关系完全与电泳的相同。

### 4. 电动现象的应用

（1）污水处理

由于家用洗涤剂等含有表面活性物质的排放，使得表面活性剂吸附在污水中悬浮固体质点上，并使之带电。一般为 $-40$ mV $< \zeta < -10$ mV。向污水中加入 $NaHCO_3$ 和 $Al_2(SO_4)_3$，可形

成氢氧化铝化合物胶体（正胶），悬浮物一般是负胶，当这两种电性相反的胶体粒子相遇时，形成沉淀就可将污水中的悬浮物除去。为了使沉淀的效率最佳，常控制溶液的 pH=6，此时处于等电点（$\zeta=0$）、$u=0$，不发生相对运动。实践中常通过调整 pH，使氢氧化铝表面有很小的动电势（$\zeta \leqslant 5$ mV），这样有利于进一步同负胶悬浮物作用而沉淀。

（2）电渗脱水

泥煤、黏土等矿物有时需要脱水。例如，湿土在挖方前可以用电渗法将水除掉。将电极打桩埋入地中，阴极是多孔管状，土壤粒子表面带负电，因此，双层的扩散部分带正电，这样使溶液朝阴极移动，在阴极收集到水，随后用泵抽走即可。也有设想用电渗方法将海水淡化的。

（3）电沉积与电泳

根据异性相吸的原理，若控制电极电势使其所带的电荷符号同欲沉积的胶粒带反号电荷，就有利于胶粒在电极表面沉积。如天然橡胶的胶乳就是用这种方法加工的。采用电沉积可以制得相当致密和附着力好的油漆涂层（电泳涂层）。

总之，动电现象在日常生活及工业生产中都获得了广泛的应用；在医学上也得到了应用，目前有人对血浆（是一种胶体）进行电泳（区域电泳类似于色谱）实验，发现不同人有不同的区域电泳图形，这在法医鉴定上得到了应用。

# 参考文献

[1] 陈宗淇，王光信，徐桂英. 胶体与界面化学 [M]. 北京：高等教育出版社，2016.

[2] 沈钟，赵振国，康万利. 胶体与表面化学（第四版）[M]. 北京：化学工业出版社，2012.

[3] 顾惕人. 表面化学 [M]. 北京：科学出版社，1994.

[4] 姜兆华，孙德智，邵光杰. 应用表面化学 [M]. 哈尔滨：哈尔滨工业大学出版社，2018.

[5] 颜肖慈，罗明道. 界面化学 [M]. 北京：化学工业出版社，2005.

# 第 5 章　吸附作用

任何表面都有自发降低表面能的倾向，由于固体表面不能像液体那样改变表面形状、缩小表面积、降低表面能，但可利用表面分子的剩余力场来捕捉气相或液相中的分子，降低表面能，以达到相对稳定的状态，这也是固体表面能够产生吸附的根本原因。固体表面的吸附作用是表面能存在引起的一种普遍现象。

吸附作用是使固体表面能降低，是自发过程，因此难以获得真正干净的固体表面。值得注意的是，物质与固体接触之后，还可能发生其他过程，如吸收或化学反应。既然吸附是界面现象，当然就不同于吸收（absorption），也不同于气体与固体的化学反应。吸收是整体现象，如 $H_2$ 溶于钯，实际上是气体分子在固体中的溶解。

## 5.1　气–固界面上的吸附

气体物质在固体表面上浓集的现象称为气体在固体表面上的吸附。被吸附的物质称为吸附物，具有吸附能力的固体称为吸附剂。

将固体与气体接触，气体的分子就会不断地撞上固体的表面，其中，有的分子立即弹回气相，有的则会在表面滞留一段时间后才返回气相，吸附就是这种滞留的结果。分子在表面上滞留是固体表面与吸附分子之间的吸引力造成的。

### 5.1.1　化学吸附与物理吸附

吸附是固体表面质点和气体分子相互作用的一种现象，这种相互作用大致可分为两类：一类是范德瓦尔斯力；另一类是化学键力。若分子是通过范德瓦尔斯力吸附在表面上的，这种吸附作用叫物理吸附。因为分子可以通过范德瓦尔斯力吸附在已被吸附的分子上面，故物理吸附一般可以是多分子层的。这种吸附作用主要取决于温度、压力和表面的大小，而与表面微观结构的关系不大。如果吸附的分子、原子或原子团是通过化学键与表面原子相结合的，这种吸附作用叫化学吸附。显然，化学吸附只限于与固体表面直接接触的单分子层。化学吸附的多少不仅与温度、压力和表面的大小有关，而且还与固体表面的微观结构密切相关。这两类吸附的特征列于表 5-1。

**表 5-1　物理吸附和化学吸附的特征**

| 特征 | 物理吸附 | 化学吸附 |
|------|---------|---------|
| 吸附力 | 范德瓦尔斯力 | 化学键力 |
| 选择性 | 无 | 有 |
| 吸附热 | 近于液化热（$0 \sim 20 \ kJ \cdot mol^{-1}$） | 近于液化热（$80 \sim 400 \ kJ \cdot mol^{-1}$） |
| 吸附速度 | 快，易平衡，不需要活化能 | 较慢，难平衡，需要活化能 |
| 吸附层 | 单或多分子层 | 单分子层 |
| 可逆层 | 可逆 | 不可逆 |

表 5-1 中列出的是一般特点及区别。但有例外情况，如 -180 ℃ 时 CO 在 Fe 催化剂上就可以发生化学吸附；$I_2$ 在 200 ℃ 时在硅胶表面上仍然是物理吸附。需要活化能的化学吸附有时可以瞬时完成，而在微孔固体上发生的物理吸附，有时因扩散速率慢而导致吸附速率很慢。在气体吸附中，因为吸附是放热的，所以无论是物理吸附还是化学吸附，吸附的量均随温度的升高而降低（图 5-1）。这表明在低温时 $H_2$ 主要是物理吸附，而当温度升高至曲线最低点 A 后，$H_2$ 分子活化，开始缓慢地进行化学吸附，但脱附速度很小，在 A-B 区域内未达到平衡，故吸附量随温度升高而增大。这意味着吸附需要活化能，所以将此吸附称为活化吸附。但当温度升至 B 点后，这时被活化的 $H_2$ 分子迅速增加，化学吸附可以达到平衡，吸附量再次随温度升高而降低。因此，可以说，同一吸附系统，在低温下是物理吸附，在高温下是化学吸附。化学吸附在催化作用中具有重要意义。关于分子的吸附状态，目前通过光谱数据可以提供很多信息。在紫外线、可见光及红外线光谱区，若出现新的特征吸收峰，就标志着处在化学吸附。物理吸附只能使吸附分子的特征吸收峰发生某些位移，或使原吸收峰的强度有所改变。

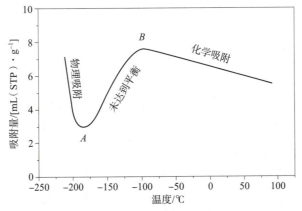

**图 5-1　$H_2$ 在 Ni 上的吸附量随温度的变化（压力为 26.7 kPa）**

物理吸附和化学吸附的性质还可以通过位能曲线来说明。图 5-2 所示为 $H_2$ 在 Ni 上的吸附过程的位能与距离的关系曲线示意。由量子力学可分别算出 $H_2$ 在 Ni 上发生物理吸附过程的位能曲线 $P$，而曲线 $C$ 为化学吸附的位能曲线。当 $H_2$ 远离 Ni 表面时，势能为零；当 $H_2$ 逐渐接近 Ni 表面时，范德瓦尔斯引力起主要作用，位能逐渐降低；吸附平衡时，势能最低，形成了相对稳定的物理吸附态。但分子进一步接近时，由于电子云重叠引起相斥作用而使势能迅速上升。曲线最低点的深度相当于物理吸附热 $Q_P$，而相应的距离 $r_P$ 相当于表面 Ni 原子和 $H_2$ 分子的范德瓦尔斯半径之和（约 0.32 nm）。代表化学吸附的曲线 $C$ 中氢气为脱附，$H_2$ 要解离为氢原子（2H）才被吸附。当一对氢原子接近表面时，由于吸附使位能逐渐降低，在曲线上出现的最低点相当于形成了稳定的化学吸附态。曲线最低点的深度相当于化学吸附热 $Q_C$，相应的距离 $r_C$ 为 Ni 和 H 原子的核间距（0.16 nm）。

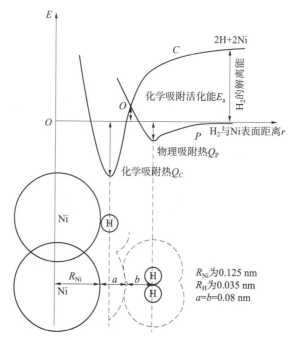

**图 5-2  $H_2$ 在 Ni 上的吸附过程的位能与距离的关系曲线示意**

图 5-2 还说明，由于有物理吸附，分子将沿着能量很低的途径接近表表面，然后在 $P$ 和 $C$ 两条曲线的交叉点上由物理吸附转变为化学吸附。这是系统吸附能量，$E_a$ 称为过渡态。过渡态不稳定，系统的位能迅速沿曲线 $C$ 下降至最低点，形成稳定的化学吸附态。$E_a$ 就是化学吸附的活化能，此点足以说明物理吸附对化学吸附有重要作用。若无物理吸附，则化学吸附的活化能就是吸附质分子氢气的解离能。显然，若某化学吸附的 $E_a$ 很小，则吸附速率很快。若 $E_a$ 不很小，则吸附速率较慢。若要有显著的化学吸附速度，温度必须超过某一定值（这暗示吸附需要活化能）。

吸附热力学是判别物理吸附和化学吸附最常用的依据。因为吸附是一个自发过程，故伴随自由能的降低，即 $\Delta G<0$。另外，吸附时分子由三度空间转移到二度空间的表面将失去一定的自由度，故熵降低，即 $\Delta S<0$。由

$$\Delta G = \Delta H - T\Delta S \tag{5-1}$$

可知，熵变 $\Delta H$ 必是负的。也就是说，吸附是放热过程。物理吸附的吸附热和液化热相近，化学吸附热则与反应热相近。但应指出，物理吸附总是放热的，而化学吸附却有个别例外。因为上面的热力学推论是根据吸附剂呈惰性的假设而得出的，因此，对于物理吸附，这个假设近似正确，但对化学吸附却不然，由于化学吸附类似于化学反应，吸附剂表面可能引起严重扰动，由此引起的熵变不能忽略。如果总的 $\Delta S$ 大于零，则 $\Delta H$ 就有可能是正的，即吸附是吸热的。例如氢在玻璃上的解离吸附和氧以 $O^{2-}$ 形式在银上的吸附。

## 5.1.2　吸附曲线

### 1. 吸附平衡与吸附量

气相中的气体分子可以被吸附到固体表面上，已被吸附的分子也可以脱附（或叫解吸）而回到气相。在温度和吸附质的分压恒定的条件下，当吸附速率与脱附速率相等时，即单位时间内被吸附到固体表面上的量与脱附回到气相的量相等时，达到吸附平衡。此时，固体表面上的吸附量不再随时间而变。吸附平衡是一种动态平衡，在达到吸附平衡条件下，单位质量的吸附剂所吸附气体的物质的量 $x$ 或换算成气体在标准状态下所占的体积 $V$，称为吸附量，以 $a$ 表示

$$a = \frac{x}{m} \quad \text{或} \quad a = \frac{V}{m} \tag{5-2}$$

式中，$m$ 为吸附剂的质量。

### 2. 吸附曲线

吸附曲线是反映吸附量 $a$ 与温度 $T$ 及吸附平衡分压 $p$ 三者之间关系的曲线。

如图 5-3 所示，在第 I 类中，吸附量 $a$ 在 $p/p_0$（其中，$p_0$ 是气体在吸附温度下的饱和气压）很低时迅速上升，继续增加压力时上升减缓，最后达到极限吸附。通常将此极限吸附量当作单分子层饱和吸附量，其实问题并不如此简单。事实上，只要吸附剂是微孔型的，就常能得到这类等温线；在这种情况下，由于微孔的大小与吸附分子的尺寸同数量级，因此，极限吸附是吸附分子将微孔填满的结果，而不是表面铺满一分子层的饱和吸附量。第 II ~ V 类等温线都是多分子层吸附的结果，倘若吸附剂是非孔性的，吸附空间没有限制，则所得等温线是第 I 或 II 类的，在 $p/p_0 \rightarrow 1$ 时，吸附量急剧上升，若吸附剂是多孔的，但不是微孔型或至少不完全是微孔型的，则吸附空间虽可以容纳多层吸附，但不能是无限的，故吸附量在 $p/p_0 \rightarrow 1$ 时趋于饱和值，这个饱和值相当于吸附剂的孔充满了吸附质液体，由此可以求得吸附剂的孔体积；其等温线属于第 IV 或 V 类，它们与第 II 或 III 类的另一区别是在中等 $p/p_0$ 时曲线的上升一般更陡些，这是毛细凝结造成的结果。第 II 和 III 类（或第 IV 和 V 类）的不同是，在等温起始部分的斜率（即 $\mathrm{d}V/\mathrm{d}p$）是由大变小（第 II、IV 类）还是由小变大（第 III、V 类）；这与第一层的吸附热究竟是大于还是小于吸附质的液化热有关，在 BET 的理论中，这一点得到了圆满的解释。

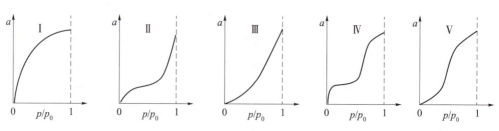

图 5-3　物理吸附的五类等温线

### 5.1.3　吸附等温式

从吸附等温线的类型可以获得关于吸附剂的表面性质、孔径及吸附剂与吸附质相互作用的知识。反之，人们又总想用某些方程式对实验测得的各种类型的吸附等温线加以描述，或提出某些吸附模型来说明所得的实验结果，以便从理论上加深认识，从而产生了一些吸附理论并总结、推导出若干吸附等温方程式。

#### 1. Freundlich 吸附等温式

Freundlich 通过大量实验数据，总结出了式（5-3）所示的经验方程式，称为 Freundlich 吸附方程式

$$V = Kp^{1/n} \tag{5-3}$$

式中，$V$ 为吸附体积；$K$ 为常数，与温度、吸附剂种类、采用的计量单位有关；$n$ 为常数，和吸附体系的性质有关，通常 $n>1$，$n$ 决定了等温线的形状。如果要验证吸附数据是否符合 Freundlich 公式，通常将式（5-3）两边取对数改为直线式

$$\lg V = \lg K + \frac{1}{n} \lg p \tag{5-4}$$

若以 $\lg V$ 对 $\lg p$ 作图，应得直线。由直线的截距可以求得 $K$，由斜率可以求得 $n$。实验证明，当压力不太高（如吸附平衡压力不大于 13.33 kPa）时，CO 在活性炭上的吸附按 Freundlich 直线式作图是很好的直线。图 5-4 为 $NH_3$ 在木炭上的吸附结果。由图可见，在中压部分，$\lg V$ 和 $\lg p$ 同样有很好的直线关系，但在低压和高压部分则不能得到很好的直线。另外图中还表明，温度升高，吸附量减少，即低温时的 $K$ 值相对地比高温时大，而 $\frac{1}{n}$ 值则相反。此式的特点是没有饱和吸附值。它广泛用于物理吸附和化学吸附，也可用于溶液吸附。

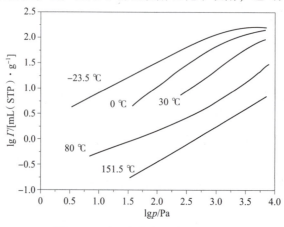

图 5-4　$NH_3$ 在木炭上的吸附结果

Freundlich 公式原是一个经验公式，但从固体表面是不均匀的观点出发，并假定吸附热随覆盖度增加而呈现指数下降，则可推导出式（5-3），可见这个公式有一定的理论根据。

### 2. Langmuir 吸附等温式——单分子层吸附理论

1916 年，Langmuir 首先提出单分子层吸附模型，并从动力学观点推导了单分子层吸附方程式。他认为，当气体分子碰撞固体表面时，有的是弹性碰撞，有的是非弹性碰撞。若是弹性碰撞，则气体分子跃回气相，并且与固体表面无能量交换；若为非弹性碰撞，则气体分子就逗留在固体表面上，经过一段时间又可能跃回气相。气体分子在固体表面上的这种逗留就是吸附现象。根据单分子层吸附模型，在推导吸附方程时做了如下假设。

①气体分子喷在已被固体表面吸附的气体分子上是弹性碰撞，只有喷在空白的固体表面上才被吸附，即吸附是单分子层的。

②被吸附的气体分子从固体表面跃回气相的或然率不受周围气体的影响，即不考虑气体分子间的相互作用力。

③固体吸附剂表面是均匀的，即表面上的各个吸附位置的能量相同。

设表面上有 $S$ 个吸附位置，当有 $S_1$ 位置被吸附质点分子占据时，则空白位置数为 $S_0 = S - S_1$。令 $\theta = S_1/S$ 并称其为覆盖度。若所有吸附位置上都吸满分子，则 $\theta = 1$，所以 $1-\theta$ 代表空白表面的分数。当吸附平衡时，吸附速度和脱附速度相等，若以 $\mu$ 代表单位时间内碰撞在单位表面上的分子数，$a$ 代表碰撞分子内被吸附的分数，因为在单位表面上，只有 $1-\theta$ 部分是空白的。所以根据假设①，吸附速度为 $a\mu(1-\theta)$。根据假设②和假设③，单位时间单位面积上脱附的分子数只与 $\theta$ 成正比，脱附速度为 $\gamma\theta$（$\gamma$ 为比例常数）。因此，有

$$a\mu(1-\theta) = \gamma\theta \qquad (5-5)$$

从分子运动论得 $\mu = p/(2\pi mkT)^{1/2}$。式中，$p$ 为气体压力；$m$ 为气体分子的质量；$k$ 为玻尔兹曼常数；$T$ 为热力学温度。将 $\mu$ 代入式（5-5），得

$$\theta = bp/(1+bp) \qquad (5-6)$$

此即 Langmuir 单分子层吸附公式。式中的 $b$ 为

$$b = \frac{a}{\gamma}\frac{i}{(2\pi mkT)^{1/2}} \qquad (5-7)$$

若以 $V_m$ 代表每克吸附剂表面盖满单分子层（$\theta = 1$）时的吸附量（也叫饱和吸附量），$V$ 代表在吸附平衡压力为 $p$ 时的吸附量（均以标准状态下的体积表示），则

$$\theta = V/V_m \qquad (5-8)$$

Langmuir 公式也可写成

$$V = \frac{V_m bp}{1+bp} \qquad (5-9)$$

常数 $b$ 为吸附系数。如果一个分子被吸附时放热 $q$，则吸附分子中具有 $q$ 以上能量的分子数就离开表面跃回气相。按玻尔兹曼定律，跃回气相的分子数与 $\exp[-q/(kT)]$ 成正比，所以

$$\gamma = \gamma_0 \exp[-q/(kT)] \qquad (5-10)$$

代入 $b$ 的定义式（5-7），得

$$b = \frac{a}{\gamma_0}\frac{\exp[-q/(kT)]}{(2\pi mkT)^{1/2}} \qquad (5-11)$$

由此可见，$b$ 主要是温度和吸附热的函数。$q$ 增大，$b$ 也增大。但 $T$ 升高，$b$ 减少。所以温度

升高，吸附量减少，但这个结论仅适用于放热的吸附过程，否则，与此相反。

从式（5-9）及 Langmuir 吸附等温线可见：

当压力足够低时，$bp \ll 1$，则 $V \approx V_m bp$，这时 $V$ 与 $p$ 成直线关系，即图 5-2 曲线 I 中的低压部分；

当压力足够大时，$bp \gg 1$，则 $V \approx V_m$，这时 $V$ 与 $p$ 无关，吸附已达到单分子层饱和，即图 5-2 曲线 I 压力较高的部分；

当压力适中时，$V$ 与 $p$ 成曲线关系，即 5-2 曲线 I 中的弯曲部分，保持原来的形式，即式（5-9）。

Langmuir 公式也可以写成下列形式

$$\frac{p}{V} = \frac{1}{V_m b} + \frac{1}{V_m} p \qquad (5-12)$$

或

$$\frac{1}{V} = \frac{1}{V_m} + \frac{1}{V_{mb}} \cdot \frac{1}{p} \qquad (5-13)$$

则以 $p/V$ 对 $p$ 作图，应得直线，由直线的斜率和截距可得 $V_m$ 和 $b$。某吸附数据是否符合 Langmuir 公式，就要看按式（5-12）作图时是否有好的直线关系。若该吸附数据符合 Langmuir 公式并求得 $V_m$ 后，则可进一步计算吸附剂的比表面积 $S_{比}$

$$S_{比} = \frac{V_m}{22\ 400} \cdot N_A \sigma_0 \qquad (5-14)$$

式中，$N_A$ 为 Avogardro 常数；$\sigma_0$ 为吸附质分子的截面积。对于 Langmuir 等温式，有几点应予以注意：

①在低压下，$V$ 和 $p$ 应有直线关系，但实际上有时并非直线。曲线常有点凸起，这是由于固体表面实际是不均匀的，不符合假设③。在不均匀的表面上，吸附作用首先发生于具有最高 $q$ 值的部位上，即吸附热随覆盖度增加而降低，这意味着 $b$ 并不是常数。

②一般单分子层吸附具有 Langmuir 型等温线，但微孔型吸附剂（孔半径在 1~1.5 nm 以下）则在孔中已经装满吸附质分子后，$V$ 不再随 $p$ 而增大。故同样呈现饱和吸附特征，并符合 Langmuir 等线即第 I 型曲线，但并非单分子层饱和吸附。例如，某微孔吸附剂的比表面积为 500 $m^2/g$，在低温下，吸附 $N_2$ 所测的饱和吸附值为 0.30 mL/g，已知 $N_2$ 的单层吸附厚度为 0.354 nm，据此计算的 $V_m$ 值应为 0.177 mL/g。此值远小于测定值，说明此时并非单分子层吸附。因此，具有 I 型曲线者，并非均为单分子层吸附。

③多数的物理吸附是多分子层的，所以，在压力比较大时，往往并不遵循 Langmuir 公式。但绝大多数的化学吸附是单分子层的，当覆盖度较小，吸附热变化不大时，吸附结果能较好地与 Langmuir 公式相符。

### 3. BET 吸附等温式

由前所述，许多吸附等温线不符合 Langmuir 吸附等温式，原因是不符合其单分子层吸附假设，尤其是物理吸附，大多数是多分子层吸附。

1938 年，Brunauer、Emmett 和 Teller 三人在 Langmuir 单分子层吸附理论的基础上，提出了多分子层吸附理论，简称 BET 吸附理论，其导出公式称为 BET 吸附等温式。

BET 理论的基本假设：

①吸附可以是多分子层的。该理论认为，在物理吸附中，不仅吸附质与吸附剂之间有范

德瓦尔斯引力，而且吸附质之间也有范德瓦尔斯引力。因此，气相中的分子若碰到被吸附分子，也有可能被吸附。所以吸附是多分子层的。

②固体表面是均匀的。多层吸附中，各层都存在吸附平衡，此时吸附速率和脱附速率相等，不必上层吸附满了才吸附下层。

③除第一层以外，其余各层的吸附热等于吸附质的液化热。

④各吸附层中，吸附质在同一层上无相互作用。

根据以上假设，推导了BET吸附等温式，即

$$V = \frac{V_m Cp}{(p_0-p)\left[1+(C-1)p/p_0\right]} \tag{5-15}$$

该式又称为二常数公式，常数是 $V_m$ 和 $C$，$C$ 的物理意义是

$$C \approx e^{(q_1-q_2)/(RT)} \tag{5-16}$$

式中，$q_1$ 与 $q_2$ 分别是第一层的吸附热和吸附质的液化热。如果能得到 $C$ 值，并从物化数据手册查得吸附质的液化热，就可计算出 $q_1$。$V_m$ 的意义与Langmuir吸附等温式中的相同。

$$\theta = \frac{V}{V_m}$$

$V_m$ 表示单位质量吸附剂的表面覆盖满单分子层时的吸附量。这里的覆盖度 $\theta$ 可以大于1。

式（5-15）中 $V$ 大小是不受限制的，因为在固体表面上的吸附层可以无限多。从式（5-15）可以看出，只有当吸附质的压力 $p$ 等于饱和蒸气压 $p_0$ 时，即 $p=p_0$ 时，才能使 $V \to \infty$。

BET吸附等温式还可以改写成下列直线式

$$\frac{p}{V(p_0-p)} = \frac{1}{V_m C} + \frac{C-1}{V_m C} \times \frac{p}{p_0} \tag{5-17}$$

从实验可测定不同 $p$ 下的吸附量 $V$，再用 $p/V[(p_0-p)]$ 对 $p/p_0$ 作图，若能得到一条直线，说明该体系符合BET公式，并可由直线的斜率和截距计算二常数 $V_m$ 与 $C$。

若吸附剂是多孔性的，则吸附层数就会受到限制。设为 $n$ 层，则吸附量 $V$ 与相对压力 $p/p_0 = x$ 的关系为

$$V = \left(\frac{V_m Cx}{1+Cx}\right)\left[\frac{1-(n+1)x^n+nx^{n+1}}{1+(C-1)x-Cx^{n-1}}\right] \tag{5-18}$$

该式称为BET三常数公式，三个常数是 $V_m$、$C$ 和 $n$。

当 $n \to \infty$ 时，式（5-18）又还原成式（5-15）。

BET理论成功地解释了吸附等温线（图5-2）中的Ⅰ、Ⅱ、Ⅲ三种类型。当吸附层 $n=1$ 时，式（5-18）可以简化成Langmuir形式，即可描述Ⅰ型吸附等温线。当 $n>1$ 时，随着 $C$ 值的不同，而有不同的等温线。若 $q_1>q_2$，是Ⅲ型吸附等温线。

大量实验结果表明，许多吸附体系的相对压力 $p/p_0$ 在 $0.05 \sim 0.35$ 范围内时，实验结果都符合BET吸附等温式。这是因为相对压力在此范围内，相当于 $\theta=0.5 \sim 1.5$，表观上能满足BET理论的假设。BET理论假设固体表面是均匀的且同层分子之间没有相互作用力，这实质上可归结为吸附热是常数。而实际上，在表面不同位置处的吸附热并不相同。对于第一层，可以认为 $q_1$ 近似地保持不变，因为表面的不均匀性和分子之间的相互作用对吸附热的影响可以部分抵消。对于第二层，吸附剂的引力仍有一定作用，而被吸分子周围的分子也不

多，分子间的相互作用和表面的不均匀性两个因素对第二层吸附热的影响也可以部分抵消，因此，$q_2$ 也可近似认为不变。当相对压力小于 0.05，即 $\theta<0.5$ 时，因为相对压力太小，表面的不均匀性就显得突出；当相对压力大于 0.35 时，可能毛细管凝聚作用显著，也会偏离多分子层吸附平衡。因此，$p/p_0<0.05$ 和 $p/p_0>0.35$ 一般不符合 BET 公式。

## 5.1.4　影响气–固界面吸附的因素

### 1. 温度

气体吸附一般是放热过程，因此，无论是物理吸附还是化学吸附（有例外），温度升高时，吸附量是减少的。在实际体系中，可根据需要确定最适宜的温度，并不是越低越好。

在物理吸附中，要有明显的吸附作用，一般温度控制在气体的沸点附近。例如，常用的吸附剂，如活性炭、硅胶、$Al_2O_3$ 等，对吸附质 $N_2$ 要在其沸点 $-195.8\ ℃$ 附近才能进行吸附，对吸附质 He 要在其沸点 $-268.6\ ℃$ 附近才能进行吸附，而在室温下这些吸附剂都不吸附 He 和 $N_2$ 或空气，所以气相色谱实验中常用 He 或 $N_2$ 等作载气。

在化学吸附中，情况比较复杂，例如 $H_2$（沸点为 $-252.5\ ℃$）在室温下不被上述吸附剂所吸附，但在 Ni 或 Pt 上则被化学吸附。

温度不仅影响吸附量，还能影响吸附类型。例如，$H_2$ 在 $MgO-Cr_2O_3$ 催化剂上的吸附，在 $-78\ ℃$ 时为物理吸附，而在 $100\ ℃$ 时为化学吸附。

### 2. 压力

无论是物理吸附还是化学吸附，增加吸附质平衡分压，吸附速率和吸附量都是增加的。物理吸附类似于气体的液化，故吸附随压力的改变会可逆地变化，图 5-3 中的 5 种类型吸附等温线反映了压力对吸附量的影响。

化学吸附实际上是一种表面化学反应，吸附过程往往是不可逆的，即在一定压力下吸附达平衡后，要使被吸附的分子脱附，单靠降低压力是不行的，必须同时升温。因此，对吸附剂或催化剂进行纯化时，必须在真空条件下同时加热来驱逐其表面上被吸附的物质。压力对化学吸附的平衡几乎无影响，即使在很低的压力下，化学吸附也会发生。

### 3. 吸附剂和吸附质的性质

吸附剂和吸附质的品种很多，吸附行为也很复杂，下面仅介绍一些基本规律。

①遵循相似相吸的规则，即极性吸附剂易于吸附极性吸附质，非极性吸附剂易于吸附非极性吸附质。如活性炭、炭黑是非极性吸附剂，故其对烃类和各种有机蒸气的吸附能力较强。但炭黑的表面含氧量增加时，其对水蒸气吸附量将增大。又如硅胶、硅铝催化剂、$Al_2O_3$ 等是极性吸附剂，易于吸附极性的水、氨、乙醇等吸附质。

②无论是极性还是非极性吸附剂，一般吸附质分子的结构越复杂，沸点越高，被吸附的能力越强。这是因为分子结构越复杂，范德瓦尔斯引力越大，沸点越高，气体越易凝结，这些都有利于吸附。

③酸性吸附剂易吸附碱性吸附质，反之，碱性吸附剂易吸附酸性吸附质。如硅铝催化剂、分子筛、酸性白土等均为酸性吸附剂或固体酸催化剂，故它们易吸附碱性气体，如 $NH_3$、水蒸气和芳烃蒸气等。碱性吸附剂或催化剂如 $Pt/Al_2O_3$ 易吸附酸性吸附质 $H_2S$ 或 $AsH_3$ 而中毒。这也可能是因为这些气体分子中有孤对电子，它们极易与 Pt 原子的空轨道形

成配键。这是一种很强的化学吸附，故使催化剂中毒。

#### 4. 多孔性吸附剂的孔结构

上述反映的是吸附剂表面性质对吸附的影响。实际上，多孔性吸附剂的孔隙大小不但影响吸附速率，还直接影响吸附量的大小。

例如，A 型分子筛孔径约为 0.4～0.5 nm，X 型和 Y 型分子筛孔径为 0.9～1 nm，苯分子的临界大小为 0.65 nm，故 X 型和 Y 型分子筛能吸附苯，而 A 型则完全不能吸附苯。又如，硅胶是极性吸附剂，有很大的吸水能力，但若将硅胶进行扩孔，比表面积大大降低，从而对水蒸气的吸附量也大大减少。

### 5.1.5　气–固界面吸附的应用

气体或蒸气在固体表面上的吸附已得到广泛的应用。

①求算固体的比表面积。

②测多孔性吸附剂或催化剂的孔径分布。

③气–固吸附是色谱法的理论基础。色谱分离和检测技术广泛用于石油化工生产上的监控、环境污染的监控等许多场合，其基本原理是气体混合物在载气的推动下，流经固定相（即吸附剂）时，由于混合气中各组分被吸附能力的不同，在反复多次的吸附和脱附过程中将混合物分离。

④气体的提纯或分离。由于吸附剂的表面特性，对某些气体组分有特殊的吸附能力，从而可以提取某个有用组分或除去某个有害组分。例如，气相色谱所用载气如 $N_2$ 在进入检测器之前需要净化，往往是用硅胶除去水分。又如，防毒面具中往往装有活性炭来吸附非极性有机毒气。有的还用气体低温吸附高温释放的方式获得高真空。环境污染的治理中，气–固吸附是废气处理的重要方法。

# 5.2　固–液界面上的吸附

固体自溶液中的吸附（简称固–液吸附）是最常见的吸附现象之一，应用十分广泛。应用最早的实例之一是采用活性炭脱色制取白糖。在有机合成中，也常用活性炭来除杂质。固体吸附在纺织品染色、涂料工业、污水处理等领域都有重要应用，此外，固体吸附也是色谱分离术的基础。

溶液吸附规律比较复杂，主要因为溶液中除了溶质外，还有溶剂，因而固体自溶液中的吸附理论不像气体吸附那样完整，至今仍处于初始阶段。

### 5.2.1　溶液中吸附的特性

固体自溶液中的吸附比气–固吸附要复杂得多。这是因为溶液至少有两个组分：溶剂与溶质。因此，固体与溶液间的吸附要考虑固体表面与溶质、固体表面与溶剂以及溶剂与溶质之间的相互作用力。当比表面积较大的固体在溶液中吸附任一溶质或溶剂时，存在着竞争性的优先吸附或顶替吸附现象。一般固体对溶液中的溶质和溶剂均能吸附，则吸附层可看成溶质与溶剂分子的二维溶液。由于固体对溶剂与溶质相互作用会有差异，结果使溶液在界面吸附层的浓度与体相的浓度不一致。若溶液吸附层浓度大于其在体相的浓度，则对溶质是正吸附，对溶剂为负吸附；反之，对溶质为负吸附，对溶剂为正吸附。

固体自溶液中吸附的吸附量 $\Gamma$ 的定义如前，$\Gamma = x/m$，即单位质量的吸附剂吸附溶质物质的量，其单位为 $mol \cdot kg^{-1}$。

吸附量的测定是在某温度下将一定量（$m$）的固体吸附剂加到一定体积 $V$ 及已知浓度（$c_0$）的溶液中，不断搅拌，达到吸附平衡后再测定溶液的浓度（$c$），则溶质的吸附量

$$\Gamma = \frac{x}{m} = \frac{(c_0 - c) V}{m} \tag{5-19}$$

由式（5-19）计算所得吸附量，通常称为表观吸附量。因为没有考虑到溶剂的吸附，只是一种相对值。若是稀溶液，表观吸附量与真实的接近，但对浓溶液，则必须了解表观吸附量与真实吸附量之间的关系。

固体自溶液中的吸附，大多是物理吸附，也有的是化学吸附。现已确知，许多金属自溶液中吸附脂肪酸是化学吸附，织物的染色也常涉及化学吸附。

固体自溶液中的吸附的另一特点是吸附速率比气体的物理吸附速率要小很多。这是因为吸附质分子在溶液中的扩散速率比在气体中的小，在溶液中，固体表面总有一层液膜，溶质分子必须通过这层膜才能被吸附，再加上吸附剂孔的大小因素，因此，吸附速率就更慢了。这就意味着固体在溶液中的吸附平衡时间往往很长。

## 5.2.2　浓溶液的吸附

本节将讨论限于二组分液体混合物的吸附。从理论观点出发，似乎稀溶液应比浓溶液简单。但实际上，想真正了解稀溶液吸附的许多现象，必须从溶质和溶剂的相互作用、对表面的争夺来认识，而这些问题只有从浓溶液的吸附研究中才能得到定量的说明。因此，首先讨论固体自浓溶液中的吸附。

### 1. 复合等温线

一个溶液至少有两个组分，而溶液吸附的实验总是根据其中一个组分吸附前后浓度的变化而算出其吸附量的。很难想象与固体表面直接接触的一层液体只含一种组分的分子，而完全不含另一组分的分子（但分子筛是例外）。也就是说，固体对溶液中各组分皆有吸附作用，只是吸附的多少不同而已。因此，只根据某一组分吸附前后的浓度差算出的吸附量实际上是相对吸附量，是一种过剩量。原则上说，若知各组分的实在吸附量，即可计算相对吸附量。也就是说，相对吸附量对浓度作图所得的等温线实际上是个别组分的吸附等温线的复合结果。因此，将前者称作复合等温线。

若溶液由组分 1 和组分 2 两种在整个浓度范围内均互溶的液体组成，在吸附前，溶液中的 1 和 2 物质的量分别为 $n_1^0$ 和 $n_2^0$，则溶液总的物质的量 $n_0 = n_1^0 + n_2^0$，其浓度以摩尔分数表示，有 $x_1^0 + x_2^0 = 1$。

将 $m$ g 固体吸附剂加入溶剂中吸附平衡后，以 $n_1^s$ 和 $n_2^s$ 分别表示 1 g 固体物质上物质 1 和物质 2 的物质的量，以 $n_1^b$ 和 $n_2^b$ 表示溶液本体相中 1 和 2 的物质的量，则

$$n_1^0 = n_1^s + mn_1^s \tag{5-20}$$

$$n_2 = n_2^s + mn_2^s \tag{5-21}$$

吸附平衡时，溶液本体相中 1 和 2 的摩尔分数分别为 $x_1$ 和 $x_2$，则

$$\frac{x_1}{x_2} = \frac{n_1^b}{n_2^b} 或 \ n_1^b x_2 = n_2^b x_1 \tag{5-22}$$

将式（5-22）代入式（5-20）和式（5-21），整理后可得

$$n_1^0 x_2 = n_1^b x_1 + mn_1^s x_2 \tag{5-23}$$

$$n_2 x_1 = n_2^b x_2 + mn_2^s x_1 \tag{5-24}$$

式（5-23）和式（5-24）相减得

$$
\begin{aligned}
m(n_2^s x_1 - n_1^s x_2) &= n_2^0 x_1 - n_1^0 x_2 = nx_2^0 x_1 - nx_1^0 x_2 \\
&= nx_2^0(1-x_2) - nx_1^0 x_2 \\
&= n_2(x_2^0 - x_2) \\
&= n\Delta x_2
\end{aligned} \tag{5-25}
$$

即

$$\frac{n\Delta x_2}{m} = n_2^s x_1 - n_1^s x_2 \tag{5-26}$$

式中，$\Delta x_2$ 表示吸附前后液相中组分 2 的浓度变化，其值可用一般分析方法测出。以 $n\Delta x_2 / m$ 对 $x_2$ 作图得复合吸附等温线。由 $\Delta x_2 = x_2^0 - x_2$ 可知，当

①$x_2^0 > x_2$ 时，$n\Delta x_2 / m$ 为正值，表示对组分 2 是正吸附；

②$x_2^0 < x_2$ 时，$n\Delta x_2 / m$ 为负值，表示对组分 2 是负吸附；

③对纯液体，$x_2^0 = x_2 = 1$，故 $\Delta x_2 = 0$，即没有吸附。

式（5-26）可写为

$$\frac{n^0 \Delta x_2}{m} = n_2^s(1-x_2) - n_1^s x_2 = n_2^s - (n_1^s + n_2^s) x_2 \tag{5-27}$$

由此可知，$n\Delta x_2 / m$ 表示的是表面过剩量，即表示固体吸附 2 的量减去吸附总量 $n_1^s + n_2^s$ 与溶液中 2 的摩尔分数 $x_2$ 乘积。也就是说，它的曲线是表面过剩等温线，是组分 1 和组分 2 吸附的综合结果，故称为复合吸附等温线。

复合吸附等温线主要有三种类型，即 U 形（图 5-5）、S 形（图 5-6）和直线型。

（1）U 形复合吸附的等温线

这类复合吸附的等温线反映了体相溶液中某一组分在整个浓度范围都是优先吸附，则另一组分表现为完全的附吸附。图 5-5（a）所示是水软铝石（AlOOH）自苯-环己烷中对苯的吸附，苯表现为完全正吸附。图 5-5（b）所示是木炭自氯仿-四氯化碳中对氯仿的吸附，氯仿表现为完全的负吸附。某一组分的负吸附表示该组分在固体上的表面浓度小于溶液体相中的浓度。

（2）S 形复合吸附的等温线

这是最常见的一种情况。图 5-6 所示是活性炭从甲醇-苯中吸附甲醇的结果。由图 5-6 可见，当甲醇浓度达到一定值时，表观吸附量为零，此时并不是说固-液表面上不存在甲醇，而是甲醇在活性炭上的浓度与溶液本体中的浓度相等。当甲醇浓度再大时，表现为负吸附。

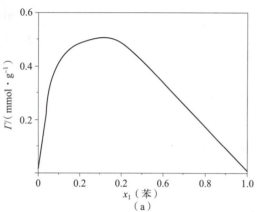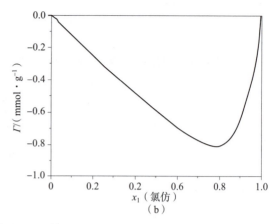

**图5-5　U形复合吸附等温线**

（a）水软铝石自苯–环己烷中吸附苯；（b）木炭自氯仿–四氯化碳中吸附氯仿

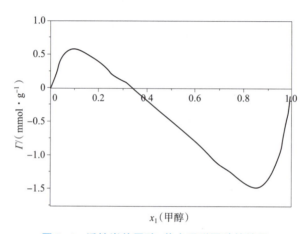

**图5-6　活性炭从甲醇–苯中吸附甲醇的结果**

（3）直线型复合吸附等温线

若吸附剂的孔都是微孔，且二组分液体中有一部分（如组分1）分子不能进入微孔，则这个式中 $n_1^s = 0$。于是，有

$$\frac{n^0 \Delta x_2}{m} = n_2^s (1 - x_2) = n_2^s - n_2^s x_2 \tag{5-28}$$

则 $\dfrac{n^0 \Delta x_2}{m}$ 与 $x_2$ 呈直线关系，复合吸附等温线为直线型，该直线的截距是 $x_2 = 0$ 时，表观吸附量 $n_2^s$。

直线型等温线是微孔吸附剂自二元溶液中吸附的特征。例如，5A分子筛自正己烷–苯中二元溶液吸附时，溶于苯分子的临界直径为 0.65 nm。大于5A分子筛的孔径 0.5 nm，则不能被吸附，正己烷的吸附等温线为直线，如图5-7所示。若微孔吸附剂自二元溶液中的吸附可应用微孔填充的机理，则 $x_2 = 0$ 时，得表观吸附量 $n_1^s$。若已知正己烷的摩尔体积，则可得到吸附剂的微孔体积，这也是测定多孔吸附剂或多孔电极等表观微孔体积的方法。由图5-7数据得到5A分子筛微孔体积为 0.169 cm³·g⁻¹，由氯代正己烷、苯和水–糠醇体积吸附所得值分别为 0.164 cm³·g⁻¹ 和 0.170 cm³·g⁻¹，二者的值非常接近。

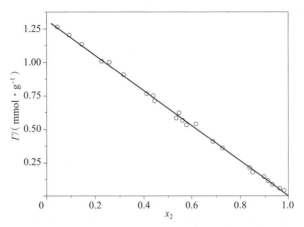

**图 5-7 5A 分子筛自苯-正己烷中吸附等温线**

由上述可见，复合吸附等温线的形状与吸附剂的表面性质、溶液中各组分的性质有关。若吸附剂表面均匀，溶液是二元理想溶液，常会得到 U 形曲线；若吸附剂表面不均匀，溶液是微理想的，常常是 S 形曲线。在微孔吸附剂上吸附可得到直线型。

若溶液很稀，即 $x_2$ 很小（如 $x_2 \leqslant 0.01$），则式子可改写为

$$\frac{n^0 \Delta x_2}{m} = n_2^s \tag{5-29}$$

上式说明稀溶液的表观吸附量近似等于其真实吸附量。这就是上式用于计算稀溶液中吸附量的基础。

### 2. 单个等温线

最理想的办法是直接分析吸附层，以求得 $n_1^s$ 和 $n_2^s$。但无法使吸附层与其接触的液相"恰好"分开而不沾上一点液相，因此只能另觅途径。现在通用的办法皆是将复合等温线分解，以得到所需的个别等温线。对于二元混合液，有必要知道组分 1 和组分 2 各自的吸附等温线，又称单个吸附等温线，对此需要求出是式（5-27）中的 $n_1^s$ 和 $n_2^s$。

用混合蒸气法的实验以及理论模拟法可以得到单个吸附等温线，如图 5-8 所示。图 5-8（a）是活性炭自苯-环己烷吸附时得到的 U 形复合等温线；图 5-8（b）是相应的个别等温线，其中，实线是根据单分子层模型计算的结果，点是用 Williams 法的实验结果。计算和实验的相符程度极好，说明此法很成功。这是现在唯一可能应用于任何界面的计算个别吸附等温线的方法。由图单个吸附等温线可见各组分真实吸附量随浓度增加。变化吸附量不会有负值，吸附等温线中表观吸附量才有可能出现负值。

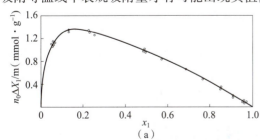
（a）

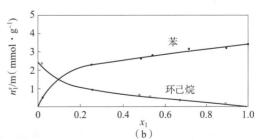
（b）

**图 5-8 活性炭自苯-环己烷混合物中的吸附**

（a）U 形复合等温线；（b）个别等温线

有本节的内容可以了解全浓度范围二元液体所组成的溶液的固体吸附情况，由多孔吸附剂的直线吸附等温线可以测定微孔固体的孔体积。

由本节还可以进一步理解固体自溶液中吸附的表观吸附量的概念，了解吸附溶液中溶质表观吸附量可看成其真实吸附量的原因。

### 5.2.3　稀溶液的吸附

虽然稀溶液的吸附等温线是浓溶液的一小部分，但它有自己的特点。从实用的角度看，绝大多数溶液吸附的应用是关于稀溶液的，因此，有必要单独讨论。

设稀溶液中有两个组分，1 表示溶剂，2 表示溶质。由前所述，在稀溶液中，溶质 2 的表观吸附量与真实吸附量接近。复合吸附等温线和单个吸附等温线是重合的。

固体自稀溶液中的吸附等温线，从形状上来看，与固-气吸附的相似，大致有三种类型：一种是单分子层吸附等温线，如图 5-9 所示；一种是指数型吸附等温线，如图 5-10 所示；一种是多分子层吸附等温线，如图 5-11 所示。

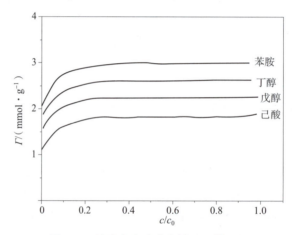

图 5-9　糖炭自水溶液中的吸附等温线

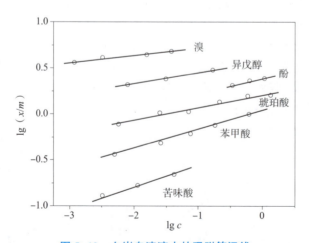

图 5-10　血炭自溶液中的吸附等温线

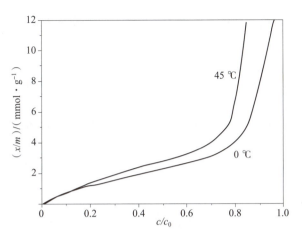

图 5-11　硅胶在己醇溶液中吸附水的等温线

第一种吸附等温线可用 Langmuir 吸附等温式来描述，但吸附模型与气-固吸附有所不同。在溶液中，固体表面上的吸附位点对溶质和溶剂都有吸附作用，只是程度不同，而且吸附作用限于固体表面与被吸附的溶质和溶剂分子间的作用力，被吸溶质分子间的作用力一般较小，所以可以看成单分子层吸附，并认为该吸附层是二维理想稀溶液。这类吸附等温式为

$$\Gamma_m = \frac{x}{m} = \frac{\Gamma_m bc}{1+bc} \tag{5-30}$$

式中，$c$ 是吸附平衡时溶液本体上的浓度；$\Gamma_m$ 可近似看成单分子醇饱和吸附量；$b$ 是与溶质和溶剂的吸附热有关的常数。

第二种吸附等温线常常可以用 Freundlich 吸附方程来描述。

$$\frac{x}{m} = kc^{\frac{1}{n}} \tag{5-31}$$

这是经验公式。式中，$k$ 和 $n$ 都是经验常数；$c$ 是吸附平衡时溶液本体相的浓度；$\frac{x}{m}$ 为吸附量。对式（5-31）取对数，得

$$\lg \frac{x}{m} = \lg k + \frac{1}{n} \lg c \tag{5-32}$$

从直线的截距和斜率可以得到常数 $k$ 和 $n$。

第三种等温线是 S 形，具有多分子层吸附的特征，这类吸附等温线常常可以借用 BET 公式来描述，其中，相对浓度 $c/c_0$ 相当于固-液吸附的相对压力 $p/p_0$，此时 $c_0$ 为饱和溶液的浓度。要注意的是，在多分子层中，会同时存在着溶质和溶剂。

## 5.2.4　电解质溶液的吸附

固体自电解质溶液中的吸附可分为两类：一类是电解质的正负离子都被吸附，如离子晶体对溶液中电解质的吸附；另一类是离子交换吸附，如离子交换树脂、黏土、沸石和分子筛等在电解质溶液中都会有离子交换吸附。

### 1. 离子交换吸附

离子交换吸附是指某些吸附剂在电解质溶液中吸附某种离子时，必然有同量电荷的离子

从固体吸附剂上下来。若可交换的是阳离子，称为阳离子交换剂；若可交换的是阴离子，称为阴离子交换剂。这种交换是按化学计量反应进行的。

阳离子交换剂

$$2NaX(s) + CaCl_2(aq) = CaX_2(s) + 2NaCl(aq)$$

阴离子交换剂

$$2XCl(s) + Na_2SO_4(aq) = X_2SO_4(s) + 2NaCl(aq)$$

式中，X 表示离子交换剂的一个结构单位；aq 表示水溶液。这是硬水软化的例子。若离子交换剂中 $Na^+$ 完全被 $Ca^{2+}$ 取代，则可以用 NaCl 溶液进行再生，即逆过程。离子交换剂再生后，可重复使用。

例如，向土壤中施肥时，往往会发生离子交换。

$$黏土·Ca + 2NH^+ \rightarrow 黏土·2NH_4 + Ca^{2+}$$

这是土壤储存肥料的一种方式（土壤的主要成分是硅酸盐）。

黏土矿物具有阳离子交换能力，反映了黏土矿物的物理性质。交换能力大小是用离子交换容量来衡量的：当 pH=7 时，每 100 g 土能交换被吸附的阳离子的物质的量（mmol）。例如，分散程度好的膨润土，其阳离子交换容量为 80~100 mmol/100 g，而高岭土约为 15 mmol/100 g。

由于离子交换吸附的广泛应用，人工合成的各种离子交换树脂发展很快。离子交换树脂通常是具有网状结构的高聚物，在网状结构的骨架上有许多可以与溶液中的离子起交换反应的活性基团，如将高聚物磺化后，加入了许多 $RSO_3$—基团，则成为强酸性阳离子交换树脂，这种树脂在酸性、中性和碱性溶液中都能与阳离子交换。如树脂上的活性基团为 $R—NH_2$，加酸后形成 $RNH_3X$。阴离子可以和 X 交换，这就是阴离子交换树脂。

实际上，离子交换吸附不限于典型的离子交换剂，像普通的硅胶都可进行离子交换吸附。硅胶表面含有羟基，可以和许多无机离子，如 $Fe^{3+}$、$Co^{2+}$、$Ni^{2+}$、$Cu^{2+}$ 等进行交换，也可以和贵金属元素的络离子如 $Pt(NH_3)_4^{2+}$ 等进行交换，释放出 $H^+$，使溶液的 pH 降低。交换的金属离子能牢固地附载在硅胶表面而不被去离子水洗去。这已成为浸渍法制备金属附载催化剂的一种方法。

利用土壤的离子交换作用已成为现今制造具有憎水表面的"有机土"的一种重要方法，在石油工业中具有重要应用。

对于分子筛型离子交换剂，还具有分子筛分效应。如 $Rb^+$、$Cs^+$ 等较大的离子，以及 $Ca^{2+}$、$La^{3+}$ 等强烈水合的离子，因为大，难以与交换剂上的交换离子进行交换，因而不吸附而留在溶液中被分离出来。

### 2. 离子晶体对溶液中电解质离子的选择吸附

在由 $AgNO_3$ 和 KBr 溶液反应制备 AgBr 时，若 KBr 过量，则 AgBr 晶体表面将选择吸附 $Br^-$，而使 AgBr 晶体带负电；若 $AgNO_3$ 过量，则 AgBr 晶体会优先选择吸附 $Ag^+$，使 AgBr 晶体带正电。这就是离子晶体对电解质离子的选择吸附的经典例子。显然，在这种情况下，化学作用力起主要作用。Paneth 认为晶体表面优先吸附可以形成难溶盐或难电离化合物的离子。有些情况是静电吸附起主要作用，或者化学作用和静电吸附两者都起作用。

离子在固体表面上的吸附常常是 Langmuir 型吸附。

如果吸附剂是非极性的，则在电解质溶液中的吸附规律与吸附剂的组成及表面性质有关。例如，活性炭在电解质溶液中的吸附，若活性炭中无灰分或未吸附气体，则对于强酸和强碱都不吸附。若活性炭表面吸附了一些氧，氧原子可以从碳原子获得两个电子变成 $O^{2-}$，一个氧离子与一个水分子作用，可在表面上生成两个 $OH^-$，因此可以吸附强酸，而又不吸附强碱；此种碳若遇到中性盐，能使盐水解，水解生成的酸被吸附掉一部分，于是溶液呈碱性。若活性炭表面吸附一些 $H_2$，表面上会形成一层氢离子，则此类活性炭能吸附强碱而不吸附强酸；此类碳遇到中性盐，会使盐发生水解吸附部分碱，使溶液 pH 低。

## 5.2.5　高分子溶液的吸附

高分子在固-液界面的吸附涉及许多科学技术领域，诸如腐蚀、黏附、涂层、纤维增强塑料、橡胶、润滑、水处理、表面处理和隔膜工艺等。在流变学和生物化学中，高分子吸附的重要性也是很明显的，蛋白质、多糖和类脂在细胞壁和人造器官上的吸附，以及酶的吸附提纯也已做了一些研究。

高分子的吸附研究与高分子化学的整个领域密切有关，因为这里讨论的是溶液吸附，所以高分子必须是可溶的，而且主要是线性高分子。例如，合成橡胶、纤维、聚乙烯等，吸附剂大多用碳，这与橡胶工业有关，溶剂大多是极性较大的有机溶剂。

### 1. 高分子吸附的特点

按目前情况看，高分子的吸附大致有如下特点：①高分子的分子体积大，形状可变，在良溶剂中可以舒展成带状，在不良溶剂中卷曲成团。吸附时呈多点吸附，且脱附困难。②由于高分子总是多分散性的，即相对分子质量有大有小，所以，吸附时与多组分体系中的吸附相似。即吸附时会发生分子效应。③由于相对分子质量大，移动慢，向固体内孔扩散时受到阻碍，所以吸附平衡极慢，吸附量常随温度升高而增大。

高分子物溶液的吸附比小分子溶液的吸附要复杂得多，原因是高分子物相对分子质量的分散性、分子的柔顺性，尤其是线性大分子。通常高分子上具有一定数量的活性基团，这些活性基团往往能吸附在固体表面上，而使高分子具有一定的形态。一般认为有六种形态，如图 5-12 所示。图 5-12（a）是高分子的一端吸附在固体表面上，其余部分延伸在溶液中，图 5-12（b）是高分子的两个或三个活性基团吸附在固体表面上，形成环状吸附形态。图 5-12（c）是高分子的所有活性基团都吸附在固体表面上，使整个分子平躺在平面上。图 5-12（d）是高分子的分子较大或在溶液中的溶解度较小时，高分子物在溶液中往往呈球形线团，而球形线团以最小活性点吸附在固体表面上。此时吸附分子保持其在溶液中的形态，吸附层厚度就等于线团直径。图 5-12（e）是高分子链接的密度随着固体表面距离有一定的分布。在固体表面上，链节密度最大，随固体表面距离增大，链节减少。图 5-12（f）是多层吸附。

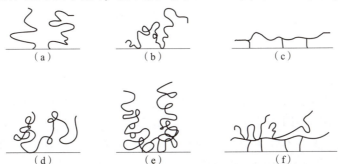

**图 5-12　高分子吸附的各种形态**

（a）单点吸附；（b）环状吸附（在抛锚链段间形成线圈）；（c）分子平躺在表面；
（d）无规则线团的吸附（只有少数附着点，吸附层厚近于线的直径）；
（e）非均匀的链段分布；（f）多层吸附

**2. 吸附速率**

固体自高分子物溶液吸附的速率主要与吸附剂及高分子的性质有关，还与温度及溶液的搅拌等有关。表面光滑的吸附剂很快达到吸附平衡，而多孔吸附剂则要很长时间才能达到吸附平衡。如聚醋酸乙烯酯在表面光滑的铁粉上吸附只需 1 h 就达到吸附平衡，而在多孔性氧化铝粉末上吸附 7 h 还未达吸附平衡。

高分子化合物相对分子质量越大，扩散越缓慢，从溶液中扩散到吸附剂表面或孔隙中进行吸附需时越长。例如，活性炭在不同相对分子质量的聚乙二醇的水溶液中吸附，达平衡吸附量的90%时，对单体来说只需 15 s，对相对分子质量为 600 的聚乙二醇要 2.5 min，对相对分子质量为 6 000 的聚乙二醇要 9.0 min。

**3. 影响高分子吸附的因素**

能够进行溶液吸附研究的高分子绝大多数是线性的，因为一定程度的交联就可能使浓度降至可以忽略的程度。即使是线性高分子，浓度一般也很小，很少有超过1%的；而吸附研究的浓度比1%要小得多，主要是为了避免浓度增大而使溶液黏度升高引起的困难。

研究高分子溶液吸附有许多实验上的困难。首先，为使体系达到平衡，可能需要几天甚至几个星期，而且要注意在此过程中高分子可能发生降解。其次，一般来说，高分子是多分散的，相对分子质量有一定的分布，即使分级后，这种多分散性也不能完全消除。因此，要注意吸附前后是否发生相对分子质量分布的变化，而黏度常常是获得这方面信息的简便手段。下面分别就相对分子质量、溶剂、温度和吸附剂对高分子吸附的影响作一介绍。

（1）相对分子质量的影响

在孔性固体上，一般相对分子质量增加，吸附量是减少的，这可能是孔的屏蔽效应引起的。

在大孔或无孔固体表面上，若吸附量以 $g \cdot g^{-1}$ 表示，则饱和吸附量 $\Gamma_m$ 与相对分子质量 $M$ 有如下关系

$$\Gamma_m = KM^\alpha \tag{5-33}$$

式中，$K$ 为常数，与溶剂性质有关，在不良溶剂中，$K$ 值增大；$\alpha$ 是相对分子质量和吸附状态有关的参数，常有以下几种情况。

$\alpha=0$，$\Gamma_m=K$，吸附与相对分子质量无关，此时高分子的链段平躺在固体表面上。

$\alpha=1$，吸附量与相对分子质量成正比，此时高分子链为单点吸附。

$0<\alpha<0.1$，高分子以半径等于或正比于转动半径的球体被吸附。

$\alpha=0.5$，$\Gamma_m=KM^{1/2}$，此时高分子在表面上纠缠成无规则团状，尤其是分子中含有多个可被吸附的基团。

（2）溶剂的影响

高分子在良溶剂中，溶解度大，分子伸展，吸附量减少。此外，与固体表面性质相近的溶剂与大分子强烈竞争吸附，可使其吸附量减少。

例如，石墨化炭黑从不同溶剂中吸附丁苯橡胶的吸附量的顺序是：90%苯+10%乙醇>苯>氯仿>四氯化碳>甲苯>二甲苯。这正与其溶解度次序相反。

（3）温度的影响

实验指示：温度升高，有时使吸附减少，有时使吸附增加。后一种情形说明吸附是吸热的过程。因吸附是自由能下降的过程，由 $\Delta G = \Delta H - T\Delta S$ 可知，对吸热的吸附过程，熵必增

加。这有几种可能的解释：

①高分子吸附时，必从表面顶下一些溶剂分子，这些溶剂分子得到的平动熵超过了高分子因吸附而失去的构型熵。此外，吸附时还得到了溶液的稀释熵。但应指出，将温度升高时吸附增加看作吸热过程的依据是 Clausius-Clapeyron 公式，应用此式得出的是吸附量相等时的吸附热；而温度不同时高分子吸附量相同并不意味着抛锚的链段数相同，并且 Clausius-Clapeyron 公式在这里的正确使用也值得商榷。

②实验观测到的温度系数其实是抛锚链段数或抛轴链段面积发生变化引起的。Silberberg 的理论分析表明，温度升高时，抛锚链段数会减少，也就是说，处在自由线圈中的链段数会增多。如果这时抛锚链段的面积并不相应增大，则就意味着将吸附更多的高分子。

（4）吸附剂的影响

吸附剂的影响主要是通过它的三种性质，即化学性质、比表面和孔性质起作用的。表面的化学性质决定了高分子和溶剂之间的竞争，比表面决定了以吸附剂单位重量为基础的吸附量大小，孔性质则如前所述，对高分子起一定的分级作用。

虽然高分子和小分子一样，吸附量随浓度的增加也趋于极限值，但以高分子重量计的极限吸附量比相似条件下同类小分子的要大得多。例如，铜粉自四氯化碳中吸附聚醋酸乙烯酯的极限值比乙酸乙酯的大 20~40 倍。对于阐明高分子的吸附模式，极限吸附值有重要的意义。

对于线性高分子，最简单的模型是设想充分伸展的线性链躺在表面上，因此，只要已知非孔性吸附剂的比表面，即可计算单分子层吸附的极限值。少数情况下，由等温线得到的极限吸附值等于或小于此单分子层的计算值；更一般的结果是相当于几分子层。例如，玻璃自氯仿中吸附聚酯时形成的吸附层约两分子厚，而自甲苯中吸附时达五分子厚。由黏度的数据也可得出关于吸附层厚度的信息，例如，用黏度法得出毛细管黏度计管壁上聚苯乙烯形成的吸附层可达 1 000~1 500 Å，而炭黑在丁苯橡胶的二甲苯溶液中的悬浮液的黏度相当于炭黑颗粒覆盖了一层厚度为 150~200 Å 的橡胶。但应指出，对高分子吸附来说，几百至几千埃厚的吸附层并不意味着一定是多分子层的。Jenkel 和 Rum-bach 曾建议高分子吸附时只与表面接触一个或几个点，这些点就是现在所谓的抛锚链段。根据溶液中高分子的构型，相对分子质量足够大的分子会形成近于球形的无规线团。在良溶剂中，这些线团占的体积大；在不良溶剂中，线团占的体积小。线团的大小还与高分子链的刚性及链间的相互作用有关。在浓溶液中，线团之间会相互纠缠；在稀溶液中，各个线团有相互独立的倾向。高分子很可能就是以线团的形式被吸附的。若是如此，则只需少数单体单位成为抛锚链段就够了，而吸附层就会有相当厚度。设被吸附的线团为单层，则极限吸附量是

$$W_m^s = \frac{SM}{\pi R^2 N} \tag{5-34}$$

式中，$W_m^s$ 的单位是 g/g；$S$ 是对高分子吸附有效的比表面积；$M$ 是高分子相对分子质量；$N$ 是 Avogadro 数；$R$ 是高分子线团的回旋半径。实验表明，一些金属粉末从多种溶剂中吸附聚醋酸乙烯酯的极限吸附量比式（5-34）预示的大几倍；因此，必须假设表面上的高分子线团是处在压缩作用下，以致在高覆盖度时线团之间会互相渗透纠缠。

对于非孔性吸附剂，相对分子质量对极限吸附量的影响有下面的经验关系

$$W_m^s = K[M]^\alpha \tag{5-35}$$

式中，$K$ 和 $\alpha$ 是两个常数。若高分子只以一个端基与表面接触，而其余部分向溶液内部伸展，则 $\alpha$ 为 1；若高分子以互不纠缠的无规线团构型吸附于表面，或是平躺在表面，则 $\alpha$ 为零。

# 参考文献

[1] 沈钟，王果庭. 胶体与界面化学（第二版）[M]. 北京：化学工业出版社，2002.

[2] 陈宗淇，王光信，等. 胶体与界面化学 [M]. 北京：高等教育出版社，2016.

[3] 顾惕人，马季铭，李外郎，等. 表面化学 [M]. 北京：科学出版社，2001.

[4] 李葵英. 界面与胶体的物理化学 [M]. 哈尔滨：哈尔滨工业大学出版社，1998.

[5] 郑忠. 胶体科学导论 [M]. 北京：高等教育出版社，1989.

[6] 胡纪华. 胶体与界面化学 [M]. 广州：华南理工大学出版社，1997.

# 第 6 章　润　　湿

润湿是工农业生产和日常生活中常遇到的现象，润湿常常涉及气-固界面向固-液界面的转变过程，是一个涉及三相界面的过程。润湿作用是近代工农业技术的基础。如机械润滑、矿物浮选、石油、农药施用、医药、涂料、油墨、印刷、洗涤、焊接、造纸等都与润湿作用有关。

## 6.1　润湿现象

润湿作为一种常见的自然现象，自古便被人们所认知，无论是唐人诗中的"江州司马青衫湿"还是宋人笔下的"沾衣欲湿杏花雨，吹面不寒杨柳风"，都表明了润湿与我们的生活息息相关。液体对固体的润湿是常见的界面现象，润湿性（又称浸润性，Wettability）是固体表面的一个重要特征。润湿现象无处不在，没有润湿，动、植物无法吸收养料，无法生存。润湿性不仅影响着动、植物的种种生命活动，而且在人类的生活和生产中发挥着重要的作用。润湿的应用极其广泛，如机械润滑、织物印染、农药喷洒、矿物的泡沫浮选、石油开采、油漆喷涂、日常洗涤等。从科学研究的角度来讲，无论是在基础研究还是工程技术领域，润湿性都是一个非常重要的课题。

### 6.1.1　润湿的类型

在讨论润湿之前，给润湿下一个定义是必要的。从宏观上来讲，润湿是一种流体从固体表面置换另一种流体的过程；从微观角度来看，润湿固体的流体，在置换原来在固体表面上的流体后，本身与固体表面是分子水平上的接触，它们之间无被置换相的分子。最常见的润湿现象是一种液体从固体表面置换空气的过程。1930 年，Osterhof 和 Baretell 把润湿现象分为沾湿、浸湿和铺展三个类型。润湿方式或过程的不同，润湿的难易程度和润湿条件也不同，因此，下面内容就三种润湿现象分别展开讨论。

### 1. 沾湿

沾湿是指液体与固体接触，将"气-液"界面与"气-固"界面转变为"液-固"界面的过程，如图 6-1 所示。假设固-液接触面积为单位面积，在恒温恒压下，此过程引起体系自由能的变化是

$$\Delta G = \gamma_{sl} - \gamma_{lg} - \gamma_{sg} \tag{6-1}$$

式中，$\gamma_{sl}$、$\gamma_{lg}$ 和 $\gamma_{sg}$ 分别为单位面积固-液、固-气和液-气的界面自由能。沾湿的实质是液体在固体表面上的黏附，因此，在讨论沾湿时，常用黏附功这一概念。它的定义与液-液界面黏附功的定义完全相同，可以用下式表示

$$W_a = -\Delta G = \gamma_{sg} + \gamma_{lg} - \gamma_{sl} \tag{6-2}$$

式中，$W_a$ 为黏附功，由式（6-2）可以看出，$\gamma_{sl}$ 越小，$W_a$ 越大，液体越容易沾湿固体。根据热力学第二定律，在恒温恒压条件下，当体系能量的变化 $(\Delta G)_{Tp} \leqslant 0$，$W_a \geqslant 0$ 时，这样的过程才能自发地进行。固-液界面张力总小于它们各自的表面张力之和，这表明固-液接触时，其黏附功总是大于 0。因此，无论对什么液体和固体，沾湿过程总是可自发进行的。

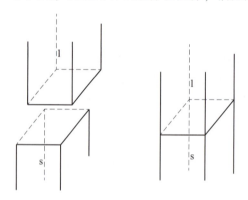

图 6-1　沾湿过程

### 2. 浸湿

浸湿是指固体浸没在液体中，"气-固"界面转变为"液-固"界面的过程，如图 6-2 所示。在浸湿过程中，液体表面没有变化，若固体总面积为单位面积，在恒温恒压条件下，单位浸湿面积上体系自由能的变化是

$$\Delta G = \gamma_{sl} - \gamma_{sg} \tag{6-3}$$

如果用浸湿功（$W_i$）来表示这一过程体系对外界所做的功，则

$$W_i = \gamma_{sg} - \gamma_{sl} \tag{6-4}$$

若 $W_i \geqslant 0$，则 $\Delta G \leqslant 0$，过程可自发进行。浸湿过程与沾湿过程不同，不是所有液体和固体均可自发发生浸湿，只有固体的表面自由能比固-液的界面自由能大时，浸湿过程才能自发进行。

图 6-2　浸湿过程

### 3. 铺展

铺展是指液体在固体表面上扩展时，"液-固"界面取代"气-固"界面的同时，液体表面也扩展的过程，如图 6-3 所示。在铺展过程发生前，$ab$ 是"气-固"界面，在铺展过程结束时，$ab$ 成为"液-固"界面。与此同时，体系还增加了同样面积的"气-液"界面，设液体在固体表面上铺展了单位面积，在恒温恒压下，则体系自由能的变化是

$$\Delta G=\gamma_{sl}-\gamma_{lg}-\gamma_{sg} \tag{6-5}$$

对于铺展润湿，常用铺展润湿系数来表示体系自由能的变化，如

$$S=-\Delta G=\gamma_{sg}-\gamma_{sl}-\gamma_{lg} \tag{6-6}$$

式中，$S$ 为铺展系数，$S$ 的大小表征了液体在固体表面上铺展的能力。若 $S\geq0$，则 $\Delta G\leq0$，液体可在固体表面自动展开。和一种液体在另一种液体表面展开的情况相同，铺展系数也可用下式表示

$$S=\gamma_{sg}+\gamma_{lg}-\gamma_{sl}-2\gamma_{lg}=W_a-W_c \tag{6-7}$$

式中，$W_c$ 为液体的内聚功。从上式可看出，只要液体对固体的黏附功大于液体的内聚功，液体即可在固体表面自发展开。

比较这三类润湿的条件可以看出，对同一个体系来说，$W_a>W_i>S$，因此，当 $S\geq0$ 时，$W_a$ 和 $W_i$ 也一定大于 0。这表明，如果液体能在固体表面铺展，就一定能沾湿和浸湿固体，所以，常用铺展系数 $S$ 作为体系润湿的指标。

从三类润湿过程发生的条件还可看出，"气-固"

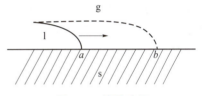

**图 6-3　铺展过程**

和"液-固"界面能对体系的三大类润湿的贡献是一致的，都是以黏附张力 $A$ 的形式起作用，即 $\gamma_{sg}$ 越大，$\gamma_{sl}$ 越小，$(\gamma_{sg}-\gamma_{sl})$ 值就越大，则越有利于润湿。液体表面张力对三种过程的贡献各不相同。对于沾湿，$\gamma_{lg}$ 大有利；对于铺展，$\gamma_{lg}$ 小有利；对于浸湿，$\gamma_{lg}$ 大小与之全无关系。原则上说，润湿类型确定以后，根据有关界面能的数据，即可判断润湿能否进行，再通过改变相应的界面能的办法达到所需的润湿效果。

上面讨论了三种润湿过程的热力学条件，强调的是这些条件均是在无外力作用下，液体自发润湿固体表面的条件。有了这些热力学条件，即可从理论上判断一个润湿过程是否能够自发进行，但实际上却远非那么容易。上面所讨论的判断条件均需固体的表面自由能和固-液界面自由能，而这些参数目前尚无合适的测定方法，因而定量地运用上面的判定条件是困难的。尽管如此，这些判定条件还是为我们解决润湿问题提供了正确的思路。如水在石蜡表面不铺开，要使水在石蜡表面展开，只要增大 $\gamma_{sg}$、降低 $\gamma_{sl}$ 和 $\gamma_{lg}$，使 $S$ 大于等于 0 即可。$\gamma_{sg}$ 不易增加，而 $\gamma_{sl}$ 和 $\gamma_{lg}$ 则容易降低。常用的方法就是在水中加入表面活性剂，因表面活性剂在水表面和水-石蜡界面上吸附，即可使 $\gamma_{sl}$ 和 $\gamma_{lg}$ 下降。

## 6.1.2　接触角与润湿方程

上面讨论了润湿的热力学条件，同时指出，目前尚不可能利用这些条件来定量地判断一种液体是否能润湿某一种固体，但可以通过接触角的测定来解决这一问题。当液滴滴落在不同的固体表面上时，可能会出现如下情况：完全铺展形成液膜；部分铺展呈凸镜状；几乎不

发生铺展呈球状。对于上述不同的润湿行为，通常采用液滴在固体表面形成的接触角进行定量描述。通过方程将接触角与润湿的热力学条件结合起来，就可以导出用接触角来判定润湿的条件。为此，首先介绍接触角和润湿方程。

### 1. 接触角

接触角（contact angle，CA）是指液滴放在一个理想平面上，固、液、气三相接触达到平衡时，从三相接触的公共点沿液-气界面作切线，此切线与固-液界面的夹角，通常用 $\theta$ 表示，如图 6-4 所示。接触角是液体对固体表面润湿程度的量度。若液体对固体的接触角 $\theta<90°$，则固体称为亲液表面，其中，$0°<\theta<10°$ 的情况称为超亲液表面；若液体对固体的接触角 $\theta>90°$，则固体称为疏液表面，其中，$\theta\geq150°$ 的情况为超疏液表面。

图 6-4 接触角示意

### 2. 润湿方程

（1）Young 方程

英国科学家 Thomson Young 于 1805 年研究了液滴对理想固体表面的润湿情况并分析了内在联系。以接触角 $\theta = 90°$ 作为亲水和疏水的分界值便来源于 Young 方程。Young 首次将表面张力的概念引入润湿性能的衡量，提出了平坦固体表面上液滴接触角 $\theta$ 的大小是三个界面张力共同作用的结果，即可由固/液表面张力 $\gamma_{sl}$、液/气表面张力 $\gamma_{lg}$ 和固/气界面张力 $\gamma_{sg}$ 共同决定，其定量关系如下

$$\gamma_{sg} = \gamma_{sl} + \gamma_{lg}\cos\theta \tag{6-8}$$

式中，$\theta$ 称为本征接触角（intrinsic contact angle）。

将方程（6-8）变换就可以得到计算本征接触角 $\theta$ 的公式

$$\cos\theta = (\gamma_{sg} - \gamma_{sl})/\gamma_{lg} \tag{6-9}$$

上式叫作 Young 方程式，也称为浸润方程。它表明了接触角的大小与三相界面张力之间的定量关系。因此，$\theta$ 值的相对大小是气、液、固三相体系追求能量最小的结果，任一界面张力发生变化，都将影响到液体对固体表面的润湿性。由方程（6-9）可知：

当 $\gamma_{sg}>\gamma_{sl}$ 时，则 $\cos\theta>0$，为正值，$\theta<90°$，这种情况称为润湿，并且 $\gamma_{sg}$ 与 $\gamma_{sl}$ 的差值越大时，$\theta$ 值越小，则润湿性越好；若 $\gamma_{sg}=\gamma_{sl}+\gamma_{lg}$，$\cos\theta=1$，$\theta=0°$，这种情况称为完全润湿。

当 $\gamma_{sg}<\gamma_{sl}$ 时，则 $\cos\theta<0$，为负值，$\theta>90°$，这种情况称为不浸润，并且 $\gamma_{sl}$ 越大，同时 $\gamma_{lg}$ 越小时，$\theta$ 值越大，不润湿程度越高；当 $\theta=180°$ 时，固体完全不被润湿，液滴在固体表面凝聚成小球。

应当指出的是，只有固、气、液三相接触达到平衡状态的表面才可以使用方程（6-9），也就是说，Young 方程成立的前提是三个界面张力应满足以下不等式：$\gamma_{sg}-\gamma_{sl} \leqslant \gamma_{lg}$，即分子必须小于分母，否则，$\theta$ 就变得无意义了。此时固、气、液三相不能建立平衡。

虽然 Young 方程是研究固/液润湿行为最重要的理论基础之一，但是 Young 方程也存在着很多缺陷。例如，Young 方程只适用于理想表面，是一个建立在热力学平衡下的唯象方程，在该方程中，热力学参数被用来定量描述接触角的大小。理想表面指的是绝对光滑、无限平坦、组分均一且不变形的固体表面，液滴也被认为是一个表面性质和体相性质一致的数学实体。这种热力学平衡条件下的定量关系只有在接近于理想状态的实验条件下才有可能得到验证。然而，在实际情况下，接触角的大小还会受到诸多因素的影响，比如表面化学组成、表面粗糙度、环境温度、三相线形成方式等。因而，Young 方程与实际的润湿有着很大

的不同，只能对通常的润湿情况给出一些定性指导。

（2）Wenzel 理论

在 1936 年，为了解释粗糙表面的润湿现象，Wenzel 对 Young 方程进行了修正。Wenzel 认识到实际表面都存在一定的粗糙度，这些粗糙结构的存在使得它的真实表面积要比表观表面积大，由于粗糙度的存在，会使得固-液和固-气界面张力对体系自由能的贡献增加，最终对液滴在固体表面的润湿性能产生影响，即表现为接触角的变化。因此，Wenzel 在 Young 方程基础上引入了表面粗糙因子 $r$，建立了 Wenzel 方程，见式（6-10）

$$\cos \theta_{W} = r \cdot \cos \theta \qquad (6-10)$$

式中，$\theta_{W}$ 表示 Wenzel 状态下实际粗糙表面接触角；$\theta$ 表示理想表面接触角或 Young 接触角；$r$ 表示粗糙因子。粗糙因子 $r$ 被定义为固体表面实际表面积 $S$ 与理想表面几何表面积 $S_0$ 的比值，即 $r=S/S_0$。$r$ 是固体表面粗糙程度的一个体现，$r$ 值越大，则表面越粗糙。由于实际表面总存在一定的粗糙度，因此总有 $r \geqslant 1$。Wenzel 模型的基本假设是液滴完全填充到粗糙表面的凹槽中，如图 6-5（a）所示。

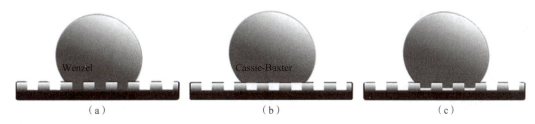

**图 6-5　润湿模型**

（a）Wenzel；（b）Cassie-Baxter；（c）过渡态润湿状态示意

根据 Wenzel 方程，可以得到以下结论：

当 $\theta < 90°$ 时，$\theta_{W}$ 随表面粗糙因子 $r$ 的增大而减小，也就是说，表面变得更加亲液。

当 $\theta > 90°$ 时，$\theta_{W}$ 随表面粗糙因子 $r$ 的增大而增大，也就是说，表面变得更加疏液。

总体而言，表面粗糙能够有效增强固体表面固有的润湿性。

需要指出的是，与 Young 方程类似，Wenzel 方程也只适用于均相粗糙表面的热力学稳定的平衡态。当液滴振动能不足以克服液体在起伏不平表面上铺展所需的势垒时，液滴可能达不到 Wenzel 方程所要求的平衡态而处于某种亚稳态。

（3）Cassie-Baxter 理论

实际表面，除了具有一定程度的粗糙外，表面化学组分也往往不均一、不同质。在这种情况下，Wenzel 方程则不再适用。Cassie 和 Baxter 认为异质固体表面的润湿性受到每一化学组分本征接触角和每一化学组分的面积占整个表面比例的影响，于 1944 年提出了异质表面的接触角方程，见式（6-11）。如果一个平坦表面由两种不同的化学组分（组分 1 和组分 2）构成，那么相应的接触角可表示如下：

$$\cos \theta = f_1 \cos \theta_1 + f_2 \cos \theta_2 \qquad (6-11)$$

式中，$\theta_1$ 和 $\theta_2$ 分别表示液滴在这两种组分上的本征接触角；$f_1$ 和 $f_2$ 分别为这两种组分的表观面积比，并且这个表面有且只有这两种组分，即 $f_1+f_2=1$。

此外，上述方程还被拓展应用于由固体物质和空气组成的粗糙表面。在这种复合界面上，Cassie 和 Baxter 认为液体的接触是复合式的。尤其是对于疏水性较强的材料表面，液滴并不会填充到粗糙表面的凹陷结构中，而是位于粗糙结构上方，凹陷结构则由捕获的空气填充，如图 6-5（b）所示。此时的界面实际上则是由固-液界面与气-液界面共同组成。如果用 $f_2$ 来表示捕获空气的粗糙结构部分占整个表面的表观面积分数，而水对空气的接触角 $\theta_2$ 则为 180°，那么 $\cos \theta_2 = -1$。在此基础上，对式（6-12）用粗糙度 $r$ 进行修正，就得到了著名的 Cassie-Baxter 方程，见式（6-13）

$$\cos \theta_{CB} = f_1 \cos \theta - f_2 \tag{6-12}$$

$$\cos \theta_{CB} = r f_1 \cos \theta - f_2 \tag{6-13}$$

应当指出的是，Wenzel 理论和 Cassie-Baxter 理论都在一定程度上对非理想表面的润湿描述做了良好近似，但这两个理论仍然是经验性和模型化的结果。实际情况下，固体表面的润湿并不一定符合上述理论的描述，实际润湿情况还和表面的具体相貌相关。对于粗糙度相同但表面微观结构不相同的表面，例如具有平行凹槽和分散凹坑结构的表面，它们各自呈现出的润湿性能会完全不一样。因此，在不知道固体表面的形貌结构的前提下，使用粗糙因子 $r$ 来修正润湿方程是不合理的。

从上述描述可知，Wenzel 状态和 Cassie-Baxter 状态分别代表了粗糙表面的两种极端润湿状态，即完全润湿状态和完全不润湿状态，当然，也存在着过渡态，即部分润湿状态，如图 6-5（c）所示。

### 3. 水下油润湿

上面讨论的润湿情况都发生在空气环境下，近年来，随着海上石油生产及运输的开展和频发的石油泄漏事故，水溶液等液体环境下油对固体表面的润湿情况也引起了人们的关注。在 2009 年，Bhushan 在 Young 方程的基础上，对水下油在固体表面的润湿情况进行了分析和讨论。式（6-14）和式（6-15）分别为空气中水在固体表面和油在固体表面的接触角计算公式，式（6-16）显示了水下油在固体表面的接触角计算公式，具体如下

$$\cos \theta_w = \frac{\gamma_{sg} - \gamma_{sw}}{\gamma_{wg}} \tag{6-14}$$

$$\cos \theta_o = \frac{\gamma_{sg} - \gamma_{so}}{\gamma_{og}} \tag{6-15}$$

$$\cos \theta_{ow} = \frac{\gamma_{sw} - \gamma_{so}}{\gamma_{ow}} \tag{6-16}$$

式中，$\theta_w$ 为空气中水在固体表面的接触角，$\gamma_{sg}$ 为气-固界面张力，$\gamma_{sw}$ 为水与固体界面张力，$\gamma_{wg}$ 为水与空气的界面张力；$\theta_o$ 为空气中油在固体表面的接触角，$\gamma_{so}$ 为空气中油与固体界面张力，$\gamma_{og}$ 为空气中油与空气的界面张力；$\theta_{ow}$ 为水下油在固体表面的接触角，$\gamma_{ow}$ 为油与水的界面张力。将式（6-14）和式（6-15）进行转化，代入式（6-16）即可得到水下油在固体表面的接触角计算公式，见式（6-17）

$$\cos \theta_{ow} = \frac{\gamma_{og} \cos \theta_o - \gamma_{wg} \cos \theta_w}{\gamma_{ow}} \tag{6-17}$$

上式显示了液-液-固三相界面的接触角，不仅适用于水下油滴的润湿情况，还适用于其他液-液-固润湿情况，对非空气环境固体表面润湿的研究具有极其重要的意义。上式表

明，水下油滴的润湿性能不仅受到油与水的界面张力（$\gamma_{ow}$）、空气中水和油的表面张力等界面张力的影响，而且与空气中固体表面的油和水的接触角有关。从上式可以看出：

①若固体表面在空气中表现亲水性（$\gamma_{sg}>\gamma_{sw}$）时，当 $\gamma_{og}\cos\theta_o<\gamma_{wg}\cos\theta_w$ 时，则 $\cos\theta_{ow}$ 必然小于 0，此时固体表面在水下为疏油表面；当 $\gamma_{og}\cos\theta_o>\gamma_{wg}\cos\theta_w$ 时，则 $\cos\theta_{ow}$ 必然大于零，此时固体表面在水下为亲油表面。

②若固体表面在空气中表现疏水性（$\gamma_{sg}<\gamma_{sw}$）同时疏油性（$\gamma_{sg}<\gamma_{so}$）时，当 $\gamma_{og}\cos\theta_o>\gamma_{wg}\cos\theta_w$ 时，则 $\cos\theta_{ow}$ 必然小于 0，此时固体表面在水下为疏油表面；当 $\gamma_{og}\cos\theta_o<\gamma_{wg}\cos\theta_w$，则 $\cos\theta_{ow}$ 必然大于 0，此时固体表面在水下为亲油表面。

③若固体表面在空气中表现疏水性（$\gamma_{sg}<\gamma_{sw}$）同时亲油性（$\gamma_{sg}>\gamma_{so}$）时，则 $\gamma_{og}\cos\theta_o>\gamma_{wg}\cos\theta_w$ 恒成立，则 $\cos\theta_{ow}$ 必然永远大于 0，此时固体表面在水下为亲油表面。在该条件下无法获得疏油表面。

需要指出的是，方程（6-18）是基于 Young 方程展开的，也只适用于理想的固体表面。Wenzel 理论和 Cassie-Baxter 理论提出的表面粗糙度和化学组分对表面润湿的影响同样适用于非空气环境固体表面的润湿。

## 6.1.3　接触角的滞后现象

在实际情况中，用静态接触角来表征固-液界面的润湿行为是远远不够的，还存在动态润湿行为。随着研究的进一步深入，人们提出了接触角滞后和滚动角这两个概念来解决这一问题。

对于固-液-气三相体系，增大液滴体积时，原来的气-固界面被液-固界面取代后形成的接触角为前进接触角（advancing contact angle，$\theta_A$），简称前进角，如图 6-6（a）所示；相似地，减小液滴体积时，气-固界面取代了原来的液-固界面后形成的接触角称为后退接触角（receding contact angle，$\theta_R$），简称后退角，如图 6-6（b）所示。通常而言，前进接触角往往大于后退接触角，这两者的差值便是接触角滞后（contact angle hysteresis），即满足 $\Delta\theta_H=\theta_A-\theta_R$。在一个倾斜表面上，便可以同时观察到液滴的前进角和后退角。倾斜的固体表面上液滴的接触角滞后也可以用来描述液滴滚落的难易程度，接触角滞后值越大，液滴则越不容易滚落。研究表明，液滴前沿存在的能垒导致了接触角滞后的产生，也正是因为接触角滞后才使得液滴能稳定在斜面而不滚落。

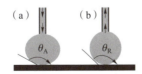

**图 6-6　接触角**

（a）前进接触角；（b）后退接触角

滚动角（sliding angle，$\alpha$）指的是液滴从倾斜固体表面滚落所需的最小倾角，也能够比较直观地反映出液滴在倾斜表面上的接触角滞后情况。1962 年，Furmidge 在分析了液滴在倾斜表面上的受力后，提出了滚动角与前进角和后退角之间存在的数量关系，如方程式（6-18）所示：

$$F=(mg\sin\alpha)/w=\gamma_{lg}(\cos\theta_R-\cos\theta_A) \tag{6-18}$$

式中，$F$ 表示用来使液滴在固体表面移动的作用力；$m$ 表示液滴的质量；$g$ 表示重力加速度；$\alpha$ 为表面倾斜的角度；$w$ 表示液滴的宽度；$\theta_A$ 和 $\theta_R$ 分别为前进角和后退角；$\gamma_{lg}$ 为气-液界面上液体的自由能。通过上式，如果能够测得液体在固体表面上的前进角和后退角，便可以计算出液滴的滚动角。由方程式（6-18）可以得出，接触角滞后越小，液滴的滚动角就越小。由于 Cassie-Baxter 状态液滴与固体表面接触的面积小于 Wenzel 状态的接触面积，因而 Cassie-Baxter 状态的滚动角要小于 Wenzel 状态。

此外，无论是接触角滞后的大小还是滚动角的大小，都反映了固体表面对液体的黏附性或者说是固体表面对液滴的亲和力。如果一个表面的接触角滞后或滚动角越大，则表明固体表面对液体的黏附力越大，也可以说是固体表面对液体的亲和力越大。

动态接触角也常常和静态接触角一起来说明表面的润湿性能。通常将静态接触角大于 150°，动态接触角滞后或者滚动角小于 10° 的固体表面称为自清洁表面。

## 6.1.4 毛细管体系的润湿

前面讨论的三种润湿过程均是一种流体从一种平的固体表面置换另一种流体（一般是空气）的情况，但实际上经常遇到多孔物质或毛细管体系的润湿。这类体系润湿的结果也是固-气界面消失而固-液界面产生，因而其实质也是一个浸湿过程，但这类体系的润湿条件较复杂。对于孔径均匀的毛细管体系，液体对孔内壁的润湿就是毛细管上升。因而只要接触角<90°，液体即可在曲面压差的驱动下渗入毛细孔。毛细管中曲面压差可用下式表示

$$\Delta p = 2\gamma_{lg}\frac{\cos\theta}{R} \tag{6-19}$$

$R$ 为毛细管半径，如果毛细管水平放置或重力的影响可以忽略，只要接触角<90°，则 $\Delta p>0$，液体可自动润湿毛细管内壁。根据式（6-19），很多人（例如 Moilliter 和 Parffitt）认为，$\cos\theta$ 和 $\gamma_{lg}$ 越大，则推动液体进入毛细管内的压力越大，润湿越易进行。因此，要尽可能保持小的接触角和大的 $\gamma_{lg}$，表面活性剂（此处常称润湿剂）的加入，可因其吸附在固-液和液-气界面上而降低 $\gamma_{sl}$ 和 $\gamma_{lg}$。$\gamma_{sg}$ 的降低可使 $\cos\theta$ 增加，有利于润湿；但 $\gamma_{lg}$ 的下降则不利于润湿。因此，最好能找到一种表面活性剂，只在固-液界面上吸附而不在液-气界面上吸附，遗憾的是，这一要求不易做到，另外，根据 Young 方程

$$\cos\theta = \frac{\gamma_{sg}-\gamma_{sl}}{\gamma_{lg}} \tag{6-20}$$

把式（6-20）代入式（6-19），得

$$\Delta p = \frac{2}{R}(\gamma_{sg}-\gamma_{sl}) \tag{6-21}$$

从上式可以看出，$\Delta p$ 的大小只取决于固-气和固-液两界面张力之差而与液-气界面张力无关。原因是 $\cos\theta$ 中也包含 $\gamma_{lg}$，而式（6-21）中的 $\gamma_{lg}$ 和 $\cos\theta$ 中的 $\gamma_{lg}$ 对 $\Delta p$ 的影响是完全相反的，因而互相抵消了，因此，对半径均匀的毛细管体系的润湿，关键是 $\gamma_{sg}$ 与 $\gamma_{sl}$ 的相对大小，只要 $\gamma_{sg}>\gamma_{sl}$，润湿过程即可自动进行。但有一例外，即不存在平衡接触角的情形。这时，Young 方程不适用，但式（6-21）中 $\cos\theta$ 仍可消去。因而 $\gamma_{lg}$ 越大，$\Delta p$ 越大，驱动液体进入毛细血管的压力也越大。

对孔径不均匀的毛细管体系，情况就更复杂了。Adam 曾对形状如图 6-7 所示的毛细管进行过分析。毛细管壁与液体渗入方向的夹角是 45°，如果液体的前进接触角是 45°，则液体弯月面在图中 $AB$ 线下时，$\Delta\rho = \dfrac{2\gamma_{lg}}{R}$，$R$ 是液体弯月面与毛细管壁接触处的半径；若液面高于 $AB$ 线，则弯月面成平面，$\Delta\rho = 0$。这时只有在外力作用下，液体才能继续渗入毛细管。如果液体接触角大于 45°（如图中 $CD$ 线的上部），弯月面反向，$\Delta\rho$ 变为负值，这时必须有更大的外力，液体才能润湿毛细管内壁。

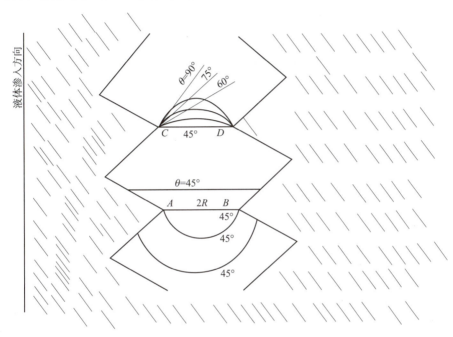

图 6-7　孔径不均匀毛细管中液体的渗入

Adam 也曾对更一般的情况做过理论处理。若圆锥形毛细管的内壁是随着弯月面的升高而向内倾斜，如图 6-8（a）所示，则式（6-22）应变为

$$\Delta\rho = \frac{2\gamma_{LV}}{R}\sin(\theta_a + \phi_1) \tag{6-22}$$

式中，$\theta_a$ 是前进接触角；$\phi_1$ 是管内壁与水平面的夹角。若 $\theta_a$ 和 $\phi_1$ 的和小于 180°，则 $\Delta\rho > 0$；$\theta_a + \phi_1 = 90°$ 时，$\Delta\rho$ 最大，是润湿的最佳条件。如果随着弯月面的升高，圆锥形内壁向外倾斜，如图 6-8（b）所示，则式（6-23）应变为

$$\Delta\rho = -\frac{2\gamma_{lg}}{R}\sin(\theta_a - \phi_2) \tag{6-23}$$

式中，$\phi_2$ 是毛细管壁向外倾斜与水平面的夹角（图 6-8（b））。在这种情况下，若 $\theta_a$、$\phi_2$ 均在 0°～90° 之间，且 $\phi_2 > \theta_a$，则 $\Delta\rho > 0$，而且前进接触角越小，$\Delta\rho$ 越大，如果 $\phi_2 < \theta_a$，则 $\Delta\rho$ 变为负值。

从上面的讨论，可见毛细管体系的润湿要比平固体表面的润湿复杂得多。它的润湿除了与 $\gamma_{sl}$ 和 $\gamma_{lg}$、$\gamma_{sg}$ 有关外，还与毛细管内壁的形状及内壁相对于水平面的取向有关。

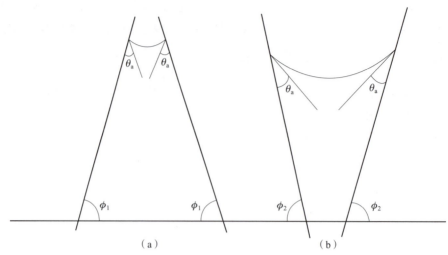

图6-8　圆锥形毛细血管中液面的上升

# 6.2　表面润湿性影响因素

## 6.2.1　液体对固体表面润湿的影响

固体表面一般可分为高能表面和低能表面两类。高能表面指的是金属及其氧化物、二氧化硅、无机盐等的表面，其表面自由能一般为 $500 \sim 5\,000$ mJ/m$^2$ 之间。这类物质的硬度和熔点越高，其表面自由能越大。低能表面指的是有机固体表面，如石蜡和高分子化合物，它们的表面自由能低于 $100$ mJ/m$^2$。根据铺展润湿的条件，可以设想一般液体在高能表面上是可以展开的，因为这样可使体系的表面自由能大大下降。大多数实验事实也的确如此。对于低能表面，液体的表面自由能与固体的表面自由能相近，其润湿情况与高能表面的完全不同。因此，下面将分别进行讨论。

### 1. 低能表面的润湿规律

Zisman 等等曾做过大量系统的有关低能表面润湿的工作。在光滑、干净、无增塑剂的有机高聚物表面，他们发现前进角和后退角相等，而且接触角数据可以很好地重复。这说明这些表面接近理想表面。他们测定了各种不同液体在同一高聚物表面上的接触角，如果用 $\cos\theta$ 对液体的表面张力作图，对于同系列的液体，可得一直线。图6-9所示就是正构烷烃在聚四氟乙烯上的实验结果。将直线延至与 $\cos\theta=1$ 的水平线相交，与此交点相应的表面张力称为该固体的临界表面张力（用 $\gamma_c$ 表示）。对于非同系物液体，可得一窄带，图6-10就是不同液体在聚氯乙烯和聚偏二氯乙

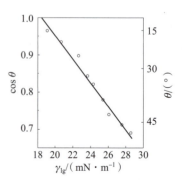

图6-9　正构烷烃对聚四氟
乙烯的润湿（20 ℃）

烯上的实验结果。如果 $\cos\theta$ 随 $\gamma_{lg}$ 变化在一窄带内，则取与窄带下限线交点相应的表面张力为该固体的临界表面张力。$\gamma_c$ 是反映低能固体表面润湿性能的一个极重要的经验常数。只有表面张力等于或小于某一固体的 $\gamma_c$ 的液体才能在该固体表面上铺展。固体的 $\gamma_c$ 越小，要求能润湿它的液体的表面张力就越低，也就是说，该固体越难润湿。表 6-1 列出了一些有机固体的 $\gamma_c$ 值。从表 6-1 的 $\gamma_c$ 值可以看出，高分子碳氢化合物中氢原子被其他元素取代或引入其他元素均可使其润湿性发生变化。卤素中的氟取代氢原子可降低高聚物的 $\gamma_c$，而且取代的氢原子数越多，$\gamma_c$ 降得越低。其他卤素原子取代氢原子或在碳氢链中引入氧和氮的原子则均增加高聚物的 $\gamma_c$。几种常见元素增加高分子固体 $\gamma_c$ 的次序是 $N>O>I>Br>Cl>H>F$。

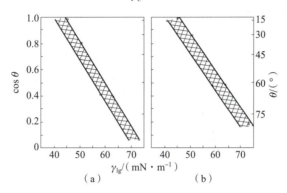

图 6-10 液体对低能表面的润湿（20 ℃）

（a）聚氯乙烯；（b）聚偏二氯乙烯

表 6-1 一些有机固体的 $\gamma_c$

| 固体表面 | $\gamma_c/(mN \cdot m^{-1})$ | 固体表面 | $\gamma_c/(mN \cdot m^{-1})$ |
|---|---|---|---|
| 聚甲基丙烯酸全氟辛酯 | 10.6 | 聚甲基丙烯酸甲酯 | 39 |
| 聚四氟乙烯 | 18 | 聚氯乙烯 | 39 |
| 聚三氟乙烯 | 22 | 聚偏二氯乙烯 | 40 |
| 聚偏二氟乙烯 | 25 | 聚酯 | 43 |
| 聚氟乙烯 | 28 | 尼龙 66 | 46 |
| 聚乙烯 | 31 | 甲基硅树脂 | 20 |
| 聚苯乙烯 | 33 | 石蜡 | 26 |
| 聚乙烯醇 | 37 | 正三十六烷 | 11 |

从表 6-1 还可看出，聚四氟乙烯和甲基硅树脂的 $\gamma_c$ 均很小。对于这些固体表面，水和大多数有机液体的表面张力均大于它们的 $\gamma_c$，因而在它们的表面上，这些液体均不能铺展，通常称具有这种性能的表面为双疏表面（即既疏水又疏油）。这种表面在实际生产中有重要应用，例如原油生产中的防止油管结蜡。原油从油层流出，经过油管输送到地面油罐的过程中，由于油层温度比地面温度高，原油从油管中上升时温度下降，于是溶解在原油中的石蜡将以结晶形式析出而黏在管壁上。如果对这些黏在管壁上的石蜡不及时清除，就会堵塞油管影响原油生产。如果在油管的内壁涂一层 $\gamma_c$ 较低的高分子涂料，则原油和水均不能在油管的内壁铺展。这样，在油流的冲击下，石蜡晶体很难在管壁上黏附。

### 2. 高能表面的润湿规律

按表面自由能的观点，一般液体似应能在干净的金属、金属氧化物和高熔点的无机固体表面上铺展。但大量实验发现，如果液体是极性有机物或液体中含有极性有机物，则这些液体不能在高能表面上铺展。表 6-2 列出了 Zisman 等的一些实验结果。表中所列液体无论采取什么方法对它们提纯，仍然在所实验的高能表面上有一定大小的接触角。关于这一现象，他们的解释是：极性有机液体可在高能表面形成以极性基转向高能表面而非极性基露在外面的定向单分子层。这时表面已转变为低能表面，它的润湿性只取决于单分子层的润湿性，如果液体的表面张力比定向单分子层的临界表面张力高，则液体在其自身的单分子层表面上不铺展。具有此种性质的液体常称自疏液体。反之，一种液体的表面张力小于它的单分子层的 $\gamma_c$，则此液体可在其单分子层上展开，聚甲基硅油即是一例。甲基硅油的表面张力为 19~20 mN/m，比其吸附膜的 $\gamma_c$（一般大于 22 mN/m）小，因而它可在任何高能表面上铺展。

表 6-2 一些自憎液体在高能表面上的接触角（20 ℃）

| 液体 | $\gamma_{LV}/(mN \cdot m^{-1})$ | $\theta/(°)$ | | | |
|---|---|---|---|---|---|
| | | 不锈钢 | 铂 | 石英 | $\alpha$-$Al_2O_3$ |
| 辛醇-1 | 27.8 | 35 | 42 | 42 | 43 |
| 辛醇-2 | 26.7 | 14 | 29 | 30 | 26 |
| 2-乙基己醇-1 | 26.7 | <5 | 20 | 26 | 19 |
| 正辛酸 | 29.2 | 34 | 42 | 32 | 43 |
| 2-乙基己酸 | 27.8 | <5 | 11 | 7 | 12 |
| 磷酸三邻甲酚酯 | 40.9 | — | 7 | 14 | 18 |
| 磷酸三邻氯苯酯 | 45.8 | — | 7 | 19 | 21 |

从上面的讨论可知，一般非极性液体可在高能表面上铺展。但如果是极性有机液体，铺展与否取决于液体的 $\gamma_{lg}$ 与其在固体表面形成的单分子层的 $\gamma_c$。若 $\gamma_{lg} > \gamma_c$，则液体不铺展；若 $\gamma_{lg} < \gamma_c$，则铺展。大量实验证明，单分子层的 $\gamma_c$ 只取决于表面基团的性质和这些基团在表面排列的紧密程度，而与单分子层下面固体的性质无关。表 6-3 列出了某些单分子层的 $\gamma_c$。

表 6-3 某些单分子层的 $\gamma_c$　　　　　　　　　　　mN · m$^{-1}$

| 单分子层 | $\gamma_c$ | 单分子层 | $\gamma_c$ |
|---|---|---|---|
| 全氟十二酸 | 6 | $\alpha$-戊基十四酸 | 26 |
| 全氟丁酸 | 9.2 | 苯甲酸 | 53 |
| 十八胺 | 22 | $\alpha$-萘甲酸 | 58 |
| 硬脂酸 | 24 | | |

### 3. 表面活性剂的润湿作用

前面已指出，$\gamma_c$ 是衡量固体表面润湿难易程度的一个重要的经验指标。若液体的 $\gamma_{lv}$ 大于固体的 $\gamma_c$，则液体不能在固体表面自动铺展。最常见的例子是水，因水的表面张力较高，一般在低能表面上是不能自动铺展的。如果要使水在低能表面或覆盖了一层单分子层的高能表面上自动展开，最方便的办法就是在水中加入表面活性剂（润湿剂）。关于表面活性剂的这种作用，Harkins 和 Fowkes 认为其原因是表面活性剂在低能表面上的定向吸附，分子以非极性基朝向低能表面，极性基朝向水溶液，因而水能在其上展开。Zisman 指出这种解释的实质是通过表面活性剂在低能表面上的吸附，将低能表面转化为高能表面，从而使水可以铺展。他认为表面活性剂在低能表面上的定向吸附只是润湿的结果而不是润湿的原因。对铺展润湿起主要作用的是水溶液的表面张力，如果表面活性剂的加入可使水的表面张力降至低于固体的临界表面张力，则表面活性剂水溶液即可在其上铺展。Zisman 的观点是有实验根据的。聚乙烯和聚四氟乙烯的 $\gamma_c$ 分别为 31 mN/m 和 18 mN/m，水的表面张力为 71.97 mN/m（25 ℃），故纯水在这两种表面上均不能铺展。加入一般表面活性剂，最多也只能使水的表面张力降至 26~27 mN/m。按 Zisman 的观点，只有聚乙烯有可能为表面活性剂的水溶液润湿，而聚四氟乙烯则不可能。这说明不管什么物质，只要它能把水的表面张力降至等于或小于固体的临界表面张力，则该物质的水溶液即可在固体表面铺展。

根据 Young 方程，接触角（$\theta$）或 $\cos\theta$ 应与 $\gamma_{sg}$、$\gamma_{sl}$、$\gamma_{lg}$ 三者有关。但从前面对铺展润湿的讨论可知，液体对固体的润湿只与液体的 $\gamma_{lg}$ 和固体的 $\gamma_c$（$\gamma_c$ 与固体的表面自由能有关）有关，而与固-液界面自由能无关。其原因在于表面活性剂分子的两亲结构，表面活性剂的亲水部分（极性基）与水有较强的相互作用，亲油部分（非极性基）与低能表面有较强的相互作用；结果是固-液界面上分子的剩余力场很小，因而 $\gamma_{sl}$ 很小。在润湿过程中与 $\gamma_{sg}$ 和 $\gamma_{lg}$ 比较，$\gamma_{sl}$ 可以忽略。但这只有在表面活性剂的浓度较大时才成立。如果水中表面活性剂的浓度较小，则 $\gamma_{sl}$ 不能忽略。在实际的润湿过程中，表面活性剂的浓度一般均在 CMC 附近，因而是满足这一条件的。从上面的分析可知，表面活性剂作润湿剂使用时，其最重要的性质就是降低液体表面张力的能力，如果它能把液体的表面张力降至固体的 $\gamma_c$ 或更低，则该液体即可在固体表面铺展。最常用的润湿剂是琥珀酸二异辛酯磺酸钠（商品名为 Aerosol OT），其结构特点是一个极性基上有两个碳氢尾巴，在水的表面可形成紧密的单分子层，能使水的表面张力降至 26 mN/m 左右。如果要使液体在聚四氟乙烯上铺展，则要应用氟表面活性剂。

在此基础上，有可能对表面活性剂的润湿作用机理作一些说明。由于表面活性剂在水表面的定向吸附，极性基伸入水相，非极性基露在外面，当吸附接近或达到饱和时，水滴最外层性质与烷烃的类似。而影响润湿性能的主要是表面最外层的原子或基团的性质。因此，表面活性剂水溶液对固体表面的润湿，其实质是在水面上定向的表面活性剂的碳氢部分对固体表面的润湿。

## 6.2.2　气体对固体表面润湿的影响

固体表面的润湿性是由固、液、气三相共同决定的。一直以来，人们对润湿性的研究大多集中在固相或液相，而忽视气相的研究。近几年通过一些研究发现，气体的组成、压力等对界面的性质也起到了至关重要的作用，在 Wenzel 模型和 Cassie-Baxter 模型的稳态间存在着亚稳态能垒，即压缩空气需要外力做功。实验表明，克服两者之间的能垒可以通过改变液体压力的方法来实现。

L. Xu 等采用高速摄像机研究在干燥光滑表面上液滴溅射时发现，液滴在常压下与表面撞击时会形成冠状溅射。抑制水花飞溅与气氛压力、气体组成及液滴本身的性质都有关系。以冲击速度为函数，测量得到刚发生溅射时的阈压力，发现它与气体相对分子质量及液体的黏度成一定的比例关系。在液滴与表面的撞击中，气体的压缩效应是形成溅射的原因。

## 6.2.3 固体表面组分对润湿性的影响

固体表面自由能直接影响其润湿性：自由能越小，固-液分子之间的作用力越小，接触角越大。研究发现：当固体表面化学成分不同时，其润湿性也通常不同。固体的表面张力越大，越容易被液体润湿。要制备超亲液表面，在一定的粗糙结构基础上，只需要减小固体和液体间的界面张力即可。对于清洗干净的玻璃、硅表面及一些干净的金属氧化物表面，本身就可以表现出很小的接触角，水滴会在表面迅速铺展形成水膜。这是由于这些固体表面的分子与水分子有很强的相互作用，以至于水与固体的界面变得接近于水和水之间"界面"，也就是趋向于消失的界面，此时固体和水之间的界面张力降到接近 0。对于某些聚合物的"软表面"，水和固体之间的界面张力甚至可以变成负值，此时水会渗透入高分子界面，使得表面能降低。

从前面的讨论可知，高分子固体的临界表面张力（$\gamma_c$）是与其表面的组成有关的。引入氟原子可降低其 $\gamma_c$，而其他原子的引入则均增加其 $\gamma_c$。对于极性有机物单分子层的 $\gamma_c$ 的研究，进一步发现高分子固体或单分子层的 $\gamma_c$ 主要取决于它们最外层的原子或基团的性质。图 6-11 所示的实验结果就是一个很好的说明。实验中所用液体是正构烷烃。聚四氟乙烯和全氟十二酸的碳链上的氢原子均被氟原子取代，二者碳链的组成应基本相同，但二者暴露在表面上的基团则不一样，聚四氟乙烯主要是—CF$_2$—，全氟十二酸是一定向单分子层的凝聚膜，它暴露在表面上的基团是—CF$_3$。因而二者的润湿性能差别很大，聚四氟乙烯的 $\gamma_c$ 为 18 mN/m，而全氟十二酸的 $\gamma_c$ 却只有 6 mN/m。全氟十二酸的单分子层是迄今所发现的最难润湿的表面，只有液化的惰性气体才能在其上铺展。图 6-11 中的虚线是十八胺在铂金和玻璃表面上的单分子层的实验结果。由图可见，此单分子层的 $\gamma_c$ 为 24 mN/m，而聚乙烯的 $\gamma_c$ 却是 31 mN/m。其原因也是两者表面最外层的基团不同，前者是—CH$_3$，而后者主要是—CH$_2$—。表 6-4 列出了某些基团在表面的 $\gamma_c$。

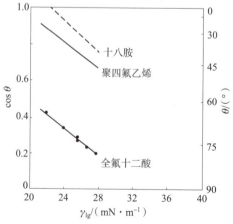

图 6-11　—CF$_3$、—CF$_2$—和—CH$_3$ 基团润湿性的比较（20 ℃）

表 6-4 某些基团在表面的 $\gamma_c$     mN·m$^{-1}$

| 表面基团 | | $\gamma_c$ | 表面基团 | | $\gamma_c$ |
|---|---|---|---|---|---|
| 碳氟表面 | —CF$_3$（单分子层） | 6 | 碳氢表面 | —CH$_3$（晶体） | 22 |
| | —CF$_2$H（单分子层） | 15 | | —CH$_3$（单分子层） | 24 |
| | —CF$_2$— | 18 | | —CH$_2$— | 31 |
| | —CH$_2$—CF$_3$ | 20 | | =CH= | 33 |
| | —CF$_2$—CFH— | 22 | | =CH$_2$—（苯环边） | 35 |
| | —CF$_2$—CH$_2$— | 25 | 含氮、氧碳氢表面 | —CH$_2$ONO$_2$（晶体）[110] | 40 |
| | —CFH—CH$_2$— | 28 | | —C（NO$_2$）$_3$（单分子层） | 42 |
| 碳氯表面 | —CClH—CH$_2$— | 39 | | —CH$_2$NHNO$_2$（晶体） | 44 |
| | —CCl$_2$—CH$_3$ | 40 | | —CH$_2$NO$_2$（晶体）[101] | 45 |
| | =CCl$_2$ | 43 | | | |

在 6.1.1 节描述 Young 方程时已经提到，对于绝对光滑的理想表面，化学组成直接决定其润湿性。如果在理想的光滑平坦表面上水的接触角大于 90°，那么要求该表面的表面能 $\gamma_{sg}$ 小于 20 mN/m；如果要使得烷烃类液体（表面能 $\gamma_{lg}$ 为 20～30 mN/m）接触角大于 90°，则该表面的表面能 $\gamma_{sg}$ 需要小于 6 mN/m。作为低表面能材料的代表，Teflon 的表面能 $\gamma_{lg}$ 大约为 18.5 mN/m，利用该材料制备得到的理想光滑平坦表面也无法具有对低表面能液体相疏的性能，必须通过构筑复合结构，以进一步提高其疏液性能。

而对于实际的粗糙表面，无论液滴处于何种平衡状态，Wenzel 和 Cassie 模型都反映了本征接触角对表观接触角的影响，而化学组成影响了本征接触角的大小。通过低表面能物质对固体表面进行修饰，可以明显增大其接触角、减小滚动角，即增强了其疏水性能。

对于超疏水研究而言，表面能越低，越有利于超疏水材料的制备，因此，含氟化合物是降低表面能实现超疏水的理想选择。

目前，国内外研究者开发出许多增强疏水性的低表面能物质，常见的有氟硅烷类、脂肪酸类、芳香族化合物类等。但是单纯通过低表面修饰对疏水性的增强是很有限的，几何结构的影响更为显著。

## 6.2.4 固体表面结构对润湿性的影响

相比低表面能物质修饰，合理的构造几何结构更容易获得特殊润湿性表面。因此，国内外比较侧重于对表面几何形貌设计的研究。通过对荷叶叶片表面形貌的观察，可知表面微纳米复合结构直接导致了超疏水性，但是这种层级结构加工工艺复杂，成本高。而对于一级周期结构，无论是微米尺度还是纳米尺度，只要对表面形貌、尺寸、排列方式进行合理的搭配设计，同样能够获取高疏水效果，但是可能在性能上与复合结构有所差别。

### 1. 单级结构
Extrand 通过研究周期排列的微柱结构，发现柱高、柱间距、柱边斜度等对表面润湿性均有影响，但微结构形状可能要比单纯增加微结构高度更为重要。对于梯形柱状结构，倾斜角（柱体与表面的夹角）大于90°才能较好地保持复合态接触。Patankarra利用能量平衡理论，针对微米级柱状周期结构固体表面，建立了液滴复合接触、非复合接触的润湿转换标准，结果发现，在润湿转换中，柱高与柱宽之比为决定因素。国内崔晓松对该结构进行了热力学分析，也得出类似结论。Bhushan等进一步设计了圆柱状阵列柱子微结构，发现减小圆柱间距可以增大接触角，减小滚动角，但是可能导致液滴无法维持复合接触状态，而转变成非复合接触。Yanamoto等结合热力学理论分析了三维柱状结构与腔型结构（图6-12），发现对于柱状结构，大的长宽比和高度可以实现大接触角，形成复合接触，腔型结构不易实现超疏水性。徐海建等制备了材料为聚苯乙烯的纳米级球形结构粗糙表面，通过对比不同直径纳米球结构的疏水性，发现表面疏水性随着球形直径的减小而增强，且当球形直径为190 nm时，可获得168°接触角的超疏水表面。

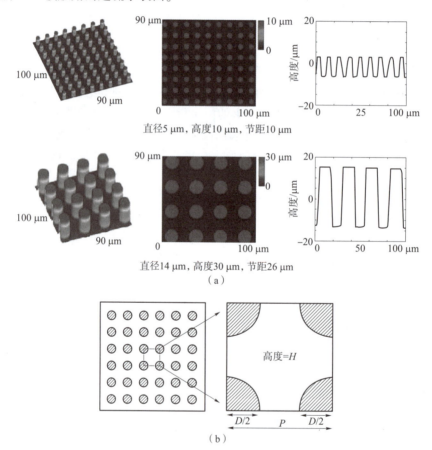

直径5 μm，高度10 μm，节距10 μm

直径14 μm，高度30 μm，节距26 μm

（a）

高度=$H$

（b）

**图6-12　图案化的Si表面的表面高度图和二维轮廓及图案化的Si表面的平顶圆柱的二维表示**

（a）图案化的Si表面的表面高度图和二维轮廓；（b）图案化的Si表面的平顶圆柱的二维表示

### 2. 多级结构

前面提到，荷叶疏水主要源于表面的微纳复合结构，为此一些研究者对多级结构也进行了研究。Patankarra对荷叶结构效应从理论上进行了模拟，以粗糙表面的 Wenzel 方程和 Cassie 方程为理论基础构建了一种"具有二级复合结构的柱形沟槽"模型：第一级结构为排列规整的尺寸为 $a \times a$ 的阵列方柱（柱的高度为 $H$，柱间距离为 $b$）；第二结构为"生长"在每个方柱上的"微柱",并且这两级结构都是在较大的范围内规则存在的(图 6-13)。

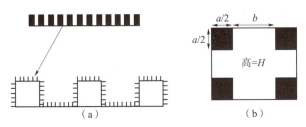

图 6-13　Patankarra 对荷叶结构效应的理论模拟

依据所建立的模型,可以得到遵循 Wenzel 方程和 Cassie 方程的两个相应的方程,即由 Wenzel 方程引申出方程式(6-24),此时接触角与柱高度有关;而 Cassie 方程引申出接触角与柱高无关的方程式(6-25)。在这两个方程中,只要将下脚标变化一下,便可以从描述一级结构转移到描述二级结构。

$$\cos \theta_r^w = \left(1 + \frac{4A_1}{a_1/H_1}\right)\cos \theta \tag{6-24}$$

$$\cos \theta_r^c = A_1(1+\cos \theta)-1 \tag{6-25}$$

其中
$$A_1 = \frac{1}{[(b_1/a_1)+1]^2}$$

式中,$a_1$ 为柱边长;$b_1$ 为柱间距;$H_1$ 为柱高。

Bhushan 等通过比较一级微米结构、一级纳米结构和微纳复合结构的表面疏水性,发现单纯的一级微米结构或纳米结构也可以获得接触角大于 150° 的固体表面,而微纳复合结构更容易获得滚动特性好的超疏水表面(接近 170°)。2012 年,Bhushan 等采用简单的喷雾技术制备出材料为硅石的一级微米(球体、柱体两种)、一级纳米(球体)和二级微纳复合结构(球球复合和柱球复合)三种粗糙表面,结果发现,若想获得接触角大、滚动角小的疏水表面,微纳复合和一级纳米和一级微米复合,并且对于一级微米结构,针对某一特定尺寸的球体和柱体,将其周期结构排列的间距控制在一定范围内可以保证接触角大于 150° 且滚动角小于 3°,但是大于某一特定临界值就会出现从疏水到亲水的转变,这也体现了前面所说的必须设计合理的间距和几何结构尺寸才能保证液滴处于 Cassie 状态(复合接触)。2013 年,国内庞小龙研究分析了二维微结构的表面浸润性。结果发现,在疏水材料表面,若仅构建单级结构,无法获得同时满足大接触角和小滚动角的表面,两者中任何一个方面性能的提高都是以牺牲另一性能为条件的。

张泓筠建立了一级、二级柱形结构模型,将疏水性能同柱体长宽高及间距之间的关系定量描述,并分别针对复合和非复合接触,建立起超疏水表面上液滴的表观接触角(Wenzel、Cassie 接触角)、接触角滞后、自由能变化等参数与柱形微结构之间的数学关系,理论分析了圆柱、圆锥、圆台等周期结构表面润湿性情况。得出初步结论,认为正弦型微结构可能是设计超疏水表面的最合适微结构,其次是圆台形、棱台形、抛物线形、半正弦波形以及半球形和球形。而金字塔和圆锥模型则可能使液滴与表面系统处于理想超疏水状态。

Li 研究组通过对不同粗糙尺度结构表面的自由能和能垒的计算,得出对于不同阶层数的微纳复合结构表面，其接触角滞后（CAH）关系为：CAH（一级）>CAH（二级）>CAH（三级）。但是由于三级阶层结构更复杂，难以加工，力学性能更难持久，并且三级结构相对二级结构的接触角滞后减少程度并不明显，因而通常不制备三级结构，只通过设计合理的一级或二级微米或纳米结构来获得超疏水表面。

综上，在构建微纳米粗糙结构中，构建多级结构是一种十分有效的途径。多级结构不仅可以增大粗糙度，而且可以降低超疏水表面对小液滴敏感性，例如对雾的敏感性。这种多级粗糙结构是指表面粗糙，由多个尺度的粗糙结构复合而成的结构，如图 6-13 所示。其粗糙度可以表示为

$$R = r_1 \cdot r_2 \cdot r_3 \cdots \tag{6-26}$$

式中，$R$ 表示总的粗糙度；$r_1$、$r_2$、$r_3$ 表示不同尺度上的粗糙度。$r_i$ 总是大于 1 的，因而总的粗糙度一定比任意一个尺度上的粗糙度要大，并且级数越多，粗糙度越大。Herminghaus 提出，如果液滴在多尺度粗糙结构上采取的是 Cassie 状态，那么其接触角应该符合以下的公式

$$\cos \theta_{n+1} = (1-f_n) \cos \theta_n - f_n \tag{6-27}$$

式中，$n$ 表示分级结构中的第 $n$ 级；$\theta_n$ 和 $\theta_{n+1}$ 分别代表第 $n$ 和 $n+1$ 级的接触角；$f_n$ 代表第 $n$ 级结构中所包埋的空气占表面的分数。从这一公式可以看出，随着分级结构级数的增加，表面会变得越来越疏液。

### 3. 凹角结构

前面提到，表面结构和化学元素是极端润湿性表面形成的关键，因为获得超疏油表面具有更大的难度，这两个因素对具有较低表面能的液滴来说更为关键。表面化学能的降低较容易实现，重点是构架表面微观结构。

如果表面存在"凹形结构（re-entrant structure）"或者叫"悬臂结构（overhang structure）"，那么亲水表面可能变为疏水表面，亲油表面也能变为疏油表面。Tuteja 等通过体系能量计算发现，不论是水还是十六烷，当液体在具有"多重凹形"结构的表面上时，虽然液-固润湿处于 Wenzel 完全润湿状态时，体系能量最低，但是此时接触角较小，不利于达到超疏液。而体系处于 Cassie-Baxter 不完全润湿状态时，体系能量会升高，从而变得不稳定，但是此时接触角较大，有利于体系达到超疏液。进一步计算发现，在 Cassie-Baxter 状态时，体系能量会出现一个局部极小值，在该点时，体系处于亚稳态，此时表面既具有较大接触角，又具有一定的稳定性。根据这一发现，他们在纤维模型和悬臂模型的基础上，提出了 4 个参数 $D^*$、$H^*$、$T^*$ 和 $A^*$ 来表征表面的疏油性强弱（图 6-14）。参数 $D^*$ 表明了表观接触角和固体表面形貌之间的关系。它等于表观固体面积除以最大固体截面积，直接与 $f_s$ 相关，$f_s$ 越大，则 $D^*$ 越小。对于纤维模型，$D^* = (R+D)/R$；而对于悬臂模型，$D^* = [(W+D)/W]^2$。参数 $H^*$ 和参数 $T^*$ 表明了该表面处于 Cassie-Baxter 状态的稳定性，其中，$H^*$ 表明的是高度稳定性，而 $T^*$ 表明的是角度稳定性。对于处在 Cassie-Baxter 状态的液体，维持该状态的稳定需要保持液体不接触到基底，避免不完全润湿转变为完全润湿。参数 $H^*$ 为悬挂的液滴下垂到最大深度 $h_2$ 时的附加压强与此时液体由于成球所产生的压强的比值。当 $H^* > 1$ 时，表明该体系是局部稳定的。对于纤维模型，$H^* = (Rl_{cap}/D^2)(1-\cos \theta)$，而对于悬臂模

型，则有 $H^* = \left[\dfrac{Rl_{cap}}{D^2(1+\sqrt{D^*})}\right]\left[\left(1-\cos\theta+\dfrac{H}{R}\right)\right]$。有些表面虽然满足 $H^*\gg1$，但是液体在该表面还是不稳定，比如图 6-14（c）中所示情况，虽然此时液体下垂高度小于最大深度，但是由于液体已经到达悬臂下端，此时液体并不能通过改变下垂液体的曲率来提供额外的附加压强，结果便是液体会完全润湿表面。从图 6-14（b）中可以看到，随着液体下移，$\Psi$ 越来越小，当液体到达悬臂反面时，$\Psi$ 达到液体稳定存在时的最小值 $\Psi_{min}$。参数 $T^*$ 为 $\Psi_{min}$ 时产生的附加压强与此时液体由于成球所产生的压强的比值。对于纤维模型，$T^* = [l_{cap}/(2D)]\sin(\theta-\Psi_{min})$，而对于悬臂模型，$T^* = [l_{cap}/(2D)][\sin(\theta-\Psi_{min})/(1+\sqrt{D^*})]$。参数 $A^*(1/A^*\approx1/H^*+1/T^*)$ 为复合型稳定性参数，它综合考虑高度稳定性和角度稳定性。Tuteja 等利用这 4 个参数考察了他们制备出来的多种表面，数据结果表明了这 4 个参数的适用性。

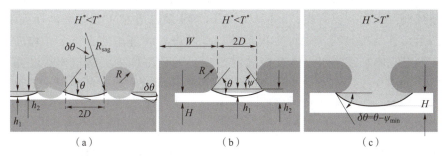

**图 6-14　（a）电纺纤维和（b）、（c）悬臂型的稳固复合材料界面的设计参数示意**

Cao 等则详细讨论了何种结构才能使整个体系稳定在 Cassie-Baxter 不完全润湿状态，以及处于该状态的原因，发现这取决于液体在理想光滑平坦表面的接触角 $\theta_{flat}$ 和悬臂倾斜角 $\theta_{overhang}$ 的关系（图 6-15）。当 $\theta_{flat}>\theta_{overhang}$ 时，液-气界面是内凹的，该凹面产生的附加力向下，这会导致水进入 Cassie-Baxter 状态中的气垫部分，使得体系从 Cassie-Baxter 不完全润湿状态转变为 Wenzel 完全润湿状态，使得整个体系的接触角变小；当 $\theta_{flat}=\theta_{overhang}$ 时，液-气界面是水平的，此时没有附加力的产生，水-气界面会继续向气体部分前进，这同样会使得体系从 Cassie-Baxter 不完全润湿状态转变为 Wenzel 完全润湿状态，进而使得接触角变小；当 $\theta_{flat}<\theta_{overhang}$ 时，液-气界面是外凸的，产生的附加力向上。该力能阻止液体进一步浸入气体部分，使得体系能稳定在 Cassie-Baxter 状态，保持较大的接触角。

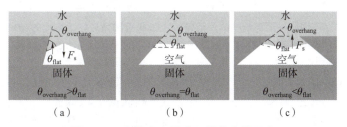

**图 6-15　液体在"悬臂"结构上的示意**

此外，Tuteja 研究小组指出精加工的凹形结构是超疏油表面的形成基础，即使是在亲水性成分表面，凭借复杂的凹入表面曲率也可以获得牢固的疏油表面。由于该结构的凹形角 $\Psi$

小于油的本征接触角 $\theta$，向上驱动力可以有效地阻止水和油渗透到粗糙的纳米结构中（图 6-15（a））。考虑到边缘效应，应从临界角（$\theta_c$）大于 180° 的微结构中获得全疏表面。

$$\theta_c = \theta_0 + \theta_Y$$

式中，$\theta_0$ 和 $\theta_Y$ 分别是凹角几何角和平滑表面的本征接触角。从上面的方程式可以得出，增加 $\theta_0$ 和 $\theta_Y$ 都有利于获得疏液表面。这些重要的设计标准导致了固体表面油滴稳定的 Cassie-Baxter 状态。研究表明，双凹角粗糙结构是获得牢固超疏油性表面的一种有效途径。由于具有垂直分量的垂直悬垂，已证明表面张力的向上方向将完全润湿的油滴（例如，全氟己烷）悬浮。

郭志光研究小组总结了六种具有凹角几何形状的经典粗糙结构，包括 T 形结构、蘑菇状结构、梯形结构、纤维状结构、火柴状结构和微球状结构。

Liu 等对比研究了截面呈矩形的简单圆柱、截面呈 T 形的顶部坐落实心圆盘的圆柱、截面呈双凹角的顶部坐落空心圆盘的圆柱这 3 种微观结构（图 6-16（a）～（c））的表面润湿性。结果表明，具有上述 3 种微观结构的材料本征接触角至少需要达到 120°、30°、0° 才能实现超抗润湿表面，换言之，即使材料表面本征接触角为 0° 且不借助任何疏水物质，仅依靠双凹角形柱状微结构，也可实现超抗润湿状态。在理论的支撑下，作者通过精密热氧化和浅刻蚀在本征超亲水（本征接触角 <10°）的硅基体表面构造出双凹角形柱状三维立体结构，如图 6-16（d）～（g）所示，在不经任何疏水改性的情况下，该表面可实现对表面张力从 72.8 mN/m 的水滴到目前已知最低表面张力 10 mN/m 的含氟液滴的超抗润湿状态。

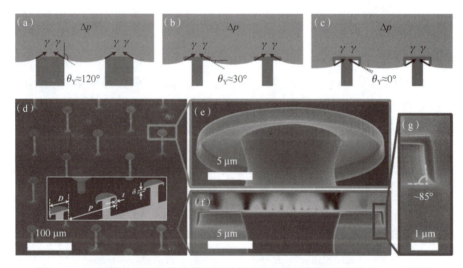

**图 6-16 不同圆柱顶部结构的润湿特性机理和双凹角形柱状结构的 3D 立体图**

（a）～（c）不同圆柱顶部结构的润湿特性机理；（d）～（g）双凹角形柱状结构的 3D 立体图

悬挂结构能有效阻止水滴因毛细力作用向微结构内部渗透，使得水滴与固体表面形成复合接触，体系处于亚稳的 Cassie 状态，从而使得材料表面呈超疏水性。同样，在本征亲油材料上构筑悬挂结构也可实现超疏油，其疏油原理与疏水原理相同，即悬挂结构可以阻止油液向微结构内部渗透，因此，油液与固体表面接触也是复合接触，体系同样处于亚稳的 Cassie 状态，从而使材料表面表现为超疏油性。然而，关于亚稳 Cassie 状态稳定性的定量评价及油液在超疏油表面上的动态行为仍然需要做进一步的研究。

# 6.3 特殊润湿性表面

## 6.3.1 自然界特殊超疏水表面

在日常生活中，大部分表面呈现出一般的疏水或亲水性，然而，在自然界中有很多生物体都具有特殊润湿性表面，例如荷叶、水稻叶片、蝴蝶翅膀、蚊子复眼、蝉翅膀、玫瑰花瓣、水黾、壁虎脚、西瓜叶、斗篷草叶等显示超疏水性，而松萝凤梨、泥苔藓等显示超亲水性。此外，荷叶下表面、蛤壳内表面显示水下超疏油性。自然界这些特殊润湿性表面为设计和制备特殊润湿性表面产生了很大的启发。通常，受生物启发的特殊润湿性功能材料可归纳为 10 个方面：荷叶启发了自我清洁的表面，植物和昆虫激发了各向异性的润湿表面，昆虫和动物启发了抗反射和透明的表面，红色的玫瑰花瓣、壁虎的脚和鼠尾草植物启发了高黏性的表面，树蛙启发了高湿黏性的表面，珍珠蚌壳启发了机械稳定表面，鲨鱼的皮肤和水黾的腿启发了低流体摩擦表面，昆虫的复合眼睛启发了防雾表面，鸟类的羽毛启发了有色表面，甲虫、仙人掌脊柱、尖刺丝和猪笼草植物启发了集水和定向液体运输表面。通过仿生学研究，发现上述生物获得特殊润湿性的重要原因便是表面特殊的微观结构。生物体这些特殊的微观结构和功能为科学技术的发展与进步提供了模仿和借鉴思路。随着多种仿生植物、动物的特殊润湿性表面仿生材料的涌现，具有特殊浸润性及特殊应用前景的仿生材料被相继报道，现就具有特殊润湿性仿生材料及功能应用总结见表 6-5。下面将详细介绍这些具有特殊润湿性典型生物。

表 6-5  特殊润湿性仿生材料及功能应用

| 年份 | 生物启示材料 | 特殊润湿性及应用 |
|---|---|---|
| 1997 | 荷叶（Lotus leaf） | 超疏水自清洁 |
| 2000 | 壁虎足毛（Gecko foot-hair）<br>蜘蛛丝（Spider silk） | 超疏水性高附着力<br>集水性 |
| 2001 | 沙漠甲虫（Desert beetle） | 超疏水超亲水性 |
| 2002 | 水稻叶（Rice leaf）<br>仙人掌茎（Cactus stems） | 超疏水各向异性<br>湿雾收集梯度润湿 |
| 2004 | 水黾腿（Water strider leg）<br>蝉翅（Cicada wing） | 超疏水性流体摩擦减少超疏水性防反射 |
| 2006 | 猪笼草（Nepenthes pitcher plant） | 润滑的水下双疏性 |
| 2007 | 蝴蝶翼（Butterfly wing）<br>蚊眼（Mosquito eye） | 各向异性润湿结构着色防反射防雾 |
| 2008 | 红玫瑰花瓣（Red rose petal） | 超疏水性附着力高或低 |
| 2009 | 鱼鳞（Fish scale） | 超亲水性水下亲和力 |
| 2010 | 槐叶萍叶子（Salvinia leaf）<br>鲨鱼皮肤（Shark skin） | 超疏水性高附着力<br>流体减阻 |

续表

| 年份 | 生物启示材料 | 特殊润湿性及应用 |
|---|---|---|
| 2011 | 杨树叶毛（Poplar leaf hair）<br>弹尾虫角质层（Springtail cuticle） | 超疏水防反射<br>超双疏性 |
| 2012 | 蛤壳（Clam shell） | 超亲水性水下亲和力 |
| 2016 | 企鹅毛（Penguin feather）<br>燕鸥鸟嘴部（Skimmer beak） | 抗冻<br>减阻 |
| 2018 | 瓶子草毛状体（Sarracenia trichome）<br>蚯蚓（Earthworms） | 水滴的收集定向传输<br>自补充润滑减少摩擦<br>防污 |

### 1. 超疏水植物表面

（1）荷叶

人类最早从自然界中探索并认识超疏水现象，北宋著名诗人周敦颐曾在《爱莲说》中对荷叶有这样的描述："出淤泥而不染，濯清涟而不妖。"形象描述了莲叶的高尚品质。荷叶上滚过的露珠和雨滴往往能带走灰尘和污垢。荷叶表面的液滴呈现出 160° 左右的接触角，并且液滴可以容易地从荷叶表面滚走并带走附着的灰尘，这种卓越的自清洁功能被称作荷叶效应（lotus effect）。根据生物进化理论，在适者生存的自然界中生存下来的生物都有其独特之处，人们在生产生活中寻找并遵循其中的道理可以说是科学研究的一个明智之举。随着 20 世纪 60 年代高分辨率电子显微镜的产生和发展，荷叶的这种表面自清洁效应终于揭开了谜底。1997 年，德国生物学家 Barthlott 和 Neinhuis 等研究人员通过对近 300 种植物叶表面进行研究，认为这种自清洁的特性是由粗糙表面上微米结构的乳突以及表面疏水的蜡质材料共同引起的。2002 年，江雷课题组发现在荷叶表面微米结构的乳突上还存在纳米结构，乳突的平均直径为 5~9 μm，每个乳突表面分布着直径为（124±3）nm 的绒毛，如图 6-17 所示。实际上，由于荷叶表面布满的微纳米双尺度结构使得水滴直接悬浮在微观的凸起结构上，从而大大降低了水滴与荷叶表面的实际接触面积。另外，在其表面分布有致密的疏水性蜡质层，从而使得其接触角达到 161°，滚动角在 2° 左右，达到超疏水和自清洁性能。基于荷叶效应的发现与深入研究，科学家通过构造微纳米多尺度结构结合疏水物质制备了各种各样的仿生超疏水材料，这也成为特殊润湿性材料研究的基础。由于自清洁涂层在农业、工业和军事应用等领域有着广阔的应用前景，在过去的几十年里，大量的合成策略已经被开发用于制备自清洁功能材料。如今，许多自清洁涂层已经商品化并且广泛应用到了日常生活中，包括玻璃、陶瓷、纺织品等。

（2）水稻叶

水稻广泛分布于亚热带和温带地区，水稻叶在自然界中超疏水现象中是较为特殊的。水滴在水稻叶表面呈现漂亮的球形，静态接触角可达到 157°，而且仅易于沿着平行叶脉方向滚动，而在垂直于叶脉方向较难滚动。超疏水的水稻叶表面，顺着叶脉方向和横向的润湿性不同，当水稻叶上有水滴时，水滴顺着平行叶脉的方向滚动。在水平于叶片生长的方向上，液滴的滚动角为 3°~5°，在垂直方向，滚动角则为 9°~15°。水稻叶的这种与方向相关的润湿性可称为各向异性。水稻叶表面由许多微纳米多等级结构组成，与荷叶表面的微结构有些类似。但在水稻叶表面具有线性定向排列的突起阵列以及一维的沟槽结构，乳突沿平行于叶

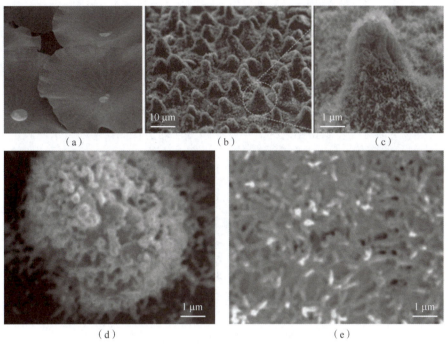

**图 6-17 荷叶上表面的宏观形貌（a）和微观形貌（b）～（e）**
**（（b）为 Barthlott 和 Neinhuis 拍摄的照片；（c）～（e）为江雷等拍摄的照片）**

边缘的方向整齐排列，垂直方向的乳突排列却比较杂乱，因此，水珠更容易沿着平行叶脉方向滚动，如图 6-18 所示。水稻叶表面乳突结构的线性定向排列为液滴提供了在两个方向上浸润的不同的能量壁垒。

**图 6-18 水稻叶的照片和不同放大率的水稻叶表面的 SEM 图像**
（a）水稻叶的照片；（b）不同放大率的水稻叶表面的 SEM 图像

（3）玫瑰花

玫瑰花瓣上的液滴往往牢固地附着在表面。这些附着的小液滴可以使玫瑰花保持鲜丽水润的外观，只有比较大的液滴例如雨滴才可以从玫瑰花瓣滚落。江雷团队探索了玫瑰花瓣的微观结构，揭示了玫瑰花瓣高黏附特性的原理。通过对玫瑰花瓣用扫描电镜进行观察，发现玫瑰花表面由微米级的阵列乳突结构组成，相邻乳突中间均存在一定的空隙，形成凹槽结构，并且乳突上有纳米级别的凹槽，如图 6-19 所示。在乳突的尖端是许多纳米尺度的折叠结构，这种纳米折叠结构正是导致玫瑰花瓣高黏附特性的关键因素，气体可以存在于纳米折叠结构之中，而水则可以轻松刺入微米乳突之间，从而形成 Wenzel 状态的液滴镶嵌。因此，当水滴滴在花瓣表面时，水就会有一部分浸入空隙内部，使得水珠在花瓣表面不能自由地滚动，形成了具有高黏附力的超疏水表面。Bhushan 和 Her 深入地研究了高、低两种不同黏附特性的玫瑰花瓣，证实了微米乳突的高度以及纳米折叠结构的密度是影响玫瑰花瓣表面黏附力高低的关键，从而进一步制备出了拥有不同黏附特性的仿玫瑰花瓣超疏水薄膜。

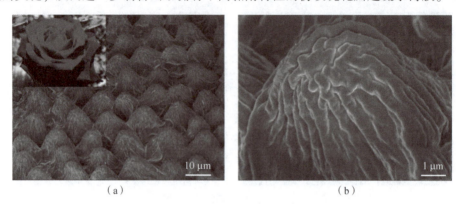

（a）　　　　　　　　　　　　　　　　　（b）

**图 6-19　红色玫瑰花瓣表面的 SEM 图像**

（a）显示微乳头的周期性阵列；（b）每个乳头顶部的纳米折叠

（4）其他植物

除了上述典型的植物，自然界中仍有许多植物具有特殊的润湿性，如芋头叶、花生叶、苎麻叶、西瓜叶、黄花叶、紫花苜蓿叶、败酱草叶、牛筋草叶、灰菜叶、野大豆叶、彬草叶、冬瓜皮、白疾藜叶、韭菜叶、斗蓬草叶等同样具有超疏水性能，它们的照片及表面微观结构如图 6-20 所示。这些植物也同样值得我们进一步探索和研究。

（a）

（b）

**图 6-20　其他超疏水植物照片及表面微观结构**

（a）芋头叶；（b）花生叶

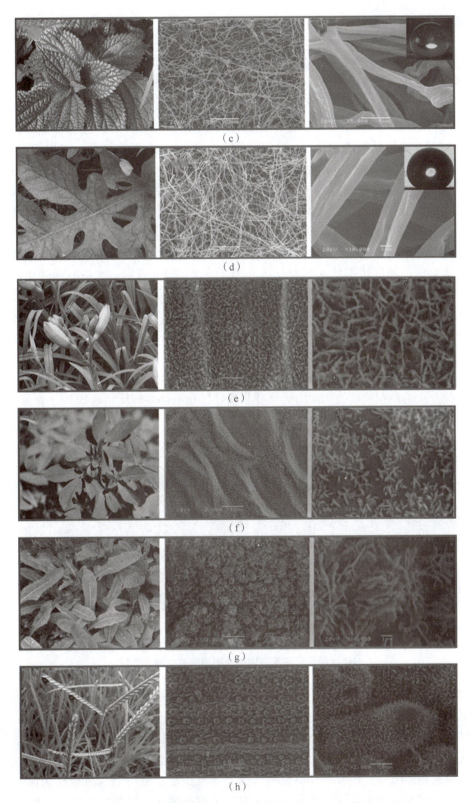

图 6-20 其他超疏水植物照片及表面微观结构（续）

（c）苎麻叶；（d）西瓜叶；（e）黄花叶；（f）紫花苜蓿叶；（g）败酱草叶；（h）牛筋草叶

### 2. 超疏水动物表面

（1）水黾

水黾（图6-21（a））是一种常见的水上昆虫，长期栖息于静水面或溪流缓流水面上，并能在平静或波动的水面上自由敏捷地滑行、飞跳，因此获得了"池塘中的溜冰者"的美誉。一般的成年水黾体重1 mg，体长2 cm，在水面上运动时速度可达60 cm/s。早期的科学家认为水黾行走跳跃的能量来源于腿部滑动所产生的水表面张力波，类似于划船的效应。然而后来发现，水黾幼虫的最大运动速度不足以产生水表面张力波，称为 Denny 悖论。2003年，美国麻省理工的 Bush 等利用高速摄像机捕捉到了水黾在水面上行走的过程。他们的研究表明，水黾转换自身动能到水面的关键因素是通过驱动多毛的腿部与水面形成半球形液面，而弯曲液面给予水黾一个反作用力。通过计算，这个作用的总动量远远大于波浪的动量，与水黾运动的动量相当，而水面张力波对推力的贡献非常小，从而解决了 Denny 悖论。2004年，中科院江雷课题组更深入地揭示了水黾在水面上站立和行走的秘密——水黾腿部的超疏水性（接触角约为167.6°）。研究表明，水黾腿部之所以具有超疏水性，是因为其腿部存在很多与腿表面夹角为20°且定向排列的针状刚毛（长约50 μm、直径约为几百纳米至3 μm）。这些刚毛表面还存在很多纳米级的螺旋状的纳米沟槽结构，这些凹槽能够储存许多极小的气泡，如图6-21（b）所示。只有当水面上有4.3 mm深的涟漪时，水面才会被水黾的腿刺破。单条水黾腿的极限支撑力可以达到水黾本身重量的15倍。而且，被水黾腿排开的水的体积约是其腿部体积的300倍，这足够表明水黾超强的疏水特性。为此，无论是在流动的水面上还是在暴雨中，水黾都能够优雅地舞动，来去自如，并且水还不会黏在身上。

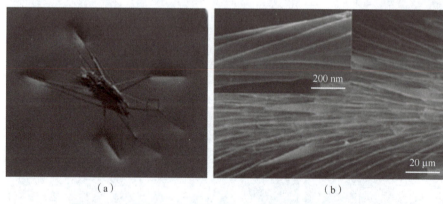

（a） （b）

**图6-21 水黾在水上行走的照片（a）和水黾腿部刚毛 SEM（b）（插图为刚毛表面纳米凹槽的放大的 SEM）**

大连理工大学徐文骥课题组还发现水黾除了腿部具有极强的超疏水性外，身体（眼睛除外）其余部位同样具有优良的超疏水性。扫描电镜研究发现，水黾头部、背部、腹部、翅膀、触须、腿部的微观形貌十分粗糙，存在细小、致密排列的刚毛或乳突结构，这些微观结构形成的空隙可捕获空气形成气垫，有助于获得超疏水性，而水黾眼由于表面比较光滑，不存在类似的粗糙结构，导致不具备超疏水性。这也正是水黾可以自由地在水面上"轻歌曼舞"而不会被水吞噬的原因。该研究成果对将来制造高速、低阻力的"水上机器人"和"微型环境监测器"具有重要参考价值。

（2）蚊子

蚊子属昆虫纲，双翅目，蚊科，是一种离不开水的两栖小型昆虫，能够在水面自由行走、起落、产卵和吸食，被称为永无事故的"水面直升机"。2007 年至 2010 年大连理工大学的吴承伟等对蚊子在水面自由起降的现象进行了研究，发现其秘密在于库蚊腿部的超疏水性（接触角约为 153°）。蚊子腿部含有三级复合阶屋状结构：第一级结构为规则排列的鳞片（鳞片间距约为 3.5 μm、长度约为 40 μm，宽度约为 12.5 μm）；第二级结构为"生长"在每个鳞片上的亚微米级、平行排列、间隔约 1.5 μm 的纵向肋结构；第三级结构为生长在纵肋之间的、间距为几百纳米的横向纳米肋结构，如图 6-22（a）所示。这种特殊结构使库蚊腿部有超强的承载力，可使蚊子在水面起飞和降落时能够产生一个足够的动态反力（库蚊的后腿在水面的承载力约为 600 μN，可达库蚊平均体重的二十几倍）。蚊子腿部的超疏水性是由三级复合微纳米阶层状结构吸附空气形成气膜引起的。

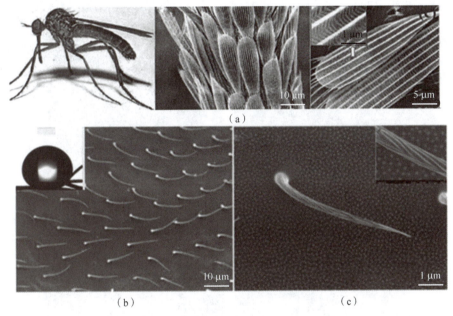

**图 6-22　蚊子的宏观形貌及其腿部的微观形貌**
（a）库蚊腿部；（b）、（c）黄斑大蚊翅面

石彦龙等发现黄斑大蚊的翅表面有很好的疏水性，接触角约为 155°，扫描电子显微镜观察发现，在其翅表面分布有大量呈规则状排列的"钉子状"微米棒（图 6-22（b）），经放大数倍观察（图 6-22（c））发现，在"钉子状"微米棒表面，有大量的"螺纹状"凹槽，凹槽大致呈平行、盘旋状分布，在"钉子状"微米棒周围，均匀分布着大量的"乳突"状颗粒，颗粒直径为 120~170 nm，这种规则排列的多级微纳米"凹槽"或"乳突"之间，可以有效地吸附空气，在其表面形成一层稳定的气膜，阻碍水滴的浸润。此外，蚊子翅膀成分主要有表面能较低的蛋白质、脂类和几丁质等，这种微纳米级复合二元结构和其表面低表面能材料的协同效应在宏观上表现出蚊子翅面、腿部的超疏水性。这种微纳米级复合结构使蚊子的腿部有高承载力和超疏水性能，使其能在水面上安全起飞、降落和自由行走。该发现对于设计能在水面安全起飞、起落的"水面直升机"具有一定的借鉴意义。

蚊子可以在雾气和黑暗的环境中保持卓越的视觉。中科院化学研究所的江雷团队和郑咏梅等研究发现，成蚊的复眼具有优异的防雾特性，具有自清洁效应。江雷等使用低真空背散射电子模式下的扫描电镜对蚊子复眼进行了观察，发现成蚊复眼是一种复式结构，由数百颗大小均一的半球状的小眼（Ommatidia）组成。小眼直径为 26 μm，表面覆盖有无数精细的纳米突起，称为纳米乳头（Nano nipple）。这些纳米乳头的直径约 185.98 nm，高约 185.19 nm，并且它们在小眼的表面呈现非密堆砌排列，如图 6-23 所示。这些纳米尺度有序的乳头状突起和微米尺度下小眼半球排列在半球形的复眼表面，构成了特殊的微纳米分级的结构。这种特殊的微纳米复合结构表面，能够有效地在微纳米结构的缝隙内（气-液接触面占整个接触面面积分数的 99% 以上）俘获空气，在复眼表面形成有效的防水层，从宏观上表现为对微滴（雾滴）的超疏水性和低黏滞特性。当蚊子暴露于雾气环境中时，可以发现在蚊子眼睛表面并不能形成极小的液滴，而在蚊子眼睛周围的绒毛上，雾气凝结了大量液滴。这种极强的疏水性可以阻止雾滴在蚊子眼睛的表面附着和凝聚，从而给蚊子带来清晰的视野。此结构有望为制备"防雾性能"的车窗玻璃提供新的思路。

（a）          （b）

（c）          （d）

**图 6-23　蚊子复合眼睛微观结构**

（3）蛾翅膀

蛾隶属于昆虫纲，鳞翅目，夜蛾科。长期生活在树林、稻田和草地等湿润环境中，其翅膀表面为抵御雨、雾、露以及尘埃等不利因素的侵袭，经过长期的进化，形成了反黏附、非润湿的超疏水自清洁功能。丛茜等研究发现，其翅表面的非润湿自清洁功能的奥秘在于其翅面独特的微纳米结构，通过扫描电子显微镜图片发现，在淡剑夜蛾（Sidemiadepravata）的翅面分布有大量鳞片，鳞片表面规则分布着纳米级纵肋和微米级凹槽（图 6-24），这种非光滑鳞片的形态、结构可增强其表面润湿性。此外，其翅膀表面的鳞片主要由蛋白质、脂类和几丁质等构成，这些物质本身具有一定的疏水性，水滴在这种微纳米级的阶层固体表面的接触为复合接触，液滴不能填满粗糙表面上的凹槽，液滴下将有截留空气存在，表观上的固-

液接触区实际上由固体和气体共同组成。这种微米级鳞片、纳米级纵肋的微观复合结构与其表面的低表面能生物材料的耦合作用诱导了其翅膀表面具有较强的疏水性（水滴在其表面的接触角约为 153°），有一定的自清洁功能，表面不会被雨水、露水以及尘埃所黏附，从而确保了受力平衡，提高了飞行速度，保证了飞行的安全。

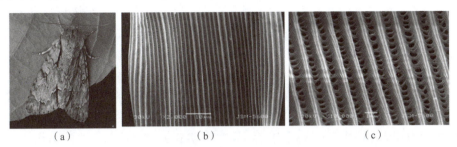

（a）　　　　　　　　　（b）　　　　　　　　　（c）

图 6-24　淡剑夜蛾翅膀表面鳞片结构的扫描电子显微镜图

（4）蝉翅膀

蝉又名知了，隶属于昆虫纲，同翅目，蝉科，如图 6-25 所示。世界已知有 3 000 余种。蝉翼透明轻薄，其表面有非常好的超疏水性和自清洁性，可以使蝉保持其良好的飞行能力。梁爱萍等研究发现，不同种类的蝉，其翅表面的疏水性存在很大差异，接触角从 76.8° 到 146.0° 不等，翅表疏水性的强弱主要由其表面纳米级形貌结构（用乳突的基部直径、基部间距及乳突高 3 种参数表示）和化学成分（主要为蜡质类）共同决定。该研究结果显示，翅表乳突形状不同，则疏水性不同，结构均一的翅表面疏水性较强，在金平埃角蝉（Jinping ensis）的翅表面，乳突基部直径为（141±5）nm，基部间距为（46±4）nm，乳突高为（391±24）nm，水滴在翅表的接触角达到 146.0°，表现出最强的疏水性能。

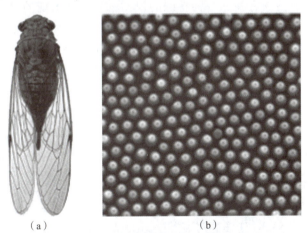

（a）　　　　　　　　　（b）

图 6-25　金平埃角蝉翅表面的扫描电子显微镜图

（5）其他动物

房岩等研究发现，在绿豹蛱蝶（Argynnispaphia）和菜粉蝶（pierisrapae）等的翅表面（分别属于蛱蝶科 Nymphalidae、粉蝶科 Pieridae）均有很好的超疏水性，水滴在其表面的接触角分别达到 152.5° 和 159.7°。研究发现，在蝶翅表面分布有大量的鳞片，鳞片的表面又分布大量平行排列的纵肋。蝴蝶翅上的鳞片微观形态会因种类的不同而有所差异，有窄叶形、阔叶形和圆叶形 3 种形状。翅面鳞片如覆瓦状相互重叠排列，在微米级和纳米级尺度上，均可以看出鳞片微观和超微结构具有各向异性。通过测量水滴在鳞片粗糙表面的滚动角，表明蝴蝶翅表面的自清洁性具有各向异性。

Watson 等研究发现，在白蚁（Nasutitermessp）和锯白蚁（Microcerotermes）等的翅膀表面有很好的超疏水性，水滴在其表面的接触角接近 180°。该研究小组用扫描电子显微镜发现，在白蚁翅表面分布有大量的体毛（体毛在其翅表面的密度为 5 根/100 $\mu m^2$）和星形结构的微凸体，星形微凸体高为 5~6 $\mu m$、宽为 5~6 $\mu m$，微凸体由 5~7 个宽 90~120 nm 的"手臂"构成）。沿着体毛的根基到顶端，分布有大量的凹槽，如果用低表面能材料聚二甲基硅氧烷在白蚁翅体毛表面涂层薄膜（聚二甲基硅氧烷为低表面能化学材料，水滴在其薄膜表面的静态接触角为 105°），随着薄膜厚度的增加，其疏水性减弱，10 $\mu L$ 的水滴在其翅表面体毛上的黏附力仅为 15 nN，在体毛表面涂聚二甲基硅氧烷薄膜后，黏附力增大为 45 nN，当二甲基硅氧烷薄膜的厚度逐渐增加时，体毛表面的微观结构消失，变成光滑的"圆柱体"，水滴在其表面的黏附力则增大至 300 nN，这说明体毛表面由大量凹槽构成的微纳米粗糙结构对其表面的疏水性有重要作用，表面分布的体毛和星形微纳米复合结构会吸附空气膜而使水滴不能浸入，表现出优异的超疏水性能，表面不会被雨水、露水黏附，保证白蚁在雨天能够安全、顺利地飞行。

### 3. 超亲水植物表面

（1）泥炭藓

泥炭藓（Herba Sphagni）是典型的超亲水低等植物，又名水苔、地毛衣等，属于苔藓植物门，藓纲，泥炭藓目，泥炭藓科，泥炭藓属类植物。苔藓类植物属于低等植物，并没有真正意义上传统植物所拥有的根、茎、叶，其整体结构较为简单，不具有维管组织。苔藓类植物是在水生植物与陆地植物之间的一种特殊的植物，泥炭藓出现的时间是古生代晚期二叠纪，距今已经有 2.5 亿~2.95 亿年的历史，是一种非常远古的植物。由于泥炭藓属于低等植物，这类植物是没有根部来吸收和转移水分，只能通过超亲水表面从环境中吸收水分和营养物质。这些植物本身表皮腺体会分泌亲水性化合物来提高表面亲水性，但要想吸收大量水分，仅靠分泌的亲水性物质是无法实现的。为了获得大量水分，植物表皮必须具有一定的微观结构，使表面呈现超亲水性质。图 6-26（b）所示为泥炭藓的扫描电镜照片，可看到整个表面均匀分布直径约为 10~20 $\mu m$ 的孔状结构，这些孔状结构可实现水和气的交换、增加表面的亲水能力，进而获得超亲水性，最终导致其最大吸水量达自身质量的 20 倍。

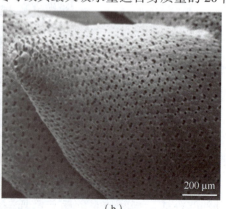

200 $\mu m$

（a）　　　　　　　　　　（b）

图 6-26　泥炭藓照片及微观结构

陈天驰为了深入研究泥炭藓的超亲水机理，对其表面结构特性、表面化学成分进行表征，并建立三维模型和泥炭藓茎叶结构的相关理论方程，以获得泥炭藓表面结构的特征参数，例如：表面粗糙度、表面分形维数和泥炭藓叶片的孔隙率等。在建立泥炭藓模型的基础上，通过高速摄像机对不同液体在泥炭藓叶片中的流动特性进行研究，获得泥炭藓叶片超亲水的铺展机理。而后又通过水滴滴落实验对泥炭藓茎叶的动态捕捉水滴特性进行研究，揭示了泥炭藓茎叶的水滴捕捉机理。研究证明，泥炭藓植物具有独特的超亲水特性，表面独特的微结构是具有超亲水特性的关键，对泥炭藓表面微结构的研究丰富了超亲水表面的理论，从而为超亲水表面微结构的制备提供了一种新型结构，并希望以此提高植入物与骨表面的结合力。

（2）松萝凤梨

松萝凤梨是超亲水高等植物的典型代表，松萝凤梨（学名：Tillandsia usneoides）是凤梨科铁兰属植物，多年生气生或附生草本植物。原产于美国南部、阿根廷中部，我国引种的时间不长，在花卉市场上能见到。其表皮细胞上含有粗糙多孔的吸水毛状体使表面实现超亲水性（其微观形貌如图6-27所示）。松萝凤梨通过其超亲水叶面上银灰色的绒毛状鳞片直接摄取生长所需的养料和水分。泥炭藓通过其超亲水叶面的多孔表面结构直接吸收水分。

（a）　　　　　　　　　　（b）　　　　　　　　　　（c）

**图6-27　松萝凤梨照片及微观结构**

（3）天鹅绒竹芋

天鹅绒竹芋（拉丁学名：Marantaarundinacea L. var. variegata Hort.）又称斑叶竹芋、斑马竹芋、绒叶竹芋，为竹芋科肖竹芋属多年生常绿草本观叶植物。"zebrina"意为"有斑马样条纹的"。斑叶竹芋植株具地下根茎，叶单生，根出，植株矮生，株高50~60 cm，是竹芋科中大叶种之一。原产于南美的热带雨林中，1732年已引种到英国，作为温室观叶植物，很快欧洲各国相继引种。中国栽培天鹅绒竹芋的时间不长。中华人民共和国成立初期，在北京、南京、广州等植物园内栽培，以后普及城市主要公园内，但栽培数量都很少。直到20世纪80年代以后，在南方各省才有批量生产。天鹅绒竹竿的叶子表面（图6-28）分布着均匀一致的微米级圆锥结构。

（4）紫叶芦莉草

紫叶芦莉草（Ruelliadevosiana）属于爵床科芦莉草属，主要分布于云南、贵州等地。紫叶芦莉草的表面（图6-29）具有微米级乳突和渠道状的复合结构。这些结构能够使液滴在其表面快速铺展。研究表明，在紫叶芦莉草的表面，5 mL的水滴能够在0.2 s内快速扩散至接触角为0°。这种极强的快速扩散能力，不仅具有自清洁的作用，而且能够使水分迅速蒸发。

图 6-28 天鹅绒竹芋照片及微观结构

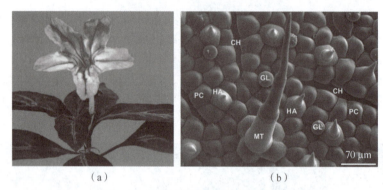

图 6-29 紫叶芦莉草照片及微观结构

（5）紫花琉璃草

紫花琉璃草（Cerinthe major var. purpurascens）又名蓝蜡花，属一年生草本，原产地中海沿岸。翠绿茎直立，天然分枝较少，株高约 30~100 cm。椭圆形互生叶片有灰白斑，叶片基部抱茎，中肋明显，叶片有薄粉质感。复蝎尾花序自茎端伸出，心形或圆形苞片，绿色或蓝紫色，苞片内 1~3 朵壶状花下垂，萼片圆形或心形，雌蕊略伸出花外，花凋谢后宿存。原种花朵黄色，基部紫褐色。紫花琉璃草的叶子表面分布有多孔结构（图 6-30），这些多孔结构保证了植物体能够源源不断地从周围环境汲取水分。

图 6-30 紫花琉璃草照片及微观结构

**4. 自然界典型超疏油水表面**

到目前为止，自然界中空气中超疏油表面尚未发现，但水下超疏油表面已被发现。

（1）荷叶下表面

虽然荷叶的上表面有着优异的超疏水性能，但是不具有超疏油性能，很容易被油污染。与荷叶上表面的润湿性能相反，荷叶下表面是超亲水的，并且在水中有着优异的低黏附超疏油性能，使其在水中不会被油污染。水滴在其上表面呈球形，油滴（染成红色的正己烷）在其下表面呈球形（图6-31（b））。荷叶是将超疏水性和超亲水性完美结合的产物，正是因为荷叶具有两种超浸润特性，才使得其保持纯净，并且稳定漂浮在水面（图6-31（a））。2011年，Jiang 等对荷叶下表面的水下超疏油性能进行了研究，环境扫描电镜图像显示，荷叶下表面是由无数扁平的、略微凸起的乳突构成的，长约 $30 \sim 50$ μm，宽约 $10 \sim 30$ μm（图6-31（c））；原子力显微镜用来进一步研究单个的乳突结构，每一个乳突表面覆盖有尺寸约为 $200 \sim 500$ nm 的纳米凹槽，每个乳突约 4 μm 高（图6-31（d））。此外，其下侧的表皮腺可能分泌一些亲水性化合物。这种微/纳结构结合表面分泌的亲水性化合物使得荷叶下表面在空气中呈超亲水性。当荷叶下表面在水中时，水会代替微/纳结构中的空气，极大地降低油滴和固体表面的接触面积，从而导致高的油接触角和低的油滚动角。

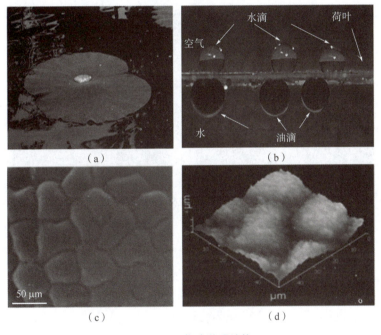

**图 6-31 荷叶微观结构**
（a）荷叶漂浮在水表面的宏观图像；（b）荷叶下表面水下超疏油的图像；
（c）荷叶下表面的环境扫描电镜图像；（d）荷叶下表面的原子力显微镜图像

（2）鱼鳞

与空气中的自清洁生物表面相比，水中自清洁的生物表面也引起人们的关注。在石油泄漏事件中，海鸟会浑身沾满原油并挣扎死去，而鱼却可以逃离灾难，表明了鱼体表面具有与陆生动物不一样的物理化学特性。基于此，江雷研究组首先研究了鱼鳞表面的润湿性。鱼鳞在空气中为超亲水性，在水中为超疏油性。研究发现，鱼鳞表面由含有亲水性的羟基磷灰石蛋白质和一层薄薄的黏液以及微纳米级复合结构组成。如图6-32所示，鱼鳞表面复合结构由沿径向定向排列的微米级乳突（长为 $100 \sim 300$ μm，宽为 $30 \sim 40$ μm）组成，并且乳突表面覆盖了纳米级的粗糙结构，导致了其水下超疏油性质，水下油接触角为 156.4°±3°。因此，鱼鳞表面具有的亲水性化学成分和微纳米级复合结构共同决定了其超亲水-水下超疏油的性质。很多空气中具有亲水性质的材料都可用来尝试制备水下超疏油材料。这一新的浸润性领域的开拓，将对水体系下诸多领域中智能材料的设计有着深刻的启发作用，如船舶的防污、减阻、原油泄漏治理等。

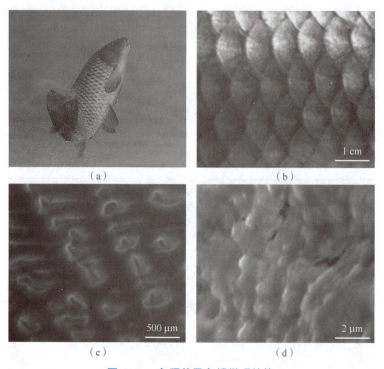

图 6-32　鱼照片及鱼鳞微观结构

（3）蛤蜊壳内表面

由荷叶下表面、鱼鳞表面形貌可知，微观结构对水下超疏油的获得十分重要，这一重要性也在蛤蜊上得到了体现。根据生物体构成，蛤蜊壳内表面可分为两个区域：一个是边缘光滑区域（图 6-33（b）中的区域 1）；另一个是大脑皮层覆盖区域（图 6-33（b）中的区域 2），这两个区域的分界线是外套线（大脑皮层的肌痕）。2012 年，王树涛等对蛤蜊壳内表面的水下油润湿性进行了研究。当蛤蜊壳内表面经去离子水冲洗、原油浸泡后，区域 1 被原油污染，而区域 2 依然十分干净（图 6-33（b）），表明区域 2 具有十分优异的水下超疏油性。区域 1 和 2 显示不同水下油润湿性的原因并不是表面化学成分的不同（主要成分均是亲水的无机 $CaCO_3$），而是表面微观结构的极大差异。在区域 1，微米级叶状薄片以特别小的倾斜角度紧挨在一起，形成的形貌较光滑（图 6-33（d）），表面粗糙度 RMS 仅为（76.4±10.2）nm，波动范围仅为 100 nm；而在区域 2，微米级不规则的块状结构无序地堆放在一起，在微米级块状结构的表面还分布纳米级结构，形成的形貌非常粗糙（图 6-33（e）），表面粗糙度 RMS 为（137.5±32.8）nm，而波动范围达 700 nm。区域 2 的微观粗糙结构可使表面更亲水，捕获更多水相，进而降低固油接触面积、减小黏附力、提高超疏油性。

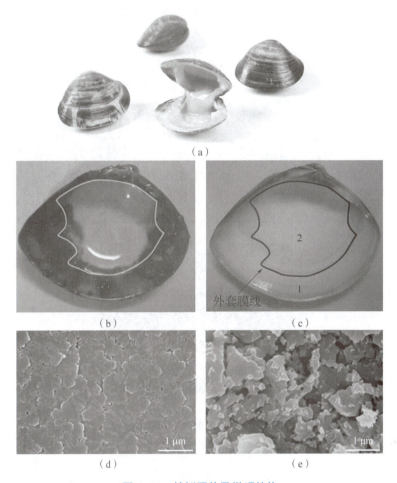

（a）

（b）

（c）

外套膜线

（d）

（e）

**图 6-33 蛤蜊照片及微观结构**

（a）蛤蜊照片，蛤蜊壳内表面的宏观形貌和微观形貌；（b）油污染前的照片；（c）油污染后的照片；

（d）区域 1 的扫描电镜照片；（e）区域 2 的扫描电镜照片

#### 5. 自然界典型亲/疏水图案表面

为了适应环境需要，自然界中许多生物都利用自身所特有的超亲水/超疏水图案完成着十分重要的生命活动。非洲的纳米布沙漠是世界上最干旱的地区之一，即使在这样的环境中，仍然有生命的痕迹。Parker 等人研究发现，非洲纳米布沙漠生活着一种甲虫（Stenocara），其能通过独特的方式在沙漠中收集水，以维持生命。这种甲虫背部的翅膀上有很多麻点状的突起物（图 6-34），通过电子显微镜观察，这些突起物平均直径为 0.5 mm，突起之间的间距为 0.5～1.5 mm。进一步考察发现，甲虫背部的浸润性很特别，突起物表面光滑，没有其他物质覆盖，是亲水的；而在突起之间的部位则覆盖着披有蜡状的微米结构，由直径约 10 μm 的平滑半球呈规则的六角形排列而成，形成超疏水区域。当雾气吹向甲虫背部的时候，在亲水的突起上凝结、长大。因为亲水区域面积有限，水滴受到周围疏水区域的限制，长大到一定尺寸之后，就由于重力的作用而滚落到甲虫的嘴里。沙漠甲虫通过将亲-疏水图案进行复合，实现了从空气中收集淡水的目的。沙漠甲虫表面亲水与疏水区域的结合是集雾的关键。受沙漠甲虫的启发，人们制备了具有类似性能的集水材料。这项技术将来可以用于减少机场的雾，集水灌溉，还可用于多雾干旱的地区收集饮用水等。另外，这种亲疏水结合的表面在可控药物释放涂层、户外的微流体器件以及生物芯片等领域具有潜在的应用前景。

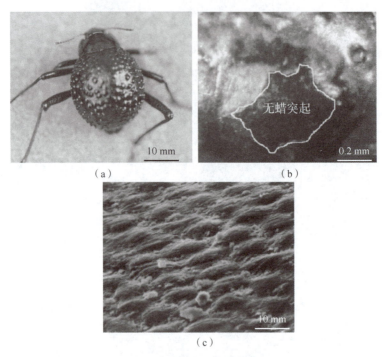

**图 6-34　沙漠甲虫照片及微观结构**
（a）沙漠甲虫的照片；（b）甲壳虫上的一个突起；（c）凹陷区域带纹理的表面的扫描电子显微照片

自然界中还有其他的生物自身也有超亲水/超疏水的图案，例如地衣。地衣的杯状茎表现出超疏水性，而杯状茎周围有许多的亲水点。当下小雨的时候，亲水点会将雨水收集，而过大的雨滴会从疏水区域脱落。地衣通过这种特殊的图案化表面结构进行有效的水吸收，从而实现生长繁殖。这类具有超亲水和超疏水区域的极端润湿性图案化表面引起了人们很大的兴趣。

## 6.3.2　特殊润湿性表面的构筑策略

自 1997 年德国植物学家 Barthlott 和 Neinhuis 报道了超疏水荷叶的"自清洁"性能以来，具有超疏水性能的特殊润湿性表面便引起了研究人员的普遍关注。之后，自然界中具有特殊润湿性的生物体屡屡被发现，在师法自然的仿生思想来构筑特殊润湿性表面的启示下，更是掀起了特殊润湿性表面的研究热潮。

超亲液表面的制备主要有两种途径：①利用光诱导亲液效应，常见于 $TiO_2$、$ZnO$、$SnO_2$、$WO_3$ 等光致亲水材料，但该途径不具有普适性；②直接制备具有亲水性组分的粗糙表面。

要获得超疏液表面，必须同时具备两个条件：低表面能的材料和微纳米粗糙结构，所以，一般构造超疏液表面主要有两种方法：在低能表面构造粗糙结构和在粗糙表面上修饰低能物质。因此，要在高表面能固体表面构建超疏水表面，一方面要对基底进行表面粗糙处理，另一方面还需要使用低表面能物质修饰粗糙表面。鉴于上述两个步骤顺序不同，超疏液金属表面的制备可以分为三种策略：①先粗糙后修饰，通常采用刻蚀法、沉积法、氧化法、水热法和溶胶-凝胶法等方法在金属材料表面构筑具有适宜粗糙度的微/纳米结构，通过自组装、旋涂、气相或液相沉积等途径将低表面能物质（如氟硅烷等含氟化合物、长链脂肪酸、长链烷基硫醇等）修饰于粗糙表面；②先修饰后粗糙，首先制备低表面能或高表面能的聚合物或纳米颗粒，然后通过喷涂、溶胶-凝胶转化或其他物理技术将这些特殊表面能材料涂覆在平坦的金属表面，在涂覆的过程中提高材料的粗糙度；③粗糙和修饰同步实现，常采用自组装、电沉积、化学沉积等一步原位技术来制备特殊润湿性表面，代表了更简单的方法。

从 Wenzel 理论、Cassie-Baxter 理论及已经取得的研究成果来看，Wenze 模型和 Cassie-Baxter 模型都可以达到超疏液状态。然而，处于不同润湿状态（即 Wenzel 润湿状态或者 Cassie 润湿状态）的液滴在粗糙固体表面运动时的动态接触角滞后和滚动角却存在着很大的差异。由于 Cassie-Baxter 状态下不仅接触角大，而且接触角滞后小，因而液滴很容易从表面滚落，从而实现完全不沾水。然而，Wenzel 状态下，接触角滞后大及水对表面的黏附作用大，严重影响了表面对水的排斥作用，因而 Cassie-Baxter 状态比 Wenzel 状态更受研究人员的青睐。从 Cassie-Baxter 方程也可以看到，Cassie-Baxter 状态下的表面超疏水主要源于表面包埋的空气。也就是说，Cassie-Baxter 状态下的复合表面更接近前面提到的那个类气体状态。实际上，还有一种方法可以区分 Wenzel 状态和 Cassie-Baxter 状态，那便是 Cassie-Baxter 状态时，观察表面浸于液体中时的表面会看到有一层反光的空气层，而 Wenzel 状态却没有，这也表明 Cassie-Baxter 状态下的表面更接近所谓的类气体表面。由于 Cassie-Baxter 润湿状态对构建超疏水表面特别是自清洁表面至关重要，为了获得这样的表面，首先要考虑如何获得 Cassie-Baxter 润湿状态以及如何保持 Cassie-Baxter 润湿状态稳定性的问题。研究表明，足够大的粗糙度和本征接触角有利于实现 Cassie-Baxter 状态。

双元润湿性表面指的是同时具有水和油的双元润湿性表面，如超疏水/超亲油表面、超亲水/超疏油表面等。Tsujii 认为，如果某固体表面的自由能（$\gamma_s$）与液体表面自由能（$\gamma_l$）满足 $\gamma_s < 1/4\gamma_l$，那么，该固体表面就具有疏液性质。典型的水表面张力大约为 72.8 mN/m，而典型的油表面张力都小于 40 mN/m，如菜籽油的表面张力为 35 mN/m、十六烷的表面张力为 27.5 mN/m。所以，如果能设计一种固体表面，它的表面张力大小正好处在水和油之间，就有可能同时具有疏水和亲油性能。因此，要实现同时拥有超疏水和超亲油性质，那么所制备表面的表面能应当在油（20~40 mN/m）和水（72.8 mN/m）之间。对于疏水亲油性材料，只需引入适当的表面粗糙度即可实现超疏水和超亲油。然而，超亲水和超疏油本身是矛盾的两个对立面。若是制备了自然条件下的超亲水表面，则其表面张力必然很高，接近于水的表面张力，此时，膜的表面张力必然接近油的表面张力或者大于油的表面张力，则此时表面有可能是亲油的，也有可能是疏油的，但是在水下则必然为超疏油的。因此，通常所说的超亲水/超疏油表面指的是超亲水/水下超疏油表面，其制备方法类似于超亲液表面。

目前制备超亲水-超疏油膜主要有两种思路，即超亲水-水下超疏油膜和刺激响应超亲水超疏油膜。超亲水-水下超疏油膜在空气中表现为超亲水、疏油或者亲油，当膜浸入水溶液后，膜的表面被水占据后，膜表面的液-气-固三相界面转换为液-液-固三相界面，此时

由于油和水的不相容性以及膜表面的潜在亲水性，从而使膜的表面与水的黏附力极强，在膜的表面形成了一层稳定的水膜，使得膜的表面变为超疏油。对于刺激响应超亲水超疏油膜，首先需制备具有刺激响应的超疏油膜，此时该膜在空气中表现为超疏水性，但是在一定的刺激作用下，膜的表面发生重组装，转化为超亲水-超疏油，常见的刺激响应有光响应、pH响应及气体响应等。

智能润湿性材料在外界能量的刺激下可发生润湿性可逆转变，当外部刺激移除或者替换为别的刺激时，表面润湿性又恢复，最终实现润湿性可控的可逆转换，如亲水可转变为疏水，而疏水又可变回亲水。这种外加刺激下的润湿性可逆转变可作为智能响应开关。构建具有特殊润湿性可控智能表面有5个关键因素，分别为设计与合成新型响应材料、构筑异质界面、纳米和微米的多尺度效应、双稳态或亚稳态和多重弱相互作用。目前，润湿性响应开关主要有电场响应、光响应、pH响应、温度响应和离子响应等。Accardo等在超疏水基体上进行了润湿性电场响应实验，施加电场时，液滴在靠近固体表面附近的那层界面能会减小，进而导致接触角的降低，在30 V电压的作用下，仅需179 s，接触角便可从163.11°减小至49.43°。Cho等用紫外光照射$V_2O_5$，使其由超疏水性转变为超亲水性，再将样品放入黑暗中又可恢复超疏水性。

### 6.3.3 特殊润湿性表面的制备方法

近年来，随着特殊润湿性表面研究的不断深入，相应的制备技术更是层出不穷。对于先粗糙后修饰的制备途径，低表面能修饰过程通过自组装、气相或液相沉积等方法较容易实现，因此粗糙结构的构筑较为关键。目前制备表面微/纳粗糙结构的方法主要包括刻蚀法、水热法、沉积法、喷涂法等。

#### 1. 刻蚀法

刻蚀法（Etching method）是利用金属和合金之间存在晶格缺陷或合金不同成分的抗腐蚀能力存在差异进行选择性刻蚀，从而获得所需的微纳米结构的方法。化学刻蚀法通常利用强酸、强碱或浓盐溶液来获得所需的微纳米粗糙结构。对镁合金而言，研究人员通常选择酸来进行刻蚀，而铝合金选择酸或者碱的报道都有。通过刻蚀所获得的微纳米结构均匀性好，而且能够控制所刻蚀结构的形状、大小等。但由于刻蚀法是通过化学反应来获得粗糙结构的，所以可控性较差。此外，刻蚀产生的废物对环境有一定的危害性。

Zhang等将6061铝合金置于8.0% HCl溶液中进行化学刻蚀，构筑了微米尺度的突起和花瓣状纳米结构，经低表面能物质全氟辛基三乙氧基硅烷修饰之后，获得了超疏水表面，水的接触角、滚动角和接触角滞后分别达到162.5°、1.9°和1.1°。张照柱等使用盐酸刻蚀铝材料再经沸水浸泡和全氟辛酸处理后，获得了超疏油表面。Guo等将铝和2024铝合金放置于氢氧化钠溶液中刻蚀2 h，分别获得了微米级多孔结构和岛状结构，分别经过全氟壬烷（$C_9F_{20}$）和聚二甲基硅氧烷乙烯（PDMSVT）修饰后，获得了超疏水表面，水在铝表面的接触角高达168°±2°，而在2024铝合金表面的接触角为152°±2°，并且滚动角均小于2°。

#### 2. 水热法

水热法（Hydrothermal method）是采用水溶液作为反应溶剂，在高温高压的环境下，通过对反应容器加热，使得金属基底发生物质溶解、反应并且重结晶，从而在金属基底表面制备金属氧化物或氢氧化物微纳米晶体薄膜来构建粗糙表面的方法。通常，将金属基底置于装有一定水热介质的高压釜中进行加热，然后冷却、干燥，之后使用低表面能物质进行改性。

Wang 等将镁合金浸泡在 150 ℃的尿素溶液中，水热反应 12 h 后，在镁合金基底表面形成一种镁菱矿的晶体薄层，许多直径约为 100～200 μm 的花状结构致密地分布在镁合金表面，这些微米花状结构由更小的纳米结晶片构成。经过氟硅烷修饰后，获得了超疏水表面。Takahiro 等采用水热法，以硝酸铵和氢氧化钠溶液为水热介质与 AZ31 镁合金发生反应，在 AZ31 镁合金表面构筑了由 $Mg(OH)_2$ 纳米片晶体组成的粗糙结构。Ma 等以 $NaAlO_2$ 和尿素溶液为水热介质与 2024 铝合金共同水热，在 2024 铝合金表面制备了由 AlOOH 纳米片晶体组成的花朵状微米突起。Li 等将干净的锌箔置于 $H_2O_2/NaOH$ 混合溶液的水热介质中，通过改变水热介质的比例，制备了微米花状结构、微米六棱柱状结构、纳米棒等粗糙结构。

### 3. 沉积法

化学气相沉积（Chemical vapor deposition，CVD）是指化学气体或蒸气在基质表面反应合成涂层或纳米材料的方法。而电化学沉积法（Electrochemical deposition）是指在外电场作用下，电流通过电解质溶液中正负离子的迁移并在电极上发生得失电子的氧化还原反应而形成镀层的技术。两者都构建金属表面的微纳米结构，然后通过低能物质修饰后获得超疏水表面。Larmour 等通过金属铜和锌与金属盐溶液（氯金酸和硝酸银）之间发生的置换反应，分别在铜表面制备了银颗粒组成的簇状双粗糙结构，在锌表面构建了金颗粒组成的微米花状结构。经过低表面能物质修饰后，都实现了超疏水。该小组采用该方法又分别在锌上沉积了金、在铜上沉积了银。Sarkar 等采用化学沉积法在硝酸银溶液中添加了低表面能的苯甲酸和氟硅烷，浸泡后的铜片表面生成了表面能较低的微-纳米树枝状银结构，一步构建了超疏水表面。Zhang 等采用类似的方法将铜片与硝酸银溶液反应，获得了树枝状和簇状结构双粗糙结构，经全氟十二烷硫醇修饰后，呈现出超双疏性能。Liu 等将 Mg-Mn-Ce 镁板在含有硝酸铈和肉豆蔻酸的乙醇溶液中通过一步电沉积来构建超疏水表面，所构建的超疏水涂层的最大 CA 为 159.8°，SA<2°。

### 4. 喷涂法

喷涂法（Spraying method）往往首先制备低表面能处理的微纳米粒子，然后通过外力将颗粒从容器中压出，再通过空气动力沉积在固体表面。Li 等将环氧树脂、聚二甲基硅氧烷和改性 $SiO_2$ 的无氟悬浮液喷涂制备了超疏水涂层。所制备涂层的 CA 为 159.5°，SA 为 3.8°，而且暴露紫外线以及强烈化学腐蚀等环境下，仍保持超疏水性。喷涂法操作简单且适合大规模生产，但在喷涂过程中涂覆不均匀的现象也急需改善。

### 5. 其他方法

用来制备微纳米结构常用的方法还有自组装、溶胶-凝胶、激光刻蚀、微弧氧化法等。

## 6.3.4 特殊润湿性表面的应用

近年来，随着表面润湿研究的深入，特殊润湿性金属表面的种种应用也逐渐被研究人员发现，比如自清洁、腐蚀防护、减阻、油水分离、抗结冰、微型设备、液体运输等。下面将就特殊润湿性金属表面的实际或者潜在应用进行简要的分析与介绍。

### 1. 自清洁

自清洁性是特殊润湿性表面最早发现的性能之一，无论是超疏水还是超亲水表面，均具有自清洁功能。受到荷叶自清洁的启发，具有低黏附性的超疏水表面由于水滴在其表面极易滚动，滚落时可带走泥土、灰尘等污染物而表现出自清洁性。由于自清洁涂层在农业、工业和军事应用等领域有着广阔的应用前景，因此，具有自清洁性能的超疏水金属材料一直是研究的热点。Lomga 等采用化学刻蚀法在铝表面制备了超疏水膜，并以石墨粉作为污染物分别撒在未经处理的铝表面和超疏水性铝表面上，用滴水滚动去除石墨粉。结果显示，在未处理的铝表面，石墨粉仍黏附，而在超疏水性铝表面的石墨粉随着水滴滑出表面。Furstner 等以氟化的荧光粉作为污染物考察超疏水铜表面和超疏水铝表面的自清洁效果，水滴滚动均可将荧光粉从超疏水铜表面和超疏水铝表面去除。

与低黏附超疏水表面的自清洁原理不同，超亲水表面具有自清洁性是由于水滴极易在表面铺展，在超亲水表面和污染物间形成水膜，降低了污染物的附着力。污染物在重力或风力的作用下，极易沿着或随着水膜落下，达到自清洁效果。另外，由于二氧化钛（$TiO_2$）具有光催化作用和光致超亲水性，这些特殊的光诱导性质使得 $TiO_2$ 成为理想的自清洁功能材料。

### 2. 腐蚀防护

自金属超疏水表面问世以来，超疏水表面在金属腐蚀防护领域表现出的潜在应用价值就引起了研究人员的极大关注。2008 年，江雷小组首次报道了稳定的超疏水镁合金表面具有增强的防护性能之后，一些研究小组就开始专注于超疏水镁合金耐蚀性的研究。目前，金属材料超疏水表面防护性已经被广泛地研究，铜、铝、钛、钢及其合金材料的耐腐蚀研究报道也逐年上升。

所制备超疏水涂层具有的固-液界面符合 Cassie-Baxter 状态，涂层表面所具有的粗糙结构可以在界面处捕获空气，从而形成一层空气层，可以有效阻止腐蚀介质与镁合金表面的直接接触，从而为基底提供充分的保护。此外，空气层的存在相当于腐蚀介质与基底之间存在一层"气垫"，可以阻止腐蚀体系中电池形成回路，从而抑制腐蚀。然而，在有些文献中声称"气垫"是亚稳态的，很容易在水相中被耗尽。因此，显著提高涂层自身的耐腐蚀性也不容忽视。

毛细作用也是镁合金超疏水表面防腐蚀的一个重要因素。超疏水表面的微/纳米粗糙结构可以在界面处捕获大量的空气，从而形成了许多微小的毛细管。当液滴落在超疏水表面时，处于液相中的毛细管垂直置于液体中，如果管是亲水的，则液体会将上升并形成凹面。但如果管表面是疏水的，则液体会被压低。超疏水表面的高接触角和细小的孔径，导致液体下降得非常明显。此外，在这种微小的孔隙结构中，液体可以逆重力输送，结果导致液体可以通过拉普拉斯压力从微孔的被推出。

### 3. 减阻

阻力是对飞机、船只、潜艇和微流设备的主要障碍之一。超疏水表面应用于流体减阻是最近十几年才出现的一种新兴的减阻技术。超疏水表面能够保留一个空气层，并建立一个空气/水新界面，当超疏水表面浸入水下时，处于 Cassie-Baxter 状态，水与表面粗糙结构的顶部接触。在这种状态下，空气层上流体的滑移导致了超疏水表面上的阻力减小。

1999 年，Watanabe 等在疏水性表面上水表现出的更好流动性的启发下，研究了水流通过超疏水内壁方管和圆管的减阻效果。实验结果表明，层流时，减阻效果可以达到 14%，而湍流时没有减阻效果。自 Watanabe 首次报道了超疏水表面牛顿流体的减阻现象之后，研究人员将大量的精力投入超疏水表面流体减阻的理论和实验研究中。2009 年，Shirtcliffe 等研究了超疏水内壁铜管的减阻效果。结果表明，在压力低于 4 mbar 下，超疏水铜管表现出增强的溢流速率以及对水和水-甘油混合物表现出减小阻力。Zhang 等制备了超疏水金线并首次证实了超疏水表面可以有效地减小在水中运动的物体的流体阻力。在相同的推进器作用下，超疏水性金线的速度约普通疏水性金线为 1.7 倍。Wang 等通过一步溶液浸渍处理在铜合金基体上制造超疏水性表面。该超疏水表面表现出优异的减阻性能，在低剪切速率下，阻力减小 40%；在高剪切速率下，阻力减小 20%。目前研究表明，超疏水表面减阻能力归因于超疏水表面能够保留一个空气层，处于 Cassie-Baxter 润湿状态。在这种状态下，空气层上流体的滑移导致了超疏水表面上的阻力减小。

### 4. 油水分离

目前用于油水混合物分离的特殊润湿性表面主要有超疏水-超亲油表面和超亲水-水下超疏油表面。超疏水-超亲油多孔材料常常通过"去油"的方式进行油水分离。极强的亲油性使得油相很容易铺展开来，被多孔材料吸附或者穿过滤网，而水相则被完全排斥，因而超疏水-超亲油多孔材料具有极高的选择性和油水分离效率。自 2004 年 Feng 等首次报道了超疏水-超亲油不锈钢网通过倾倒式重力驱动法能够高效（效率高于 95%）分离油水混合物以来，大量研究者开始了多孔超疏水-超亲油材料在油水混合物分离的研究。常见的金属网，如不锈钢网和铜网等，常常被赋予超疏水-超亲油性用于油水分离。超疏水-超亲油多孔材料除了使用倾倒式重力驱动法来实现油水分离外，还可以通过吸附的方式进行油水分离。Sun 等在商品化的不锈钢网表面进行石墨烯修饰，制备了超疏水-超亲油网。利用金属网好的机械柔韧性，该网可以简单地折叠或弯曲成 3D 超润湿网，这种立方形的 3D 特殊润湿性网可用于从油水混合液吸附油或者储存油。此外，具有三维多孔结构的泡沫金属材料也常常被用于构建超疏水-超亲油表面并通过吸附的方式进行油水分离。

虽然超疏水-超亲油不锈钢网可通过倾倒式重力驱动法实现油水混合物的高效分离，但是由于水的密度通常比油的密度大，在分离过程中，网上方会出现积水，阻碍油与网的接触，甚至使得分离无法继续。针对上述问题，Feng 等于 2011 年提出了采用超亲水-水下超疏油网来进行油水混合物的分离。由于密度较大的水直接与超亲水网接触，因此不会产生水桥问题。近来，超亲水-水下超疏油材料也被开发用于油/水乳液的分离。与油/水混合液分离中使用的网不同，油/水乳液的分离需要一个更小的孔径，表面结构对乳液的分离起更加重要的作用。冯琳研究小组采用一个简单的水热法在不锈钢网上制备了氧化钨涂层。该网表面具有双重结构，包括微米级的花和纳米针状的花瓣。结合表面构筑的微-纳米结构和氧化钨的天然亲水性，该网表现出超亲水-水下超疏油性。由于特殊的润湿性，这样的网可以用于分离油/水乳液，分离效率大于 99.90%。近来，还出现了利用特殊润湿性表面进行水包油乳化液和油包水乳化液分离的报道。江雷小组在铜网上制备的极低黏附性的超亲水-水下超疏油氢氧化铜表面用于油水混合物和水包油乳液的分离。

### 5. 抗结冰

结冰、结霜是常见的自然现象，在寒冷的冬季或者在气候严寒的地带，冰和霜出现在房屋和一些公共设施上会引发一些事故，给人们的正常生活带来不便。在一些关系到国家安全的重要领域，如电力输送、通信网络、航空以及高铁运输等，都会出现不同程度的结冰，给国家经济带来重大隐患。例如，高空过冷的水蒸气和云很容易冷凝，并随后冻结在飞机表面，这导致飞机的上升力显著降低，在最坏的情况下可能导致飞机坠毁。

目前，国内外已经开发的各种防冰和除冰方法，包括物理方法和化学方法，总是需要投入大量的人力物力和能源消耗。由于特殊润湿性表面具有出色的抗水/油性的能力，这些特殊润湿性表面已经被用于抗结冰领域。超疏水表面之所以能够表现出抗结冰性能，是因为在表面微纳米结构中存在捕获的空气层。这个空气层使得超疏水表面具有小的接触角滞后，使得水滴在冷冻前很容易滑落。水滴在超疏水表面形成冰核前很容易弹离，即使是在过冷条件下，这使得超疏水表面能够有效减少水滴的累积。另外，空气层形成热传递障碍层和水滴在超疏水表面小的接触面积有效阻碍了热传递。

自然环境下的结冰通常发生在过冷水与固体表面接触的地方，而过冷水对固体表面的润湿情况对结冰过程起着重要的作用。2009 年，Quere 等报道了滴在过冷超疏水表面的水滴结冰时间被显著推迟。将超疏水表面倾斜，没有被冻结的液滴能够轻松除去。Cohen 等对比研究了光滑裸露钢和超疏水钢表面前进角/后退角与冰黏附强度之间的关系。研究发现，增大表面水的后退角能够减小冰的黏附，从而可以通过简单测量光滑表面的水的后退角来估测表面的抗结冰能力。Cao 等调查了铝基底上超疏水性纳米粒子–聚合物复合材料表面的抗结冰性能。该超疏水表面无论是在实验室条件下还是在自然环境中，都能抑制过冷水凝结成冰。作者还发现，超疏水表面的抗结冰性能除了受到表面超疏水性的影响外，还受到基底材料表面粗糙度的影响。Poulikakos 等通过使用未经处理和修饰的铝表面（包括了从亲水到超疏水不同润湿性的表面）进一步研究了表面粗糙度对抗结冰性能的影响。虽然疏水表面显示出比亲水表面高的抗结冰能力，但是具有接近冰晶核半径的纳米级结构表面比具有典型分层结构的超疏水表面表现出更高的抗结冰能力。此外，研究表明，空气层形成热传递障碍层和水滴在超疏水表面小的接触面积能够有效阻碍热传递也是超疏水表面能够表现出抗结冰性能的原因之一。直到现在，金属材料超疏水表面的抗结冰主要集中于铝及其合金、钛合金和铜等材料的研究。

### 6. 微型设备

油污不仅对环境产生破坏，还阻碍了水生生物和设备的运动。后者将造成巨大的经济损失，因此，有必要制造可以随受污染的水自由移动的设备。在自然界中，水黾能够在水上快速行走，是因为水黾具有超疏水性的腿。研究发现，单个水黾腿在超疏水性的作用下排开水的体积可达自身体积的 300 倍，导致单腿承载力达水黾体重的 15 倍。超疏水表面在水中表现出这样大的向上的力主要来自水黾排水产生的浮力和液体变形产生的曲率压力。受到水黾的启示，众多研究人员开始利用超疏水材料制备具有高负载能力的水上微设备。Pan 等使用直径为 20 mm、厚为 50 μm 的超疏水铜箔构建了具有稳定的高承重力的水黾模型，结果表明，该设备的最大承载力达到了本身质量的 15.7 倍。该研究小组还制备了新颖的类水黾的机器人模型，该模型由 10 个超疏水支撑腿、2 台微型直流电动机和 2 个致动腿组成。该微型机器人不仅可以毫不费力地"站立"在水面，而且可以在水面上自由转动。Liu 等使用水下超疏油铜线制备了仿生水黾腿模型。这个人工设备可以在油–水界面自由移动而不受到任何油的污染。这种人工油黾的设计为制造具有水下超疏油设备提供了新思路。

### 7. 其他应用

除上述应用以外，具有特殊润湿性表面的金属材料在防水装置、液体无损转移、液体运输、微流设备和生物方面等领域也存在一定的应用前景。如超亲水–水下超疏油表面除了可用于油水分离外，由于在水下对油滴的黏附作用很小，还可以用于水下油滴无损失转移。

# 参考文献

［1］沈钟，王果庭. 胶体与界面化学（第二版）［M］. 北京：化学工业出版社，2002.

［2］陈宗淇，王光信，等. 胶体与界面化学［M］. 北京：高等教育出版社，2016.

［3］顾惕人，马季铭，李外郎，等. 表面化学［M］. 北京：科学出版社，2001.

［4］张跃忠. 金属特殊润湿性表面制备及性能研究［M］. 北京：化学工业出版社，2021.

［5］江雷. 仿生智能纳米界面材料［M］. 北京：化学工业出版社，2007.

# 第7章 表面活性剂及应用

## 7.1 表面活性剂

在许多工业部门，表面活性剂（surfactant，也有人称其为表面活性物质）是不可缺少的助剂。其优点是用量少、收效大。第二次世界大战以后，随着石油工业的发展，兴起了合成表面活性剂工业，进一步扩大了它在各个领域中的应用。如今，表面活性剂已在民用洗涤、石油、纺织、农药、医药、冶金、采矿、机械、建筑、造船、航空、食品、造纸等各个领域得到应用。表面活性剂有两个重要的性质：一是在各种界面上的定向吸附；另一个是在溶液内部能形成胶束（micelle）。前一种性质是许多表面活性剂用作乳化剂、起泡剂、润湿剂的根据，后一种性质是表面活性剂具有增溶作用的原因。

### 7.1.1 表面活性剂定义

人们在长期的生产实践中发现，有些物质的溶液甚至在浓度很小时就能大大改变溶剂的表面性质，并使之适用于生产上的某种要求，如降低溶剂的表面张力或界面张力、增加润湿、洗涤、乳化及起泡性能等。日常生活中，很早就使用的肥皂即是这类物质中的一种。肥皂这类物质一个最显著的特点，是加少量到水中时就能把水的表面张力降低很多，例如，油酸钠在浓度很稀时，可将水的表面张力自 $72\ \mathrm{mN \cdot m^{-1}}$ 降至约 $25\ \mathrm{mN \cdot m^{-1}}$。而一般的无机盐（如 NaCl 之类）水溶液，在浓度较稀时，对水的表面张力几乎不起作用，甚至使表面张力稍微升高。通过大量的研究，人们把各种物质的水溶液（浓度不大时）的表面张力和浓度之间的关系总结为如图 7-1 所示的 3 种类型。第一类（图 7-1 中的曲线 1）是表面张力在稀溶液范围内随浓度的增加而急剧下降，表面张力降至一定程度后（此时溶液浓度仍很稀），便下降很慢，或基本不再下降。第二类（图 7-1 中的曲线 2）是表面张力随浓度增加而缓慢下降。第三类（图7-1中的曲线3）是表面张力随浓度增加而稍有上升。

一般的肥皂、洗衣粉、油酸钠等水溶液具有图7-1中曲线1的性质，乙醇、丁醇、醋酸等水溶液具有曲线2的性质，而 $NaCl$、$KNO_3$、$HCl$、$NaOH$ 等水溶液则有曲线3的性质。第二类物质虽能降低水的表面张力，但却不满足生产上的其他许多要求，如洗涤、乳化、起泡、加溶等作用。在降低溶剂表面张力方面，第一类物质和第二类物质也有质的差异，第一类物质在浓度很小

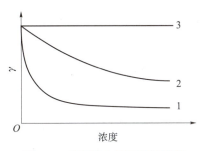

图7-1 表面张力等温线的类型

时，表面张力便降至最小值或趋于不变，而第二类物质则无此情况。所以不能仅从能否降低溶液表面张力一个方面来确定某物质是否是表面活性剂。随着科学技术的进步和生产的发展，人们合成了许多能满足生产要求的第一类物质，对它们的性质和作用做了深入的研究，从而给表面活性剂下了比较确切的定义，即表面活性剂是一种能大大降低溶剂（一般为水）表面张力（或液-液界面张力）、改变体系的表面状态，从而产生润湿和反润湿、乳化和破乳、分散和凝聚、起泡和消泡以及增溶等一系列作用的化学药品。表面活性剂所起的这种特殊作用，称为表面活性。

## 7.1.2 表面活性剂的结构特点

表面活性剂分子由性质截然不同的两部分组成：一部分是与油有亲和性的亲油基（也称憎水基），另一部分是与水有亲和性的亲水基（也称憎油基）。表面活性剂的这种结构特点使它溶于水后，亲水基受到水分子的吸引，而亲油基受到水分子的排斥。为了克服这种不稳定状态，就只有占据到溶液的表面，将亲油基伸向气相、亲水基伸入水相（图7-2）。

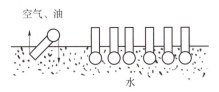

图7-2 表面活性剂分子在油（空气）-水界面上的排列示意

肥皂的亲水基来自亲水基团羧酸钠（—COONa）；洗衣粉（烷基苯磺酸钠）的亲水基是磺酸钠（—$SO_3Na$），分别示于图7-3和图7-4中。亲水基有许多种，而实际能做亲水基原料的只有较少的几种，能做亲油基原料的就更少。从某种意义来讲，表面活性剂的研制就是寻找价格低廉、货源充足而又有较好理化性能的亲油基和亲水基原料。

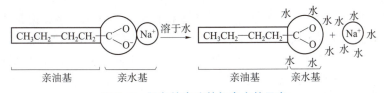

图7-3 肥皂的亲油基与亲水基示意

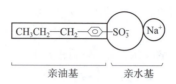

图 7-4 洗衣粉有效成分（十二至十四烷基苯磺酸钠）的亲油基和亲水基示意

亲水基（如羧酸基等）常连接在表面活性剂分子亲油基的一端（或中间）。作为特殊用途，有时也用甘油、山梨醇、季戊四醇等多元醇的基团做亲水基。亲油基多来自天然动植物油脂和合成化工原料，它们的化学结构很相似，只是碳原子数和端基结构不同。表 7-1 列出的是具有代表性的亲油基和亲水基。

表 7-1　表面活性剂的具有代表性亲油基和亲水基

| 亲油基原子团 | | 亲水基原子团 | |
|---|---|---|---|
| 石蜡烃基 | R— | 磺酸基 | —$SO_3^-$ |
| 烷基苯基 | R— ⬡ — | 硫酸酯基 | —O—$SO_3^-$ |
| 烷基酚基 | R— ⬡ —O— | 氰基 | —CN |
| 脂肪酸基 | R—$COO^-$ | 羧基 | —$COO^-$ |
| 脂肪酰胺基 | R—CONH— | 酰胺基 | —C(=O)—NH— |
| 脂肪醇基 | R—O— | 羟基 | —OH |
| 脂肪胺基 | R—NH— | 铵基 | —N⟨ |
| 马来酸烷基酯基 | R—OOC—CH R—OOC—$CH_2$ | 磷酸基 | —P(=O)(O⁻)(O⁻) |
| 烷基酮基 | R—$COCH_2$— | 巯基 | —SH |
| 聚氧丙烯基 | —O—($CH_2$—CH($CH_3$)—O)$_n$— | 卤基 | —Cl、—Br 等 |
| （R 为石蜡烃类，碳原子数为 8~18） | | 氧乙烯基 | —$CH_2$—$CH_2$O— |

虽然表面活性剂分子结构是两亲性分子，但并不是所有两亲性分子都是表面活性剂，只有亲油部分有足够长度的两亲性物质才是表面活性剂。例如，在脂肪酸钠盐系列中，碳原子数少的化合物（甲、乙、丙、丁酸钠等）虽然皆具有亲油基和亲水基，但是不起肥皂作用，故不能称之为表面活性剂。只有当碳原子数增加到一定程度后，脂肪酸钠才表现出明显的表面活性，具有一般的肥皂性质。大部分天然动植物油脂都是含 $C_{10}$~$C_{18}$ 的脂肪酸酯类，这些脂肪酸如果结合一个亲水基，就会变成有一定亲油、亲水性的表面活性剂，并且有良好的溶解性。

## 7.1.3 表面活性剂的分类

从化学结构上考虑，表面活性剂由亲水基和亲油基两种结构组成。但由于亲油基和亲水基种类繁多、各式各样以及它们连接方式多种多样，因此表面活性剂种类非常多。目前，表面活性剂有一万多种。表面活性剂可按用途、性质和化学结构等方面进行分类。表面活性剂性质的差异，除与亲油基的大小、形状有关外，主要由亲水基团决定，因而表面活性剂的分类，一般以亲水基的结构为依据，即按化学结构分类。这与国际上通常以表面活性剂在水溶液中解离出表面活性离子的种类进行分类是一致的。

### 1. 按化学结构分类

最常用的是按化学结构来分类，大体上可分为离子型和非离子型两大类。当表面活性剂溶于水时，凡能解离生成离子的，称为离子型表面活性剂；凡在水中不能解离的，就称为非离子型表面活性剂。离子型表面活性剂又可按产生电荷的性质，分为阴离子型、阳离子型和两性型表面活性剂，具体分类和举例如图 7-5 所示。

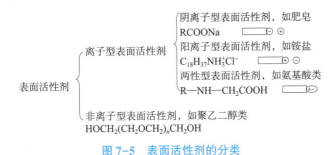

图 7-5　表面活性剂的分类

### 2. 按溶解性分类

按在水中的溶解性，表面活性剂可分为水溶性表面活性剂和油溶性表面活性剂两类，前者占绝大多数，油溶性表面活性剂日显重要。

### 3. 按相对分子质量分类

相对分子质量大于 10 000 者称为高分子表面活性剂，相对分子质量在 1 000～10 000 的称为中分子表面活性剂，相对分子质量在 100～1 000 的称为低分子表面活性剂。常用的表面活性剂大多数是低分子表面活性剂。中分子表面活性剂有聚醚型的，即聚氧丙烯与聚氧乙烯缩合的表面活性剂，在工业上占有特殊的地位。高分子表面活性剂的表面活性并不突出，但在乳化、增溶特别是分散或絮凝性能上有独特之处，很有发展前途。

### 4. 按用途分类

表面活性剂按用途，可分为表面张力降低剂、渗透剂、润湿剂、乳化剂、增溶剂、分散剂、絮凝剂、起泡剂、消泡剂、杀菌剂、抗静电剂、缓蚀剂、柔软剂、防水剂、织物整理剂、匀染剂等类型。

### 5. 特种表面活性剂

特种表面活性剂主要是指表面活性剂分子结构中含有一些特殊的元素。主要包括有机金属表面活性剂、含硅表面活性剂、含氟表面活性剂、含磷表面活性剂、含硼表面活性剂和反应性特种表面活性剂。

### 7.1.4 表面活性剂的溶解性质

**1. 离子型表面活性剂在水中的溶解性**

离子型表面活性剂在水中的溶解性，其一般规律是：溶解度随温度升高而增大，当温度上升到某一数值后，溶解度急剧上升，有一个明显的突变点，这一突变点相应的温度称为克拉夫特温度，也叫作克拉夫特点（简称 Krafft 点），有些教科书中也称为临界溶解温度。Krafft 点时，表面活性剂的溶解度就是此时的临界胶束浓度（CMC）。

通俗地讲，Krafft 点是离子型表面活性剂溶解度随温度升高而迅速增大的那一个点的温度。但 Krafft 点的精确定义为溶解度–温度曲线与 CMC–温度曲线的交叉点。

Krafft 点是离子型表面活性剂的特征值。Krafft 点表示表面活性剂应用时的温度下限，Krafft 点低，表明该表面活性剂的低温水溶性好。只有当使用温度高于 Krafft 点时，表面活性剂才能更大程度地发挥作用。

**2. 非离子型表面活性剂在水中的溶解性**

非离子型表面活性剂的溶解度随温度的变化与离子型表面活性剂不同。对非离子型表面活性剂，特别是聚氧乙烯型的，升高温度时，其水溶液由透明变浑浊，温度降低时，溶液又会由浑浊变透明。这个由透明变浑浊和由浑浊变透明的平均温度称为非离子型表面活性剂的浊点（cloud point）。在浊点及以上温度，表面活性剂由完全溶解转变为部分溶解。

非离子型表面活性剂的浊点现象可解释为：非离子型表面活性剂在水中的溶解能力是它的极性基［如聚氧乙烯基 $\mathrm{(CH_2CH_2O)}_n$，简写为 $\mathrm{EtO}_n$］与水生成氢键的能力，温度升高不利于氢键形成。聚氧乙烯类非离子型表面活性剂的水溶液随着温度升高，氢键被破坏，结合的水分子由于热运动而逐渐脱离，因而亲水性逐渐降低而变得不溶于水，以致开始的透明溶液变浑浊。当冷却时，氢键又恢复，因而又变为透明溶液。

浊点是非离子型表面活性剂的一个特性常数，所以 Krafft 点主要针对离子型表面活性剂，浊点针对的是非离子型表面活性剂。从应用的角度，离子型表面活性剂要在克拉夫特点以上使用，而非离子型表面活性剂则要在浊点以下使用。

通常所说的非离子型表面活性剂的浊点现象主要是针对聚氧乙烯型非离子型表面活性剂而言。并非所有非离子型表面活性剂都有浊点，如糖基非离子型表面活性剂的性质具有正常的温度依赖性，如溶解性随温度升高而增加。

传统观念认为离子型表面活性剂具有 Krafft 点，而非离子型表面活性剂具有浊点。对正、负离子型表面活性剂混合体系，虽然仍是离子型表面活性剂，但普遍观察到明显的浊点现象。

**3. 表面活性剂在油溶剂中的溶解性**

烃类一般不溶于水，但在表面活性剂水溶液中溶解度剧增。这就是表面活性剂对不溶物的加溶作用，也称为增溶作用。这种溶解现象不同于在混合溶剂中的溶解，混合溶剂的溶解作用是使用大量与水互溶的有机溶剂与水形成混合溶剂，改变溶剂性质，使对原来不溶于水的有机物具有溶解能力，这种溶解能力一般随有机溶剂含量增加而逐步增加，并不存在一个临界值。但加溶作用则不同，它只发生在一定浓度以上的表面活性剂溶液。浓度很稀的表面活性剂溶液无加溶作用，只有当表面活性剂浓度超过 CMC 后，才有明显的加溶作用。

显然，加溶作用是胶束的性质。胶束形成后，其内核相当于碳氢油微滴，一些原来不溶或微溶于水的物质分子便可存身其中。由于聚集体很小，不为肉眼所见，溶油后仍保持清亮，与真溶液貌似。加溶作用形成的是热力学稳定的均相体系。

加溶作用是表面活性剂最基本的性质之一。表面活性剂的很多性质都是基于加溶作用，由此衍生出表面活性剂的很多功能。表面活性剂的其他功能和性质基本上都是在其表（界）面的吸附作用、溶液中的自聚（形成分子有序组合体）作用以及这些分子有序组合体的加溶作用的基础上衍生而来的。

## 7.1.5 表面活性剂的亲水亲油平衡值（HLB）

表面活性剂吸附于界面而呈现特有的界面活性，必须使疏水基团和亲水基团之间具有一定的平衡，这种反应平衡的程度，即亲水-亲油平衡。表面活性剂的亲水亲油性质可以用HLB（hydrophile lipophile balance）定量表示。表面活性剂的 HLB 均以石蜡的 HLB＝0、油酸的 HLB＝1、油酸钾的 HLB＝20、十二烷基硫酸钠的 HLB＝40 作为标准，其他表面活性剂的 HLB 可用乳化实验对比其乳化效果来决定。

表面活性剂的 HLB 为 0~40，HLB 越高，表面活性剂的亲水性越强；HLB 越低，表面活性剂的亲油性越强。因此，表面活性剂的 HLB 是体现其应用性能的重要物理化学参数。它对于合理选择表面活性剂是一种重要的依据。根据表面活性剂的 HLB，可以推断出其用途。表 7-2 列出了 HLB 范围及用途。

表 7-2 HLB 范围及其用途

| HLB 范围 | 用途 | HLB 范围 | 用途 |
| --- | --- | --- | --- |
| 1~3 | 消泡剂 | 8~18 | O/W 乳化剂 |
| 3~6 | W/O 乳化剂 | 13~15 | 洗涤剂 |
| 7~9 | 润湿剂 | 15~18 | 增溶剂 |

表面活性剂的亲水亲油性从理论上来衡量是困难的，因为表面活性剂均是具有亲水、亲油基的两亲分子，这两种基团之间并非完全是独立的，它们之间存在着相互影响。

### 1. 非离子型表面活性剂

这种方法假定表面活性剂的亲油基和亲水基部分对整个分子的亲油性和亲水性的贡献仅与各部分的相对分子质量有关。

①Griffin 法主要用于非离子型表面活性剂的 HLB 的计算，公式如下

$$HLB＝[亲水基质量/(亲油基质量+亲水基质量)]×20$$

此法适用于聚氧乙烯基非离子型表面活性剂 HLB 的计算。

例如，壬基酚聚氧乙烯醚 $C_9H_{19}$—$C_6H_4$—O—$(CH_2CH_2O)_{10}$H：

亲水基—O—$(CH_2CH_2O)_{10}$H 质量＝457

亲油基 $C_9H_{19}$—$C_6H_4$—质量＝203

$$HLB＝[457/(203+457)]×20＝13.8$$

②多元醇型脂肪酸酯非离子型表面活性剂 HLB 的计算公式如下

$$HLB＝20×(1-S/A)＝13.9$$

式中，$S$ 为酯的皂化值；$A$ 为脂肪酸的酸值。

此式适用于多元醇脂肪酸酯。例如，甘油硬脂酸单酯的皂化值 $S = 161$，酸值 $A = 198$，则 $HLB = 20 \times (1 - 161 \div 198) = 3.7$。

③皂化值不易测定的表面活性剂如 Tween 类的非离子型表面活性剂，采用下式计算 HLB

$$HLB = (E + P) \div 5 \qquad (7-1)$$

式中，$E$ 为聚氧乙烯的质量分数；$P$ 为多元醇的质量分数。

由于一般情况下，分子的亲水性、亲油性不仅与该部分的相对分子质量有关，而且与该部分的化学结构有关，显然这种方法对于不同结构类型的表面活性剂要分别计算。由于表面活性剂在水溶液中都会以一定的构象存在，结构性质并不是简单的加和，因而就存在一个有效链长的问题，但在简单的相对分子质量 HLB 计算中被略去了，采用本法计算，有时误差高达 36%。

### 2. 离子型表面活性剂

Davies（1957 年）提出，表面活性剂的分子结构可以分解为一些基团，每一基团皆有其 HLB 数（正或负）。通过下式，可由各基团的 HLB 数的代数和求得 HLB

$$HLB = 7 + \sum (\text{基团的 HLB 数}) \qquad (7-2)$$

一些常见基团的 HLB 数列在表 7-3，根据式（7-2）和表 7-4，可以估算表面活性剂的 HLB。

表 7-3　亲水基团和亲油基团的基数

| 亲水基 | HLB | 亲油基 | HLB |
|--------|-----|--------|-----|
| —SO₄Na | 38.7 | $\overset{\mid}{—CH—}$ | 0.475 |
| —COOK | 21.1 | —CH₂— | 0.475 |
| —COONa | 19.1 | —CH₃ | 0.475 |
| —SO₃Na | 11 | =CH— | 0.475 |
| —COO(R) | 2.4 | —C₃H₆O— | 0.15 |
| —COOH | 2.1 | —CF₂— | 0.870 |
| —OH | 1.9 | —CF₃ | 0.870 |

表 7-4　常用表面活性剂的 HLB

| 化学组成 | 商品名称 | HLB |
|----------|----------|-----|
| 油酸 | | 1 |
| 失水山梨醇三油酸酯 | Span-85 | 1.8 |
| 失水山梨醇硬脂酸酯 | Span-65 | 2.1 |
| 失水山梨醇单油酸酯 | Span-80 | 4.3 |
| 失水山梨醇单硬脂酸酯 | Span-60 | 4.7 |

| 化学组成 | 商品名称 | HLB |
|---|---|---|
| 失水山梨醇单棕榈酸酯 | Span-40 | 6.7 |
| 失水山梨醇单月桂酸酯 | Span-20 | 8.6 |
| 聚氧乙烯月桂酸酯-2 | LAE-2 | 6.1 |
| 聚氧乙烯油酸酯-4 | OE-4 | 7.7 |
| 聚氧乙烯十二醇醚-4 | MOA-4 | 9.5 |
| 二（十二烷基）二甲基氯化铵 | | 10.0 |
| 十四烷基苯磺酸钠 | ABS | 11.7 |
| 油酸三乙醇胺 | FM | 12.0 |
| 聚氧乙烯壬基苯酚醚-9 | OP-9 | 13.0 |
| 聚氧乙烯十二胺-5 | | 13.0 |
| 聚氧乙烯辛基苯酚醚-10 | TritonX-100 | 13.5 |
| 聚氧乙烯失水山梨醇单硬脂酸酯 | Tween-60 | 14.9 |
| 聚氧乙烯失水山梨醇单油酸酯 | Tween-80 | 15.0 |
| 十二烷基三甲基氯化铵 | DTC | 15.0 |
| 聚氧乙烯十二胺-15 | | 15.3 |
| 聚氧乙烯失水山梨醇棕榈酸单酯 | Tween-40 | 15.6 |
| 聚氧乙烯硬脂酸酯-30 | SE-30 | 16.0 |
| 聚氧乙烯硬脂酸酯-40 | SE-40 | 16.7 |
| 聚氧乙烯失水山梨醇月桂酸单酯 | Tween-20 | 16.7 |
| 聚氧乙烯辛基苯酚醚-30 | Tx-30 | 17.0 |
| 油酸钠 | 钠皂 | 18.0 |
| 油酸钾 | 钾皂 | 20.0 |
| 十二烷基硫酸钠 | AS | 40 |

例如，$C_{12}H_{25}SO_3Na$ 的 HLB 的计算

$$HLB = 7 + 12 \times (-0.475) + 11 = 12.3 \tag{7-3}$$

分子结构式法和结构参数法的结果不是十分准确，但由于基础数据较全，在新结构的表面活性剂的设计、性能预测等方面仍有较大的应用价值。

### 3. 混合表面活性剂

混合表面活性剂的 HLB 一般采用质量分数加和法计算。结果虽然粗略，但完全可以满足一般应用的需要，通常的乳化法测定表面活性剂的 HLB 值也是以此为基础的，如下式

$$HLB = (W_A HLB_A + W_B HLB_B + \cdots)/(W_A + W_B + \cdots) \tag{7-4}$$

比如，含 30% Span-80（HLB=4.3）和 70% Tween-80（HLB=15）的混合乳化剂的 HLB 为

$$HLB = 0.30 \times 4.3 + 0.70 \times 15.0 = 11.79$$

# 7.2 表面活性剂水溶液的性质

## 7.2.1 胶束与临界胶束浓度

### 1. 胶束的形成

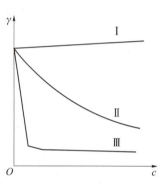

图 7-6 溶液的 $\gamma-c$ 关系

由图 7-6 所示曲线Ⅲ可知，当表面活性剂浓度达到或超过某一值以后，溶液的表面张力变化很小，$\gamma-c$ 曲线发生明显的转折。这个转折是与溶液达到饱和吸附相对应的。因为达到饱和吸附时，表面几乎全被表面活性剂所占据，即使再增加溶液浓度，活性剂也不能再进入表面，所以溶液表面张力不再明显下降，于是表面活性剂在溶液内部另寻稳定的处境——形成胶束。

胶束又称胶团，是在溶液内部，表面活性剂亲水的极性基向着水、疏水的碳氢链聚集在一起形成疏水内核的有序组合体。由于胶束是表面活性剂通过缔合而成的，其大小达到了胶体分散体系的范围，所以这种溶液又称为缔合胶体或胶束溶液。

1）胶束的形成过程

当表面活性剂浓度很稀时，它在表面上的浓度也很低，如图 7-7（a）所示，水的表面张力变化不大。若使溶液浓度稍稍增加，表面活性剂就会聚集到溶液表面，使水的表面张力大大降低，这时在溶液内部的表面活性剂分子也会以疏水基相互靠近，三三两两地聚集在一起，称为小胶束，也称预胶束，如图 7-7（b）所示。再增加溶液的浓度，一直达到饱和吸附，活性剂会在溶液的表面形成定向排列的单分子吸附膜，如图 7-7（c）所示，此时溶液的表面张力最小。当溶液的浓度达到或超过 CMC 后，若再增加溶液的浓度，表面张力几乎不再下降，只是溶液胶束的数目和胶束的聚集数增加，如图 7-7（d）所示。

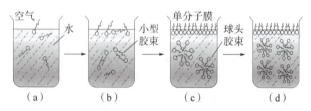

图 7-7 胶束形成的过程

（a）极稀溶液；（b）稀溶液；（c）临界胶束浓度的溶液；（d）大于临界胶束浓度的溶液

2）胶束自发形成的原因

胶束自发形成的原因：一个是能量因素；另一个是熵驱动机理。

（1）能量因素

众所周知，表面活性剂的碳氢链具有疏水性，与水分子的亲和力弱，因此，碳氢链与水的界面能较高，疏水基有逃离水相的趋势。逃离水相的方式之一是在溶液浓度不太高或 CMC 以下时，它会在溶液表面聚集，形成单分子表面吸附层；当溶液浓度达到或超过 CMC 时，表面吸附已达饱和状态，于是在溶液内部形成缔合物即胶束，以减小界面自由能。

（2）熵驱动机理

由前所述，胶束形成的过程是表面活性剂在溶液中由无序的单体分子向有序组合体变化的过程，应是熵减的过程，但胶束形成的热力学函数结果表明，其是熵增加的过程，见表 7-5。

表 7-5　生成胶束的热力学函数

| 表面活性剂 | $\Delta G_m^{\ominus}/(\text{kJ}\cdot\text{mol}^{-1})$ | $\Delta H_m^{\ominus}/(\text{kJ}\cdot\text{mol}^{-1})$ | $\Delta TS_m^{\ominus}/(\text{K}\cdot\text{kJ}\cdot\text{mol}^{-1})$ | $\Delta S_m^{\ominus}/(\text{kJ}\cdot\text{mol}^{-1})$ |
|---|---|---|---|---|
| $C_6H_{17}COOK$ | -12.12 | 13.79 | 25.92 | 87.78 |
| $C_8H_{17}COONa$ | -15.05 | 6.27 | 21.32 | 71.06 |
| $C_{10}H_{21}SO_4Na$ | -18.81 | 4.18 | 22.99 | 75.24 |
| $C_{12}H_{23}SO_4Na$ | -21.74 | -1.25 | 20.48 | 66.88 |

对胶束生成是熵增过程的解释：

表面活性剂溶解于水后，以水合状态存在于溶液中，也包括疏水基—$R(H_2O)_n$。而胶束形成过程则是其疏水基彼此相互聚集的过程。

$$-R(H_2O)_n + -R(H_2O)_n \longrightarrow R\cdot R- + 2nH_2O$$

结果是原来包围疏水基—R 的水分子被排挤出来，使水由定向结合的有序状态变为自由的无序状态，于是体系的熵增加。这个过程称为疏水过程。一般水合过程是放热的，而脱水过程是吸热的。由表 7-5 可见，胶束生成焓有很大一部分是吸热的，这也反映了脱水过程的存在。正因为胶束生成是较大的熵增过程，才保证了胶束生成吉布斯函数 $\Delta G_m^0$ 为负值，即胶束的生成是自发的。疏水效应使得胶束生成是较大的熵增过程。

还有一种解释是，在水溶液中，非极性分子内运动受到周围水分子网络结构的限制，而在缔合体的疏水内核中，则有较大自由度。

**2. 临界胶束浓度**

临界胶束浓度（critical micelle concentration）是开始大量形成胶束时表面活性剂的最低浓度，以 CMC 表示。实验表明，CMC 不是一个确定的数值，而常表现为一个较窄的范围。CMC 是表面活性剂吸附效率的性能参数，每种表面活性剂在某温度下有其特定的 CMC，见表 7-6。

表 7-6　部分常见表面活性剂水溶液的临界胶束浓度

| 表面活性剂 | 温度/℃ | CMC/($\text{mol}\cdot\text{dm}^{-3}$) | 表面活性剂 | 温度/℃ | CMC/($\text{mol}\cdot\text{dm}^{-3}$) |
|---|---|---|---|---|---|
| $C_8H_{17}SO_4Na$ | 40 | 0.14 | $C_8H_{17}O(EO)_6H$ | 25 | 0.009 9 |
| $C_{10}H_{21}SO_4Na$ | 40 | 0.033 | $C_{10}H_{21}O(EO)_6H$ | 25 | 0.000 9 |

续表

| 表面活性剂 | 温度/℃ | CMC/($mol \cdot dm^{-3}$) | 表面活性剂 | 温度/℃ | CMC/($mol \cdot dm^{-3}$) |
|---|---|---|---|---|---|
| $C_{12}H_{25}SO_4Na$ | 40 | 0.008 7 | $C_{12}H_{25}O(EO)_6H$ | 20 | 0.000 087 |
| $C_{14}H_{29}SO_4Na$ | 40 | 0.002 4 | $C_{12}H_{25}O(EO)_4H$ | 25 | 0.000 04 |
| $C_7H_{15}CHSO_4Na$ \| $C_6H_{13}$ | 25 | 0.009 7 | $C_{12}H_{25}O(EO)_4H$ | 55 | 0.000 017 |
| | | | $C_{12}H_{25}O(EO)_7H$ | 25 | 0.000 05 |
| | | | $C_{12}H_{25}O(EO)_7H$ | 55 | 0.000 02 |
| $C_{15}H_{31}SO_4Na$ | 40 | 0.001 2 | $C_{14}H_{29}O(EO)_6H$ | 25 | 0.000 01 |
| $C_{16}H_{33}SO_4Na$ | 40 | 0.000 58 | $C_{16}H_{33}O(EO)_6H$ | 25 | 0.000 001 |
| $C_{16}H_{33}SO_4Na$ | 25 | 0.000 165 | $C_8H_{17}O(EO)_6H$ | 25 | 0.009 9 |
| $C_{12}H_{25}COOK$ | 40 | 0.012 5 | $C_{12}H_{25}O(EO)_{12}H$ | 23 | $1.4×10^{-4}$ |
| $C_{17}H_{35}COOK$ | 50 | $1.2×10^{-3}$ | $C_{13}H_{27}O(EO)_8H$ | 25 | $2.7×10^{-5}$ |
| $C_{17}H_{35}COOK$ | 55 | $4.5×10^{-4}$ | $C_{14}H_{29}O(EO)_8H$ | 25 | $9.0×10^{-6}$ |
| $C_{11}H_{23}COONa$ | 25 | $2.6×10^{-2}$ | $C_{15}H_{31}O(EO)_8H$ | 25 | $3.5×10^{-6}$ |
| $C_{12}H_{25}COOK$ | 40 | $1.25×10^{-2}$ | $C_{12}H_{25}CH(SO_4Na)C_3H_7$ | 25 | 0.001 72 |
| $C_{15}H_{31}COOK$ | 50 | $2.2×10^{-3}$ | $C_{10}H_{21}CH(SO_4Na)C_5H_{11}$ | 25 | 0.002 35 |
| $C_8H_{17}SO_3Na$ | 40 | 0.16 | $C_8H_{17}CH(SO_4Na)C_7H_{15}$ | 25 | 0.004 25 |
| $C_{10}H_{21}SO_3Na$ | 40 | 0.041 | $C_8H_{17}OCOCH_2$ \| $C_8H_{17}OCOCH{-}SO_3Na$ | 25 | 0.000 68 |
| $C_{12}H_{25}SO_3Na$ | 40 | 0.009 7 | | | |
| $C_{14}H_{29}SO_3Na$ | 40 | 0.002 5 | | | |
| $C_{16}H_{33}SO_3Na$ | 50 | $7×10^{-4}$ | $C_4H_9CH(C_2H_4)CH_2OCOCH_2$ \| $C_4H_9CH(C_2H_4)CH_2OCOCH$ \| $NaO_3S$ | 25 | 0.025 |
| $C_{12}H_{25}NH_3Cl$ | 40 | 0.014 | | | |
| $C_{12}H_{25}N(CH_3)_3Br$ | 25 | 0.016 | | | |
| $C_{12}H_{25}C_5H_5NCl$ | 25 | 0.015 | $C_5F_{11}COOK$ | | 0.5 |
| $C_{12}H_{25}C_5H_5NBr$ | 25 | 0.011 | $C_7F_{15}COOK$ | | 0.027 |
| $C_{12}H_{25}O(EO)_2H$ | 25 | $3.3×10^{-5}$ | $C_9F_{19}COOK$ | | 0.000 9 |
| $C_{12}H_{25}O(EO)_3H$ | 25 | $5.2×10^{-5}$ | $H(CF_2)_{10}COONH_4$ | | 0.009 |
| $C_{12}H_{25}O(EO)_4H$ | 25 | $6.4×10^{-5}$ | $C_{12}H_{25}SO_4Li$ | 25 | 0.008 8 |
| $C_{12}H_{25}O(EO)_6H$ | 20 | $8.7×10^{-5}$ | $C_{12}H_{25}SO_4Na$ | 25 | 0.008 2 |
| $C_{12}H_{25}O(EO)_7H$ | 25 | $8.2×10^{-5}$ | $C_{12}H_{25}SO_4K$ | 25 | 0.008 2 |
| $C_{12}H_{25}O(EO)_8H$ | 25 | $1.1×10^{-4}$ | $C_{12}H_{25}SO_4Cs$ | 40 | 0.008 2 |

胶束的存在已被 X 射线衍射图谱及光散射实验所证实。临界胶束浓度和在液面上开始形成饱和吸附层对应的浓度范围是一致的。在这个狭窄的浓度范围前后，不仅溶液的表面张力发生明显的变化，其他物理性质，如电导率、渗透压、蒸气压、光学性质、去污能力及增溶作用等皆发生很大的变化，如图 7-8 所示。由图可知，表面活性剂的浓度略大于 CMC 时，溶液的表面张力、渗透压及去污能力等几乎不随浓度的变化而改变，但增溶作用、电导率等却随着浓度的增加而急剧增加。某些有机化合物难溶于水，但可溶于表面活性剂浓度大于 CMC 的水溶液中。

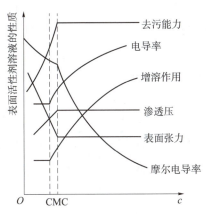

**图 7-8　表面活性剂溶液的性质与浓度关系示意**

## 7.2.2　胶束的结构及聚集数

### 1. 胶束的结构

胶束的基本结构包括两部分：内核和外层。在水溶液中，胶束内核由彼此缔合的疏水基构成，形成非极性微区。在其内核与溶液之间是水化的表面活性剂极性基外层。邻近极性基的—$CH_2$—基团具有一定的极性，其周围存在着水分子，因为此时水分子有一定取向，又称结构水，也称为渗透水。介于内核与极性头之间的—$CH_2$—基团构成栅栏层。该层也可认为是胶束外壳的一部分。离子型和非离子型的胶束结构有所不同。

离子型表面活性剂的胶束结构如图 7-9（a）所示。由图可见，离子型胶束外层（壳）的反离子一部分与离子头基结合，形成紧密层或 Stern 层，还有一部分处于扩散层中，以保持胶束的电中性。

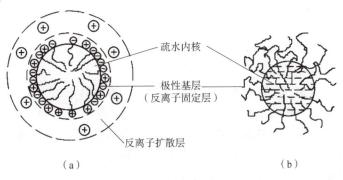

（a）　　　　　　　　　　　　　　　　　　（b）

**图 7-9　胶束结构示意**

（a）离子型胶束；（b）非离子型胶束

非离子型表面活性剂的胶束结构如图7-9（b）所示。与离子型不同的是，它没有双电层结构，其外壳是由柔顺的聚氧乙烯链和醚键原子结合的水分子构成的。

胶束的外壳不是光滑的面，而是不平的。这是因为胶束中的分子或离子与溶液中的单体在不停地进行交换，以及溶液中表面活性剂单体分子的热运动，均会使胶束外壳波动。

### 2. 胶束的大小

胶束的大小一般是由聚集数来度量的。聚集数是缔合成一个胶束的表面活性剂分子的平均数。其数值可以从几十到几千甚至上万。聚集数的测定常用光散射法，其原理是用光散射法测出胶束相对分子质量，或称胶束量，再除以表面活性剂分子的相对分子质量，得到胶束的聚集数。因为胶束可能大小不一，测得的胶束量只是统计平均值，因而聚集数也是平均值。还可用扩散法、黏度法、超离心法测定聚集数。表7-7列出了部分表面活性剂水溶液的胶束聚集数。

表7-7　部分表面活性剂水溶液的胶束聚集数

| 表面活性剂 | 温度/℃ | $n$ | 表面活性剂 | 温度/℃ | $n$ |
|---|---|---|---|---|---|
| $C_8H_{17}SO_4Na$ | 23 | 20 | $C_{14}H_{29}N(CH_3)_3Br$ | 25 | 70 |
| $C_{10}H_{21}SO_4Na$ | 23 | 50 | $C_{12}H_{25}NH_3Cl$ | 25 | 55.5 |
| $C_{12}H_{25}SO_4Na$ | 23 | 71 | $C_{14}H_{29}N(C_2H_5)_3Br$ | 25 | 55 |
| $(C_8H_{17}SO_4)_2Mg$ | 23 | 51 | $C_{14}H_{29}N(C_4H_9)_3Br$ | 25 | 35 |
| $(C_{10}H_{21}SO_4)_2Mg$ | 60 | 103 | $C_{12}H_{25}O(EO)_6H$ | 15 | 140 |
| $(C_{12}H_{25}SO_4)_2Mg$ | 60 | 107 | $C_{12}H_{25}O(EO)_6H$ | 25 | 400 |
| $C_{12}H_{25}SO_4Na$ (0.01 mol/L NaCl) | 25 | 89 | $C_{12}H_{25}O(EO)_6H$ | 35 | 1 400 |
| | | | $C_{12}H_{25}O(EO)_6H$ | 45 | 4 000 |
| $C_{12}H_{25}SO_4Na$ (0.03 mol/L NaCl) | 25 | 102 | $C_{12}H_{25}O(EO)_8H$ | 25 | 123 |
| | | | $C_{12}H_{25}O(EO)_{12}H$ | 25 | 81 |
| $C_{12}H_{25}SO_4Na$ (0.05 mol/L NaCl) | 25 | 105 | $C_{12}H_{25}O(EO)_{18}H$ | 25 | 51 |
| | | | $C_{12}H_{25}O(EO)_{33}H$ | 25 | 40 |
| $C_{12}H_{25}SO_4Na$ (0.1 mol/L NaCl) | 25 | 112 | $C_{10}H_{21}O(EO)_6H$ | 35 | 260 |
| | | | $C_{12}H_{25}O(EO)_6H$ | 35 | 1 400 |
| $C_{10}H_{21}N(CH_3)_3Br$ | 25 | 36 | $C_{14}H_{29}O(EO)_6H$ | 34 | 16 600 |
| $C_{12}H_{25}N(CH_3)_3Br$ | 25 | 50 | | | |

由表7-7可知，影响胶束聚集数大小的因素有：

①表面活性剂同系物中，随疏水基碳原子数增加，聚集数增加。

②非离子型表面活性剂疏水基相同时，亲水的聚氧乙烯链长增加，聚集数降低。

③加入无机盐对非离子型的聚集数影响不大，而使离子型表面活性剂的胶束聚集数增加，其原因是电解质的反离子进入紧密层，压缩了扩散层，使胶束离子头基电荷得到中和，电斥力减小，促使更多表面活性剂进入胶束。

④温度升高对离子型表面活性剂的胶束聚集数影响不大，只是略有降低，但对非离子型

的影响很显著。温度升高，总是使其聚集数增加，特别在接近其浊点时增加更快。

### 3. 胶束的形状

胶束有不同的形状：球形、扁球形、棒状、六方柱状、层状、椭球形等，如图 7-10 所示。

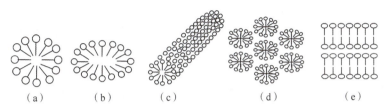

图 7-10　胶束的形状

(a) 球形；(b) 扁球形；(c) 棒状；(d) 六角柱状；(e) 层状

光散射法研究表明，在超过 CMC 一段浓度范围内，胶束是对称的球形，而且聚集数也不变。例如，$C_{12}H_{25}SO_4Na$ 水溶液在 CMC 时，胶束的聚集数为 73，随着浓度增加，仍能保持不变。一般而言，只要超出 CMC 不大，没有其他添加物时，胶束大致呈球形。在浓度较高或其他情况下，胶束的形状是不对称的，是扁球形、椭球形等。

在 10 倍于 CMC 或更浓的溶液中，胶束一般是非球形的。Debye 根据光散射实验结果提出棒（肠）状胶束模型，如图 7-10（c）所示。这种模型使大量的表面活性剂分子的碳氢链与水的接触面积缩小，有更高的热力学稳定性。这种棒（肠）状胶束有的还具有一定的柔顺性。

表面活性剂浓度更大时，棒状聚集成六角柱状胶束。若表面活性剂浓度再增加，就会形成巨大的层状胶束。

上述变化过程可用图 7-10（a）~（e）表示。

### 4. 反胶束

表面活性剂在非水介质中也会形成聚集体，其结构与水溶液中胶束相反。它是以亲水基聚集在一起形成亲水的内核，而疏水基构成外层，称为反胶束，如图 7-11 所示。

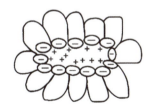

图 7-11　反胶束示意

反胶束的聚集数比胶束的小，一般在 10 左右。反胶束的形成是水和亲水基彼此结合或者形成氢键而结合。反胶束的形成是熵变起主要作用。反胶束的形状也没有胶束的多，主要是球形。

### 5. 高分子胶束溶液

两亲性高分子表面活性剂与低分子表面活性剂一样，疏水基在表面上吸附而使表面张力降低，同时，在溶液内部缔合形成胶束。Merrett 采用电镜首先证明了共聚物多分子胶束的生成。随后，又有许多研究工作证明多分子胶束和临界胶束浓度的存在。胶束形成的推动力是疏水基与水的相互作用，同时，聚合物链的不相容性排斥力也起重要作用。通常认为多分子胶束为球形，大小较均匀，球的中心为水不溶性核，外围是可溶性嵌段或接枝部分。由于高分子表面活性剂种类繁多，胶束的形状也有椭球形、棒状、蠕虫状等多种形状。

与低分子表面活性剂不同的是，在较低浓度下，高分子表面活性剂可能形成单分子胶束。Sadron 首先提出单分子胶束的假设，认为链段的不同溶解性以及相互的不相溶性推动高分子表面活性剂在稀溶液下形成单分子胶束。其实验依据是在相对分子质量不变的情况下，特性黏度和旋转半径有明显下降，在一定温度下，表面张力对浓度的曲线出现双转折现象。

嵌段共聚物在溶液中生成单分子及多分子胶束结构，如图 7-12 所示。

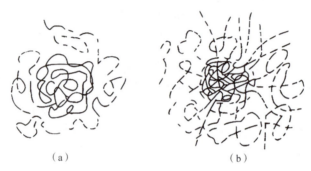

（a）　　　　　　　　　　　　　　　（b）

**图 7-12　嵌段共聚物在溶液中生成的胶束结构**

（a）单分子胶束；（b）多分子胶束

采用静态或动态光散射、小角度 X 散射和中子散射、沉降分析法、黏度法、渗透压法、荧光探针法、电镜及 NMR 等方法，可研究两亲性高分子在稀溶液中胶束的形成及胶束的大小。

### 6. 临界堆积参数

表面活性剂分子有序组合体有许多形态（或形状），如胶束有图 7-10（a）～（e）所示的形态。而有序组合体的形态与表面活性剂自身的几何形状有关，特别是亲水基与疏水基在溶液中各自横截面积的相对大小。Isrcalachvili 定义临界堆积参数（critical packing parameter）为

$$P = V_c / (a_0 l_c)$$

式中，$V_c$ 是表面活性剂分子的体积；$l_c$ 是疏水链最大伸展长度；$a_0$ 是极性头基的面积；$a_0 l_c$ 是一个圆柱体。若分子的头尾面积相等，$V_c = a_0 l_c$，则 $P = 1$。若分子体积只有圆柱体的 1/3，那么就是一个圆锥体，一头大，一头小。许多圆锥体可堆积成一个球体。表 7-8 列出了堆积参数 $P$ 与表面活性剂分子的形状及聚集体的形状间的关系。

**表 7-8　堆积参数 $P$ 与表面活性剂分子形状及聚集体形状间的关系**

| $P$ | 表面活性剂分子形状 | 表面活性剂聚集体及形状 | 体系举例 |
|---|---|---|---|
| <1/3 | | 球形或椭球形胶束 | 大头单尾（如低盐介质中的 SDS） |
| 1/3～1/2 | | 棒状胶束 | 小头单尾（如高盐介质中的 SDS、CTAB 非离子型类脂体） |

续表

| $P$ | 表面活性剂分子形状 | 表面活性剂聚集体及形状 | 体系举例 |
|---|---|---|---|
| 1/2～1 | | 柔性双层囊泡 | 大头双尾（卵磷脂） |
| 1 | | 平行双层层状胶束囊泡 | 小头双尾（磷脂酰乙醇胺） |
| ＞1 | | 微乳，反胶束 | 小头双尾（非离子型类脂体、不饱和磷脂酰乙醇胺、胆甾醇） |

注："头"指亲水基团，"尾"指憎水碳氢链，单尾指表面活性剂分子中只有一个碳氢链，余类推。

从表7-9可以得到一些具有参考价值的规律。定量规律不一定都成立，定性规律是适用的。因为胶束的形状除了与表面活性剂本身的结构及形状有关外，如前一节所述，还与溶液的浓度有关，此外，还与温度、溶液pH及其他添加剂存在等因素有关。

还要注意的是，胶束溶液是一个复杂的平衡体系，可能存在着各种形状间的以及各形状与单体间的动态平衡。所谓某胶束溶液中胶束的形状，只能说它是主要形状，或是平均形状。

## 7.2.3　临界胶束浓度测定原理及其影响因素

### 1. 临界胶束浓度 CMC 的测定

由前所述，表面活性剂溶液的许多性质随浓度变化会在CMC处会发生突变，因而可以从这些性质突变的浓度来测定CMC。常用的方法有以下几种。

（1）表面张力法

由实验测定表面活性剂不同浓度下的表面张力，作 $\gamma$-$\lg(c/c^{\theta})$ 曲线，可求得CMC。

该法的优点是简单、方便，并且不受表面活性剂类型、活性高低、是否存在无机盐等因素的影响，即适合各类表面活性剂和各种条件的测定。

值得注意的是，若溶液中有少量表面活性高的"杂质"存在，在 $\gamma$-$\lg c$ 曲线上可能出现最低点，妨碍CMC的测定，而这种杂质往往是制备这种表面活性剂的原料，因而常将 $\gamma$-$\lg(c/c^{\theta})$ 曲线是否出现最低点作为表面活性剂样品纯与不纯的根据。

（2）电导法

对离子型表面活性剂溶液常采用此法。实验测定表面活性剂溶液在不同浓度下的电导率，作电导率与浓度的关系曲线，由其转折点可确定CMC。

此法的优点是简单方便；缺点是胶束浓度太大时，准确度差，加入无机盐影响其灵敏度，甚至失效。

（3）染料法

将油溶性染料溶于胶束中，使溶液呈现特殊的颜色，并用此指示胶束的存在，因此，在CMC前后，染料颜色会发生明显的改变。实验时，在表面活性剂浓度大于CMC的溶液中加入少量染料，使胶束显色，然后用滴定法逐步加水稀释，直到变色为止。可用人眼直接观察颜色变化，也可用分光光度计观测。

对于阴离子型表面活性剂，常用的染料是氯化频哪氰醇，还可用苯并红紫 4B 和四碘荧光素等；对阳离子型表面活性剂，可用曙红、荧光黄等。

（4）光散射法

此法是利用表面活性剂在溶液中形成胶束前后光散射强度的变化来测 CMC 的。因为胶束是许多表面活性剂分子或离子的缔合体，其尺寸大都在胶体分散体系范围具有较强的光散射。该法的优点是对各种表面活性剂溶液具有普适性。

此外，还有浊度法、荧光光谱法、微量热法等。

**2. 影响临界胶束浓度的因素**

（1）表面活性剂的结构

①疏水基相同时，直链非离子型表面活性剂的 CMC 比离子型表面活性剂约小两个数量级。

②同系物中，无论是离子型还是非离子型，疏水基的碳链越长，CMC 越低。

对于直链的离子型表面活性剂，亲水基相同的同系物中，疏水基每增加两个碳原子，CMC 降低到约为原来的 1/4。对于直链的非离子型表面活性剂，碳氢链上每增加两个碳原子，其 CMC 降低到原值的 1/10。对直链的表面活性剂，CMC 与疏水基碳原子数 $n$ 有以下关系

$$\lg CMC = A - Bn \tag{7-5}$$

式中，$A$ 和 $B$ 为经验常数，其值随表面活性剂的结构及温度而异。表 7-9 列出了部分表面活性剂的 $A$ 值和 $B$ 值。

表 7-9 一些表面活性剂的 $A$ 值和 $B$ 值

| 表面活性剂 | 温度/℃ | $A$ | $B$ |
|---|---|---|---|
| 羧酸钠 | 20 | 1.85 | 0.30 |
| 羧酸钾 | 25 | 1.92 | 0.29 |
| 正烷基硫酸钠（钾） | 25 | 1.51 | 0.30 |
| 正烷基苯磺酸钠 | 25 | 1.68 | 0.29 |
| 正烷基氯化铵 | 25 | 1.25 | 0.27 |
| 溴代正烷基三甲胺 | 25 | 1.72 | 0.30 |
| 氯代正烷基三甲胺 | 25 | 1.23 | 0.33 |
| 溴代正烷基吡啶 | 30 | 1.72 | 0.31 |

③同系物中，无论是离子型还是非离子型，疏水基的碳原子数目越多，CMC 值越低。

④疏水链中有双键时，其 CMC 比相同碳原子数的饱和烃链的表面活性剂的 CMC 大。例如，50 ℃时，硬脂酸钾的 CMC 为 $4.5 \times 10^{-4}$ mol·dm$^{-3}$，而油酸钾的 CMC 为 $1.2 \times 10^{-3}$ mol·dm$^{-3}$。

⑤亲水基和碳原子数相同时，疏水基含有支链的 CMC 大。在疏水链中引入极性基如 —O—、—OH—、—NH— 等，也可使 CMC 变大。

⑥碳氟表面活性剂的 CMC 比同碳数的碳氢表面活性剂的低很多。如全氟辛基磺酸钠的 CMC 为 8.0 mmol·dm$^{-3}$，而辛基磺酸钠的 CMC 为 0.16 mol·dm$^{-3}$，显然一个 $CF_2$ 基团对

CMC 的贡献大约相当于 1.5 个 $CH_2$ 基团。

⑦离子型表面活性剂在疏水基相同时，CMC 相差不大。反离子不同，价态相同时，对 CMC 没有多大影响，但价态不同时，对 CMC 影响较大。如 25 ℃时，$C_{12}H_{25}SO_4Na$ 的 CMC 为 0.008 1 $mol \cdot dm^{-3}$，当反离子为 $Ca^{2+}$ 时，CMC 为 0.002 6 $mol \cdot dm^{-3}$。

⑧非离子型表面活性剂，如聚氧乙烯类，亲水基中聚氧乙烯数目 $m$ 增多，使 CMC 略有升高，并且有下列经验关系

$$\lg CMC = A' + B'm \tag{7-6}$$

式中，$A'$ 与 $B'$ 是经验常数，并且随温度和疏水基而变。

（2）加入电解质

在表面活性剂水溶液中加入电解质，对离子型表面活性剂的 CMC 影响较大，尤其是与表面活性剂带相反电荷的离子即反离子的影响起决定作用，反离子的价态越高，影响越显著。一般 $\lg CMC$ 随 $\lg c_i$（$c_i$ 为反离子浓度）成直线下降，该直线的斜率就是胶束的反离子结合度。

加入电解质影响 CMC 的原因是离子型表面活性剂胶束具有扩散双电层结构。当加入电解质时，扩散层会压缩，使更多的反离子与胶束的离子头结合，削弱了离子头间的电斥力作用，有利于胶束的形成。反离子的价态越高，降低 CMC 的能力越强。同价反离子对 CMC 影响差别不大，但也有一定规律，如一价阳离子使阴离子型表面活性剂 CMC 下降能力次序为

$$Cs^+ > K^+ > Na^+ > Li^+$$

该次序反映了离子水合半径大小的次序，水合半径越小的离子，降低 CMC 的能力越强。

电解质对非离子型表面活性剂的 CMC 影响，远不如对离子型的影响显著，只有在电解质浓度较高时，才会观察到 CMC 的下降。影响的机理也不同，主要是因为电解质大量加入，电解质的溶剂化使非离子型表面活性剂溶液的溶剂量相对减小，表现出 CMC 降低。

（3）加入有机物

加入有机物对表面活性剂的 CMC 影响比较复杂。其中较有规律可循的是长链的极性有机物，如醇、酸、胺等，对离子型表面活性剂的 CMC 影响显著。图 7-13 是加入三种醇对十四烷基羧酸钾溶液 CMC 的影响。由图可见，醇的碳原子数越多，CMC 下降得越大。但醇类对非离子型表面活性剂的影响则相反。如 $C_{12}H_{25}O(CH_2CH_2O)_{23}H$ 的 CMC 为 $9.1 \times 10^{-5}$ $mol \cdot dm^{-3}$，当乙醇浓度为 0.9 $mol \cdot dm^{-3}$ 时，其 CMC 为 $9.9 \times 10^{-5}$ $mol \cdot dm^{-3}$，当乙醇浓度上升为 3.4 $mol \cdot dm^{-3}$ 时，其 CMC 增至 $2.4 \times 10^{-4}$ $mol \cdot dm^{-3}$。

（4）混合表面活性剂

在某一表面活性剂溶液中，加入另一种表面活性剂，形成混合表面活性剂溶液；或者是表面活性剂产品不纯，含有原料组分，实际上是混合体系。

①同系物的混合体系。同系物的混合物所形成溶液的 CMC 介于两种单一表面活性剂的 CMC 之间，但更接近表面活性高的组分。对于两种非离子型同系物混合溶液，或含有过量中性电解质的离子型表面活性剂同系物混合溶液，其 $CMC_{mix}$ 计算公式如下

$$\frac{1}{CMC_{mix}} = \frac{x_1}{CMC_1} + \frac{x_2}{CMC_2} \tag{7-7}$$

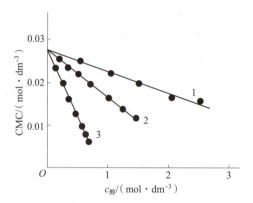

图 7-13　醇对十四烷基羧酸钾溶液 CMC 的影响

1—$C_2H_5OH$；2—$n-C_2H_5OH$；3—$n-C_4H_9OH$

式中，$x_1$ 和 $x_2$ 分别表示表面活性剂 1 和表面活性剂 2 的摩尔分数，且 $x_1+x_2=1$；$CMC_1$ 和 $CMC_2$ 分别是不混合时表面活性剂 1 和表面活性剂 2 的 CMC。

②离子型与非离子型混合体系。离子型与非离子型混合体系的 CMC 有时会显著低于任何一种。这两种表面活性剂的复配具有增效作用或称协同作用。

两种带相反电荷的离子型表面活性剂混合体系会使混合体系的 CMC 降低更显著，增效作用更大，如 $C_{12}H_{25}N(CH_3)_3Br$ 与 $C_{12}H_{25}SO_4Na$ 等摩尔混合，溶液的 $CMC_{mix}$ 可降至 $4×10^{-5}$ mol·$dm^{-3}$，为前者的 1.3%，后者的 2.5%。这是因为阴、阳离子型表面活性剂间存在着强烈的相互作用，其中包含异性电荷离子间静电引力作用以及碳氢链间的疏水相互作用。阴、阳离子为等摩尔比时，达到最大静电吸引力。表面吸附层分子排列更加紧密，表面吸附量增加，使 $\gamma_{CMC}$ 更低，表面效能增加，同时也使 CMC 显著下降，从而增加表面效率，表现出全面增效作用。但也要注意阴、阳离子型表面活性剂混合体系由于强的电性作用，使其易于形成不溶于水的沉淀物和悬浮絮状物，产生负的表面效应，甚至失去活性。如果出现这种情况，要采取相应措施，如非摩尔比混合、调节疏水基链的长度、增大极性基的体积等。

③碳氢表面活性剂与碳氟表面活性剂混合体系。碳氟表面活性剂表面活性高，化学稳定性和热稳定性好，但其合成困难，价格高昂，并且不易生物降解，实际应用受到限制。但有些场合，碳氟表面活性剂不可或缺时，常常将其与碳氢活性剂复配，有可能减少碳氟表面活性剂的用量而保持其表面活性，有时甚至还能提高单一氟表面活性剂的活性。这样可以降低成本，减少对环境的污染。例如 $C_8H_{17}OH$ 与 $C_7F_{15}COONa$ 的 1：1 混合体系 CMC 为 $C_7F_{15}COONa$ 溶液的 1/3.4，$\gamma_{CMC}$ 从 $C_7F_{15}COONa$ 的 24 mN·$m^{-1}$ 降到了 16 mN·$m^{-1}$。

（5）加入水溶性大分子化合物

具有一定疏水性的大分子化合物加入表面活性剂溶液中，当大分子物的浓度一定时，往往会使 $\gamma-c$ 曲线出现两个转折点：第一个转折点，表面活性剂的浓度 $c_1$ 小于未加大分子物的 CMC；第二个转折点，表面活性剂的浓度 $c_2$ 比 CMC 大。图 7-14 所示是聚乙烯吡咯烷酮（PVP）与十二烷基硫酸钠（SDS）混合体系的 $\gamma-c$ 曲线。

一般认为这是表面活性剂与大分子物形成复合物的缘故，大分子物的疏水性越强，复合物越易形成。第一个转折点是复合物开始形成的浓度，此时表面活性剂的浓度称为临界聚集

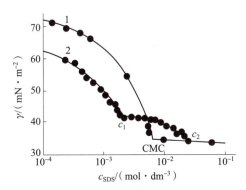

**图7-14 PVP与SDS混合体系的 $\gamma$–$c$ 曲线**

（$c_{NaCl} = 10^{-3}$ mol·dm$^{-3}$，pH=6.25，1 为纯 SDS 溶液，2 为含 0.5% PVP 的 SDS 溶液）

浓度，以 CAC 表示；再增加表面活性剂浓度，直到与大分子的结合达到饱和，正常胶束开始形成，表面张力出现第二个转折点。此时，溶液中表面活性剂单体、胶束、大分子及表面活性剂-大分子复合物平衡共存。如果加入离子型大分子物到离子型表面活性剂溶液中，并且电荷相反，两者主要发生静电引力作用，会使表面活性剂的 CMC 显著降低。

以上介绍了混合表面活性剂或某些物质作为助剂形成的复配物对 CMC 的影响，在实际应用中很有价值。一方面，表面活性剂每提纯一步，都会使其成本大大提高；另一方面，实际应用时没有必要使用纯品。实际应用的常常是有多种添加剂的表面活性剂的复配物。由以上讨论也可看出，经过适当复配的表面活性剂具有比单一表面活性剂更好的效果。因此，复配物的研究是实际应用的主要课题。

（6）温度对 CMC 的影响

温度对离子型表面活性剂的 CMC 影响不大。图 7-15 所示是十二烷基硫酸钠（SDS）-水体系的相图。其中，曲线 AOC 是表面活性剂的溶解度与温度的关系曲线，OB 是 CMC 与温度的关系曲线。由图可见，胶束只存在于 $T_k$ 以上，即在温度超过 $T_k$ 后，才能形成胶束，并且 CMC 基本上不随温度而变，也就是说，温度超过 Krafft 点后，溶液中表面活性剂单体的浓度基本上保持在 CMC 状态。

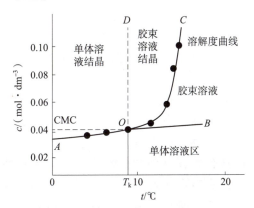

**图7-15 SDS-水体系在 $T_k$ 附近的相图**

对非离子型表面活性剂的溶解度与温度的关系，存在着浊点。即随温度升高，其溶解度下降，所以 CMC 也是随温度增加而降低的。

# 7.3　反胶束与囊泡

## 7.3.1　反胶束

表面活性剂溶于非极性的有机溶剂中，当其浓度超过临界胶束浓度（CMC）时，在有机溶剂内形成的胶束叫反胶束，或称反相胶束。在反胶束中，表面活性剂的非极性基团在外与非极性的有机溶剂接触，而极性基团则排列在内形成一个极性核。此极性核具有溶解极性物质的能力，极性核溶解水后，就形成了"水池"。反胶束是一种自发形成的具有纳米尺度的聚集体，是一种透明的、热力学稳定的 W/O 体系。反胶束的形成与表面活性剂及其溶剂的种类、浓度、温度、体系中水分的含量、水相的酸碱度及离子强度等因素有关。常用于形成反胶束的表面活性剂有 AOT（磺化琥珀酸二辛酯钠盐）、CTAB（十六烷基三甲基溴化铵）等，而有机溶剂通常可用异辛烷、环己烷、四氯化碳、苯等。

反胶束体系形成的方法一般有三种（以含有蛋白质反胶束体系为例）：①相转移法，将含有蛋白质的水溶液与含表面活性剂的有机相接触，在缓慢搅拌下，部分蛋白质移入有机相中，直到萃取平衡状态。②溶解法，对于水不溶性蛋白质，将含水的反相微胶束有机溶剂与蛋白质固体粉末一起搅拌，形成含蛋白质的反胶束。③注入法，向含有表面活性剂的有机相中注入含蛋白质的水溶液。研究反胶束结构的方法有很多种，最常见的有动力学模拟、核磁共振、光谱法、电导、动态光散射、小角度 X 射线散射、稳态吸收等。

反胶束技术可用于非极性体系中极性物质的分离，也可用于酶的固定化，目前主要用于生物大分子物质的分离，是一种新型的生物分离技术。反胶束萃取技术具备萃取速度快、成本较低、条件要求不高以及不会引起活性物质失去活性等优越性，越来越受到重视。

## 7.3.2　囊泡

囊泡是由两个两亲分子定向单层尾对尾地结合成封闭单分子双层所构成的外壳，以及壳内包藏的微水相构成。脂质体是一种特殊的囊泡，特指由磷脂形成的封闭双层结构，是人类最先发现的囊泡体系。

如果只有一个封闭双层包裹着水相，称为单室囊泡，而由多个两亲分子封闭双层形成同心球式组装在一起，则称为多室囊泡（图 7-16）。多室囊泡的中心部位和多个双层之间都包有水，因此囊泡具有包容性，能包容多种溶质。亲水性强的溶质可被包容在中心部位，亲水性较弱的溶质可被包容在其他的极性层中；而疏水性溶质则被包容在各个两亲分子双层的碳氢链夹层中；具有两亲性的溶质可参与双层的形成，即形成混合双层结构。这种特殊的包容作用很有实用价值，例如用它同时运载不同水溶性的药物，可提高药物的使用效果。

囊泡的形状大多为球形、椭球形或扁球形。其线性大小一般为 $30\sim100$ nm，也有的单室囊泡尺寸达几百纳米甚至 $10$ μm。即囊泡大小位于胶体分散的范围，它是表面活性剂的有序

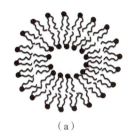 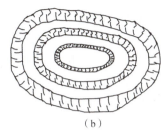

（a）　　　　　　　　　　　　（b）

**图 7-16　囊泡**

（a）单室囊泡；（b）多室囊泡

组合体在水中的分散体系，只具有暂时的稳定性。

囊泡可以通过施加压力的方法形成，如超声波和挤压等。此法形成的囊泡一般为亚稳体系，失去外力后，囊泡易解体。最近发现，囊泡也可以自发形成，如双十二烷基二甲基氢氧化氨，单链的阴、阳离子型表面活性剂混合物，单链的碳氢表面活性剂与全氟表面活性剂混合物，甚至两种阳离子型表面活性剂混合物也可以自发形成囊泡。自发形成的囊泡一般是稳定体系，而且其大小、电荷和渗透性可以通过改变表面活性剂的相对含量或链长来调节，因而引起了人们的极大兴趣。表面活性剂能否形成囊泡取决于其分子构型，通常认为，当表面活性剂形成的两个单层，其内层曲率与外层曲率相等且符号相反时，会形成不对称的双层。而曲率的正负可以由表面活性剂的临界排列参数 $p$ 来确定

$$p = V_0 / (a_h \cdot l_c) \tag{7-8}$$

式中，$V_0$ 是表面活性剂分子的体积；$a_h$ 是表面活性剂分子极性头的面积；$l_c$ 是表面活性剂分子疏水链的长度。若 $p>1$，表示自发曲率为负值；若 $p<1$，则表示自发曲率为正值。因此，两种表面活性剂混合物间的协同效应有利于囊泡的形成。

# 7.4　表面活性剂的增溶作用与胶束催化

## 7.4.1　表面活性剂的增溶作用

### 1. 增溶作用

某些难溶或不溶于水的有机物可因表面活性剂形成了胶束而使其溶解度有很大的提高，这种现象称为增溶（或加溶）（solubilization）作用。例如，乙苯在水中的溶解度极小，但在 1 L 浓度为 0.3 mol·dm$^{-3}$ 的十六酸钾的水溶液中，竟可溶解 50 g。

增溶作用有以下特点：

①增溶作用必须在 CMC 以上才能发生。增溶作用是热力学自发过程，微溶或难溶物的化学势是降低的，整个体系更趋于稳定。

②增溶后仍然是均相系统。

③增溶与溶解不同。溶解后，溶质以分子大小分散于介质中，会使溶液的依数性发生变

化，然而，增溶后对体系的依数性影响很小。因此，可认为增溶过程中溶质并未分散成分子状态，而是以较大块的整体进入胶束。

### 2. 增溶方式

通过 X 射线、紫外光谱与核磁共振谱的大量实验结果表明，被增溶分子或离子在胶束中增溶主要有以下几种方式。

①增溶于疏水内核中，例如饱和脂肪烃、环烷烃等，一般是溶于内核之中，就像溶于非极性碳氢化合物的液体中一样，如图 7-17（a）所示。

②增溶于胶束的定向表面活性剂分子之间，形成"栅栏"结构，如图 7-17（b）所示。一般是长链的有机醇、胺类以这种方式增溶。

③增溶物"吸附"于胶束的表面，如图 7-17（c）所示。某些既不溶于水又不溶于烃类的有机物及某些染料常以这种方式增溶。

④增溶于非离子型表面活性剂胶束的亲水基（如聚氧乙烯基）的"外壳"中，如图 7-17（d）所示。酚类化合物常以这种方式增溶。

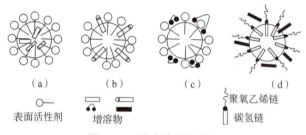

图 7-17　胶束的增溶方式

增溶量的大小常与胶束中可增溶区容积大小有关。图 7-17 中，增溶量的顺序为（d）>（b）>（a）>（c）。

### 3. 影响增溶作用的一些因素

增溶作用是发生在胶束中的，增溶方式与表面活性剂及增溶物本身的性质有关。因此，一切影响表面活性剂胶束形成的因素如 CMC、胶束的大小、胶束带电状况、温度以及增溶物的性质，均会影响增溶作用。

### 4. 增溶作用的应用举例

增溶作用的应用十分广泛，在化妆品、洗涤去污、纺织、农药、医药、生理药理研究、乳液聚合、环境、三次采油等方面起重要作用。

①洗涤去污中的增溶作用。洗涤去污过程是很复杂的过程，是多种作用综合的结果。其中增溶作用很重要，油污被增溶于表面活性剂的胶束（或反胶束）中，使其不再在清洗物表面上沉积，以达到洗涤效果。因此，在调节洗涤剂配方和选择洗涤条件（如浓度、温度等）时，都必须注意增溶作用。

②分离提纯蛋白质。有些两亲性物质与蛋白质相互作用，会使蛋白质发生多种变化，如使蛋白质变性、沉淀、钝化等，其中，两亲性物质的胶束结构和性质起重要作用。比如，在一定浓度下，脂肪酸阴离子可使天然蛋白质沉淀，而在更高浓度下又能使沉淀溶解，这可为生物工程中分离提纯蛋白质提供新的思路。

③生理过程中的应用。例如，脂肪在肠胃中消化主要是靠胆盐胶束的增溶作用。胆盐是

由胆固醇合成的，进入胆管后，形成含有卵磷脂和胆固醇的混合胶束。人食用了脂肪，在胃中乳化、消化，并在酶作用下水解成脂肪酸。脂肪酸在高酸性介质胃中溶于水并增溶于混合胶束中，然后才能被小肠所吸收。

④乳液聚合。高分子单体直接聚合时，由于放热，难以控制温度，使产品质量不高。乳液聚合的基本原理是，水溶液中存在少量高分子，一部分全溶于被表面活性剂所稳定的 O/W 型乳状液滴之中，还有一部分被增溶于表面活性剂的胶束内。反应是在水相中引发的，产生的单体自由基扩散进入胶团，并在其中发生聚合反应。乳状液滴只起单体存储器的作用。当胶束中的单体因发生聚合反应而减少后，由乳状液滴中的单体来补充。生成的聚合物会脱离胶束而分散于水中形成聚合物小液珠，最终成为固体小球。乳液聚合的优点是可以控制反应热的释放，使反应温度得到控制，提高了产品质量，同时还提高了生产效率。

## 7.4.2 胶束催化

胶束的催化作用主要是指对有机反应的催化作用。一般认为胶束的催化作用和反应物与胶束之间的静电作用、疏水相互作用以及胶束周围水结构的变化有关，也可认为是介质效应或浓集效应。例如下列亲核反应

阳离子表面活性剂十六烷基三甲基溴化胺胶束对此反应有催化作用，可使反应速率常数增加 82 倍，而阴离子型表面活性剂十二烷基硫酸钠（SDS）却使反应速率常数减小。

反胶束也有增溶作用，如干洗技术是将极性污物增溶于亲水内核中。它也具有催化作用，例如生物酶的催化作用一般在水相中进行，可利用反胶束使酶增溶在反胶束水核中，而有机反应物可以从非水溶液进入水核中反应，反应完成后再离开胶束。这是一种应用胶束来固定酶的技术，在生物工程中有重要应用。

# 7.5 表面活性剂的其他重要作用与应用

## 7.5.1 洗涤

表面活性剂的洗涤作用是一个很复杂的过程，它与渗透、乳化、分散、增溶以及起泡等各种因素有关。就其中某一种作用而言，在去污过程中究竟起了何种程度的作用，目前还不十分清楚，因为这些作用的效果受污垢的组成、纤维的种类和污垢附着面的性状等的影响。以污垢为例，可分为油污、尘土或它们的混合污垢。不同的污垢，要求不同的洗涤剂。

一种优良的洗涤剂，需具备下列几种性质：

①好的润湿性能，要求洗涤剂能与被洗的固体表面密切接触；

②有良好的清除污垢能力；

③有使污垢分散或增溶的能力；

④能防止污垢再沉积于织物表面上或形成浮渣漂于液面上。

一种优良的洗涤剂应能吸附在固（如织物）-水界面和污垢-水界面上。表面活性剂一般都能吸附在水-气界面上，使 $\sigma$ 降低，有利于形成泡沫，但这并不表示它必然是一种好的洗涤剂。根据起泡的多少来判断洗涤剂的好坏实际上是人们的一种误解，例如非离子型表面活性剂一般有很好的洗涤效果，但并不是好的起泡剂。表面活性剂产生泡沫的多少不是唯一判断洗涤剂好坏的指标，在工业上或用洗衣机洗涤时，人们都喜欢用低泡洗涤剂。

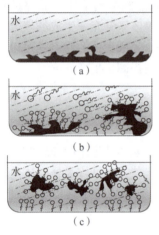

图 7-18　去污机理示意

图 7-18 为去污机理示意图，它说明油质污垢是如何从固体表面上被洗涤剂清除的。图 7-18（a）表明由于水的 $\sigma$ 大，而且润湿性差，只靠水是不能去污的；图 7-18（b）说明加入洗涤剂后，洗涤剂分子以亲油基朝向固体表面或污垢的方式吸附，在机械力作用下，污垢开始从固体表面脱落；图 7-18（c）是洗涤剂分子在干净固体表面和污垢粒子表面上形成吸附层或增溶，使污垢脱离固体表面而悬浮在水相中，很容易被水冲走，达到洗涤目的。

单独使用洗涤剂中的有效成分（如 $C_{12} \sim C_{14}$ 烷基苯磺酸钠）时，其去污效果并不显著，只有添加某些助剂后才能进一步提高去污力。助剂有无机助剂和有机助剂两种。无机助剂有 $Na_2CO_3$、三聚磷酸钠、焦磷酸钠、硅酸钠以及 $Na_2SO_4$ 等；有机助剂有羧甲基纤维素或甲基纤维素，它们常称为污垢悬浮剂，对洗下的污垢起到分散作用。

无机助剂能降低 CMC，可使表面活性剂在较低浓度下发挥去污效能。助剂在碱性条件下也能增进表面活性剂的去污效果。三聚磷酸钠等是最好的和应用最广的助剂，它与水中的 $Ca^{2+}$ 和 $Mg^{2+}$ 形成不被织物吸附的可溶性螯合物，有助于避免形成浮渣和防止污垢再沉积。

目前我国洗涤剂品种繁多，洗涤的基本原理如上所述。选用时，应结合实际情况多方面综合考虑，方能获得良好的去污、洗涤效果。

## 7.5.2　润湿的应用

将水滴在石蜡片上，石蜡片几乎不湿。但水中加入一些表面活性剂后，水就能在石蜡片上铺展开。这种通过表面活性剂改变液体对固体润湿性能的现象，称为润湿。润湿的产生，实际上是由于降低了液-固界面的接触角。而渗透作用实际上是润湿作用的一个应用。当一种多孔性固体（例如棉絮）未经脱脂就浸入水中时，水不容易很快浸透。加表面活性剂后，水与棉表面的接触角减小了，水就在棉表面上铺展，即渗透入棉絮内部。相反，表面活性剂也能使原来润湿得较好的两个界面变得不润湿。这两种转化的情况示意于图 7-19 中。

能使固体表面产生润湿转化的活性剂，称为润湿剂。值得注意的是，由润湿转变为不润湿的过程中所用表面活性剂在固体表面上必须有很强的吸附作用，这意味着此种表面活性剂必须具有特殊的结构要求。在水介质中，小的高支链结构的表面活性剂分子是优良的润湿剂。离子型表面活性剂不能作为带相反电荷基质润湿剂，例如对带负电荷的基质，不能用阳离子型表面活性剂作润湿剂。

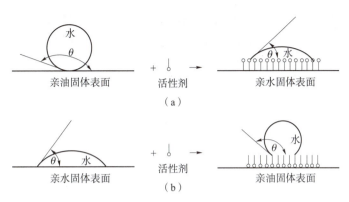

**图7-19 润湿转化情况示意**
（a）润湿转化；（b）反润湿转化

在润湿转化过程中所使用的表面活性剂通常都是阴离子型和非离子型的，最常用的润湿剂为润湿渗透剂 OT。十二烷基苯磺酸钠、十二醇硫酸钠、烷基萘磺酸钠或油酸丁酯硫酸钠等也是常用的润湿剂，但前三者的缺点是起泡多，在某些情况下使用不方便。

非离子型表面活性剂中，应用得最多的是聚氧乙烯异辛基苯酚醚-10，其主要优点是对酸、碱、盐不敏感，起泡不多；缺点是在强碱性溶液中不溶解。

在反润湿转化中所使用的表面活性剂是氯化十二烷基吡啶，它在水中解离后产生活性阳离子。润湿的应用主要体现在以下几个方面。

### 1. 泡沫浮选

许多重要的金属（如 Mo、Cu 等）在矿脉中的含量很低，冶炼前必须设法提高其品位。为此，采用"泡沫浮选"方法。浮选过程大致如下：先将原矿磨成粉（0.01~0.1 mm），再倾入盛有水的大桶中，由于矿粉通常被水润湿，故沉于桶底。若加入一些促集剂（如黄原酸盐 ROCSSNa 之类的表面活性剂），因易被硫化矿物（Mo、Cu 等在矿脉中常为硫化物）吸附，致使矿物表面成为亲油性的（即 $\theta$ 增加），鼓入空气后，矿粉则吸附在气泡上并和气泡一起浮出水面并被捕收，而不含硫化物的矿渣则仍留桶底。据此，可将有用的矿物与无用的矿渣分开。若矿粉中含有多种金属，则可用不同的促集剂和其他助剂使各种矿物分别浮起而被捕收。

促集剂的作用是改变矿粉的表面性质，其极性基团吸附在矿物表面上，而非极性基团朝向水中，由于矿粉表面由亲水变为亲油，当不断加入促集剂时，固体表面上即生成一个亲油性很强的薄膜。不过，促集剂不宜加入过多，一般达饱和吸附即可；如加得过多，有可能使原来已是亲油的表面反而转变为亲水性的。总之，泡沫浮选过程比较复杂，虽然有些机理尚不清楚，但它是一个对国民经济有重要意义的课题。

### 2. 采油

原油储于地下沙岩的毛细孔中，油与沙岩的接触角通常都大于水与沙岩的接触角。因此，在生产油井附近钻一些注水井，注入含有润湿剂的"活性水"，以进一步增加水对沙岩的润湿性，从而提高注水的驱油效率，增加原油产量。

### 3. 农药

在喷洒农药消灭虫害时，要求农药对植物枝叶表面有良好的润湿性，以便液滴在枝叶的表面上易于铺展，待水分蒸发后，枝叶的表面上即留有薄薄一层农药。若润湿性不好，枝叶

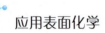 

表面上的农药会聚成滴状，风一吹就滚落下来，或水分蒸发后枝叶表面上留下若干断续的药剂斑点，影响杀虫效果。为解决这个问题，均在农药中加入少量润湿剂，以增强农药对树叶的润湿性。

其他如油漆中颜料的分散稳定性问题、机器用润滑油、彩色胶片中感光剂的涂布等，都要用到与润湿作用有关的问题。

### 7.5.3 渗透的应用

渗透广泛应用于印染和纺织工业中。染料溶液或染料分散液中须使用渗透剂，以使染料均匀地渗透到织物中。纺织品在树脂整理液中处理时，浸渍时间很短，很难被树脂液渗透，会造成整理液渗透不匀和外部树脂偏多的现象，降低了整理效果。为改善此种情况，采用渗透剂 TritonX-100 最为合适，它是一种聚氧乙烯型非离子型的表面活性剂。

近年来，由于漂白工艺连续化，漂白速度加快，次氯酸漂白液不易均匀渗透被漂织物，达不到预期的漂白效果。因此，渗透剂的好坏直接影响织物的白度。漂白时，多使用非离子型表面活性剂，因为它产生的泡沫少，并且不受大量盐的影响。

棉布的丝光过程要用 20%~30% 苛性钠溶液进行短时间浸渍，要求碱液对棉布迅速而均匀地渗透。目前常用 $\alpha$-乙基己烯磺酸钠，并与助剂乙二醇单丁醚复合使用。

在纺织工业中，常用纱带沉降法测定渗透力。此法是用 5 g 未经煮练的纱带，系上砝码后，浸入表面活性剂溶液，记录纱带逐步被溶液润湿而沉降的时间，此时间可以表示渗透力的大小，沉降时间越短，渗透力越强。

### 7.5.4 分散和絮凝

固体粉末均匀地分散在某一种液体中的现象，称为分散。粉碎好的固体粉末混入液体后，往往会聚结而下沉，而加入某些表面活性后，便能使颗粒稳定地悬浮在溶液之中，这种作用称为表面活性剂的分散作用。例如，洗涤剂能使油污分散在水中；表面活性剂能使颜料分散在油中而成为油漆，使黏土分散在水中成为泥浆等。

另外，生产中经常需要使悬浮在液体中的颗粒相互凝聚，用表面活性剂也能达到这一目的，这就叫表面活性剂的絮凝作用。例如，可用絮凝作用来解决工业污水的净化问题。

表面活性剂产生分散作用的原因有以下几个方面。

（1）降低表面张力

表面活性剂吸附于固-液界面上，降低了界面自由能，也就是减弱了自发凝聚的热力学过程，如图 7-20（a）所示。

（2）位垒

低分子表面活性剂吸附在固-液界面上时，形成一层结实的溶剂化膜，阻碍颗粒互相接近，如图 7-20（b）所示。对聚乙二醇醚类表面活性剂来说，吸附在固体表面上的聚氧乙烯长链延伸入水相，限制颗粒运动的位能也阻挡了颗粒的聚结。由于热运动，分散的颗粒始终处于相互碰撞的状态，因此，表面活性剂的表面薄膜必须具有足够的黏附性，以免发生解吸作用，并且必须有足够的浓度，以产生能量垒，防止由碰撞动能引起的颗粒聚结。

（3）电垒

离子型表面活性剂吸附在固体颗粒表面上后，由于离子化的亲水基朝向水相，如图7-20（c）所示，使所有的颗粒获得同性电荷，它们互相排斥，因此颗粒在水中保持悬浮状态。

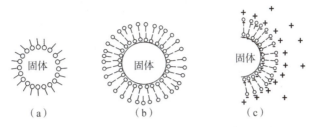

**图7-20 表面活性剂的分散作用**

（a）降低表面张力；（b）形成溶剂化膜；（c）电垒作用

具有单个直链亲油基和一个末端亲水基的表面活性剂，可使非极性物质颗粒（例如炭黑等）很容易在水中分散，此时，亲水基朝向水相。极性或离子型的颗粒较难分散，因为吸附后的亲油基朝向水相，颗粒是和表面活性剂分子的亲水基相互作用而导致吸附的，这样的吸附会使颗粒迅速地聚结。因此，用作极性或离子型固体分散剂的表面活性剂，其亲油基应由各种极性的芳香族环或醚链取代非极性的烷基链，极性基就可以在固体颗粒的极性场或离子场上发生作用，使朝着水相的亲水基的表面活性剂发生吸附。此外，表面活性剂的亲水基一般含有置于分子的几个不同方位上的两个或两个以上的极性基，而不是只含有单个离子或极性基，这样的复合基团除了能提高电垒或位垒的高度外，还可以在一些基团朝着固体颗粒的情况下，使一些基团朝着水相。

絮凝作用与分散作用相反。例如，黏土颗粒表面荷负电，故极性水分子能在黏土周围形成水化膜，若于其中加入阳离子型表面活性剂（如季铵盐类），则与黏土结合后，能中和黏土表面的负电荷，并使黏土表面具有亲油性，从而增大了与水的界面张力，故黏土颗粒易于絮凝。另外，还有一类高分子表面活性剂具有吸附基团（如聚丙烯酰胺类），它能与许多颗粒一起产生架桥吸附而使颗粒絮凝。

综上所述，一个表面活性剂是起分散作用还是絮凝作用，与固体表面性质、介质性质以及表面活性剂性质有关。例如，上述季铵盐是黏土在水中的絮凝剂，但若加入季铵盐的量大到黏土离子交换容量的2倍以上时，则又可使黏土颗粒发生再分散。又如，低相对分子质量的聚丙烯酸可作黏土在水中的分散剂，而高相对分子质量的聚丙烯酸则为黏土在水中的絮凝剂。

## 7.5.5 起泡和消泡

泡沫是气体分散在液体中所形成的体系。通常，气体在液体中能分散得很细，但由于表面能的原因，又由于气体的密度总是低于液体，因此，进入液体的气体要自动地逸出，所以泡沫也是一个热力学不稳定体系。借助表面活性剂（起泡剂）使之形成较稳定的泡沫，这种作用称为起泡。目前对于起泡的作用机理尚不能解释得很清楚，大体来说，有以下几个方面。

①表面活性剂能降低气-液界面张力，使泡沫体系相对稳定。

②在包围气体的液膜上形成双层吸附，亲水基在液膜内形成水化层，液相黏度增高，使液膜稳定。

③表面活性剂的亲油基相互吸引、拉紧，而使吸附层的强度提高。

④离子型表面活性剂因电离而使泡沫带电，它们之间的相互斥力阻碍了它们的接近和聚集。

这些因素对气泡起稳定作用，使气泡不易变薄而破裂。这些因素中，最重要的是由于表面活性剂的相互吸引，使双层吸附膜的强度和液膜中的液体黏度增大。

能稳定泡沫的物质叫起泡剂。起泡剂往往是表面活性剂（如十二碳酸钠、十四烷基硫酸钠、十四烷基苯磺酸钠等），也可以是固体粉末和明胶等蛋白质，后者的表面活性不大，但能在气泡的界面上形成坚固的保护膜，使泡沫稳定。

在泡沫体系中，除了有起泡剂外，还必须有某种稳泡剂，它使生成的泡沫更加稳定。稳泡剂不一定都是表面活性剂，它们的作用主要是提高液体黏度，增强泡沫的厚度与强度。泡沫钻井泥浆中所加的起泡剂为 $C_{12} \sim C_{14}$ 烷基苯磺酸钠或烷基硫酸盐，稳泡剂是 $C_{12} \sim C_{16}$ 的脂肪醇以及聚丙烯酰胺等高聚物。在日用洗发香波中，普遍加脂肪醇酰胺类稳泡剂。在实际工作中，起泡剂常与稳泡剂复配使用。

在许多过程中，产生泡沫会给工作增添不少麻烦，在这种情况下，须加消泡剂。消泡剂实际上是一些表面张力低、溶解度较小的物质，如 $C_5 \sim C_6$ 的醇类或醚类、磷酸三丁酯、有机硅等。消泡剂的表面张力低于气泡液膜的表面张力，容易在气泡液膜表面顶走原来的起泡剂，而其本身由于链短又不能形成坚固的吸附膜，故产生裂口，泡内气体外泄，导致泡沫破裂，起到消泡作用。

### 7.5.6　强化采油中的应用

表面活性剂在强化采油中的主要作用是降低驱替液与原油的界面张力及改善油藏的润湿性。表面活性剂由于兼具亲油（疏水）和亲水（疏油）性质，当表面活性剂溶于水时，分子主要吸附在油水界面上，可以显著降低油水界面张力。油水界面张力的降低意味着表面活性剂能够克服原油间的内聚力，将大油滴分散成小油滴，从而提高原油流经孔喉时的通过率。表面活性剂的驱油效果还表现在使亲油的岩石表面转变成水湿或中性湿，即降低原油在油藏中的黏附功，使原油更易从地层表面洗脱下来，从而提高洗油效率。其基本原理可以用一个驱动力（黏滞力）与毛管力比值的量纲为 1 的函数来表示，称为毛管数。其数值大小反映流体（原油）在油藏多孔介质中的流动能力。毛管数越大，原油在多孔介质中的流动运移能力越强，原油采收率越高。对于水-油体系的毛管数，由式（7-9）确定

$$N_{\mathrm{c}} = \frac{黏滞力}{毛管力} = \frac{v\mu_{\mathrm{W}}}{\sigma_{\mathrm{OW}}\cos\theta} \qquad (7\text{-}9)$$

式中，$N_{\mathrm{c}}$ 为毛管数，量纲为 1；$v$ 为流体黏度，mPa·s；$\mu_{\mathrm{W}}$ 为渗流速度，定义为单位面积上的流速，m/s；$\sigma_{\mathrm{OW}}$ 为油水界面张力，mN/m；$\theta$ 为水相与固相的接触角，（°）。

由上式可以看出，流体（原油）在多孔介质中的流动能力与流体的黏度、油水界面张力、渗流速度等因素有关。降低油水界面张力、提高流体的黏度和渗流速度、改变油藏的润湿性均可提高毛管数。在注水开发末期，毛细管数一般在 $1\times10^{-7} \sim 1\times10^{-6}$ 范围内。若将毛

管数的数量级增至 $1 \times 10^{-2}$，则采收率接近 $100\%$。但由于多孔介质固有性质的限制，以及矿场实际操作的条件限制，渗流速度不可能大幅度提高，增加驱替液黏度只能将毛细管数提高 $1 \sim 2$ 个数量级。通常油水界面张力在 $20 \sim 30$ mN/m 范围内，如果将油水界面张力降低至 $1 \times 10^{-3}$ mN/m，毛管将大幅度增加，进而提高驱油效率。表面活性剂具有双亲结构，向驱替液中添加合适的表面活性剂可有效降低油水界面张力，甚至可以降低至 $1 \times 10^{-4}$ mN/m。因此，表面活性剂的性能是决定化学驱（表面活性剂驱、含表面活性剂的复合驱）成功与否的关键。

国内外强化采油用的表面活性剂产品主要有石油磺酸盐、烷基苯磺酸盐、烯烃磺酸盐等阴离子表面活性剂。上述表面活性剂对于温度 80 ℃，矿化度 30 000 mg/L 以下的常规油藏具有一定的效果并得到广泛应用。但世界范围内新探明储量中高温高盐、低渗透、稠油油藏等难以开采的苛刻油藏比例逐渐上升，中国境内比例甚至高达 $60\%$。上述表面活性剂由于活性低、耐盐性差而导致低效甚至无效。针对目前苛刻的油藏环境，人们试图寻找一些方法来加以解决。主要方法为：①研究开发具有新型结构的高效驱油用表面活性剂，如阴-非离子两性表面活性剂、甜菜碱型两性表面活性剂、双子及寡聚表面活性剂、高分子表面活性剂、烷基糖苷表面活性剂、黏弹性表面活性剂、生物表面活性剂等；②采用表面活性剂复配技术，如将阴离子表面活性剂与非离子或阳离子表面活性剂进行复配。

## 7.6　三种新型表面活性剂

20 世纪 90 年代以来，一些具有特殊结构的新型表面活性剂被相继开发。它们有的是在普通表面活性剂的基础上进行结构修饰（如引入一些特殊基团），有的是对一些本来不具有表面活性的物质进行结构修饰，有些是从天然产物中发现的具有两亲性结构的物质，更有一些是合成的具有全新结构的表面活性剂。这些表面活性剂不仅为表面活性剂结构与性能关系的研究提供了合适的对象，而且具有传统表面活性剂所不具备的新性质，特别是具有针对某些特殊需要的功能。其中最具有代表性的三种新型表面活性剂是 Gemini 表面活性剂、Bola 表面活性剂和树枝状高分子表面活性剂。

### 7.6.1　Gemini 表面活性剂

常见普通表面活性剂含有 1 个亲水基团和 1 个疏水基团，而 Gemini 表面活性剂是两个和多个单链单头基传统表面活性剂通过连接基团在其亲水基或靠近亲水基连接而成的一种新型表面活性剂（图 7-21）。早在 1971 年，Bunton 等人使用连接基团连接两个传统的单链表面活性剂分子，获得了一系列双子表面活性剂。1991 年，Menger 等人根据其结构形象地命名为 "Gemini Surfactants"，意为双子表面活性剂。Gemini 表面活性剂因其独特的化学结构使其具有更高的表面活性、更好的水溶性和低 Krafft 点、独特的相行为和流变性、更好的润湿性、较高的吸附效率、更高的增溶能力等性能，使其广泛用于日用化工、石油开采、皮革、新材料制造和医药科学等领域。

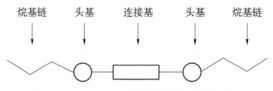

图 7-21　Gemini 表面活性剂分子结构示意

### 1. Gemini 表面活性剂的结构类型

根据 Gemini 表面活性剂极性头基的不同，可分为阳离子型、阴离子型、非离子型和两性型。常见的阳离子型 Gemini 表面活性剂主要有季铵盐型和酰胺盐型；阴离子型 Gemini 表面活性剂有硫酸酯型、羧酸型、磺酸型和磷酸型；非离子型 Gemini 表面活性剂种类相对单一，主要有醇醚、酚醚型以及糖类衍生物型，如烷基糖苷型和糖（酰）胺型；两性型 Gemini 表面活性剂主要有阴-阳离子型、阴-非离子型和阳-非离子型。Gemini 表面活性剂种类繁多，其基团连接的位置不同、疏水链长的差异、官能团的引入以及化学结构和刚性程度的改变也让 Gemini 表面活性剂的结构更加多样化。从反离子来说，多数 Gemini 表面活性剂以溴离子为反离子，但也有以氯离子为反离子的，也有以手性基团（酒石酸根、糖基）为反离子的，还有以长链羧酸根为反离子的。近年来又出现了多头多尾型 Gemini 表面活性剂，它们的出现为 Gemini 表面活性剂大家族增添了新的一员。

### 2. Gemini 表面活性剂的性质

Gemini 与经典的表面活性剂在分子结构上的明显区别是连接基团的介入。因此，Gemini 分子可以看作几个经典表面活性剂分子的聚合体。在 Gemini 的分子结构中，两个（或多个）亲水基依靠连接基团通过化学键而连接，由此造成两个（或多个）表面活性剂单体相当紧密的结合。这种结构一方面增加了碳氢链的疏水作用；另一方面，使亲水基（尤其是离子型）间的排斥作用因受到化学键限制而大大削弱。因此，连接基团的介入及其化学结构、连接位置等因素的变化，将使 Gemini 的结构具备多样化的特点，进而对其溶液和界面等性质产生影响。表 7-10 列出一些典型 Gemini 表面活性剂的 CMC、$C_{20}$ 及 $\gamma_{CMC}$。为便于比较，表中同时列出了普通表面活性剂 $C_{12}H_{25}SO_4Na$ 和 $C_{12}H_{25}SO_3Na$ 的表面活性数据。

表 7-10　Gemini 表面活性剂的 CMC、$C_{20}$ 及 $\gamma_{CMC}$

| 类型 | Y | CMC/(mmol·L⁻¹) | $\gamma_{CMC}$/(mN·m⁻¹) | $C_{20}$/(mmol·L⁻¹) |
|---|---|---|---|---|
| A | —OCH₂CH₂O— | 0.013 | 27.0 | 0.001 0 |
| B | —O— | 0.033 | 28.0 | 0.008 |
| B | —OCH₂CH₂O— | 0.032 | 30.0 | 0.006 5 |
| B | —O(CH₂CH₂O)₂— | 0.060 | 36.0 | 0.001 0 |
| $C_{12}H_{25}SO_4Na$ | | 8.1 | 39.5 | 3.1 |
| $C_{12}H_{25}SO_3Na$ | | 9.8 | 39.0 | 4.4 |

注：表中 A、B 的结构式分别为

（化学结构图：A 和 B 两个分子结构）

Gemini 表面活性剂的临界胶束浓度远低于传统表面活性剂，特别是离子型 Gemini 表面活性剂的临界胶束浓度较普通表面活性剂要低 1~2 个数量级；$C_{20}$ 值比普通表面活性剂降低 2~3 个数量级；$C_{20}$ 及临界胶束浓度越小，表明这种活性剂形成胶束所需的浓度越低，达到表面饱和吸附的浓度越低，因而改变表面性质，从而起到润湿、乳化、增溶、起泡等作用所需的浓度也越低。Gemini 表面活性剂具有超低界面张力，一般可以达到 $10^{-2}$ mN/m，部分甚至可以达到 $10^{-3}$ mN/m。Gemini 表面活性剂分子结构中含两条疏水链和两个亲水头基，连接基将两个亲水头基紧密相连，削弱了亲水头基间的静电斥力与水化层之间的相互作用力，同时，增强了疏水链之间的相互排斥作用，使表面活性剂分子在水溶液中的排列更加密集，分子之间更容易在体相内部聚集形成胶束或者胶团，进而更容易降低溶液的表面张力。

Gemini 表面活性剂的双亲结构使其更容易在界面发生定向吸附，从而具有良好的润湿性能。Gemini 表面活性剂分子中含有两个极性基团和两个非极性基团，这样更容易在固体表面形成非极性基团朝向气体、极性基团朝向固体的定向排列的吸附层，自由能高的固体表面因碳氢链的覆盖而转变为低的自由能表面，从而使润湿性增强。

表面活性剂在水溶液中往往呈现不同形状的聚集体形态，如胶团、双层膜或液晶形态，聚集体的不同形态与溶液的流变性有着密切的联系。当 Gemini 表面活性剂溶液的浓度很低时，溶液黏度近似于水；当溶液浓度增加至某一特定值时，黏度随溶液浓度的增大而迅速增大，甚至可达 6 个数量级。这是因为 Gemini 表面活性剂分子或离子在水溶液中容易聚集成棒状或者线状的大尺寸胶团，并随浓度的增大，棒状或线状的胶团缠结成网状结构，导致溶液黏度急剧增大，在某一浓度下黏度达到最大；然而，当表面活性剂溶液浓度进一步增大时，溶液的黏度反而下降，原因是当溶液浓度进一步增加时，导致分子聚集体的形态发生变化，缠结的网状胶团结构遭受破坏，溶液黏度反而下降。

Gemini 表面活性剂同时拥有两个亲水基团和两个疏水基团，有利于其在水溶液中胶束化及在表界面上的吸附过程的发生，因此，与其他单链表面活性剂相比，其水溶性更好。Gemini 表面活性剂具有很低的 Krafft 点，离子型 Gemini 表面活性剂的 Krafft 点一般在 0 ℃以下，而非离子型 Gemini 表面活性剂的浊点比相应单体的浊点要高，说明 Gemini 表面活性剂有良好的水溶性，温度应用范围广。

## 7.6.2　Bola 表面活性剂

Bola 是南美土著人的一种武器的名称，其最简单的形式是一根绳的两端各系一个球。1951 年，Fuoss 和 Edelson 把疏水链的两端各连接一个离子基团的分子称为 Bola 式电解质。Bola 型两亲化合物是一个疏水部分连接两个亲水部分构成的两亲化合物。

已经研究的 Bola 化合物有三种类型（图 7-22）：单链型（Ⅰ型）、双链型（Ⅱ型）和半环型（Ⅲ型）。

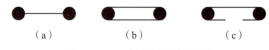

图 7-22　Bola 化合物的类型

（a）Ⅰ型；（b）Ⅱ型；（c）Ⅲ型

Bola 化合物的性质还随疏水基和极性基的性质而有所不同。作为 Bola 化合物的极性基，既有离子型（阳离子或阴离子），也有非离子型。作为 Bola 化合物的疏水基，既有直链饱和碳氢或碳氟基团，也有不饱和的、带分支的或带有芳香环的基团。

Bola 表面活性剂的特殊结构使 Bola 化合物溶液的表面张力、表面吸附、胶团、临界胶团浓度、临界胶团温度和囊泡有特有的性质。

### 1. Bola 表面活性剂的表面张力

Bola 表面活性剂降低水表面张力的能力不是很强。与一般表面活性剂相比，在疏水基相同，亲水基性质也相同，而只多一个亲水基的情况下，Bola 表面活性剂水溶液的表面张力高于同浓度相应的普通表面活性剂的表面张力。例如，十二烷基二硫酸钠水溶液的最低表面张力为 47~48 mN/m，而十二烷基硫酸钠水溶液的最低表面张力是 39.5 mN/m。Bola 化合物的表面张力-浓度曲线往往出现两个转折点，在溶液浓度大于第二转折点后，溶液表面张力保持恒定。

### 2. Bola 表面活性剂的表面吸附

几乎所有对单链 Bola 化合物在溶液表面的研究都表明，分子在溶液表面的面积是同等条件下相应的单头表面活性剂所占面积的两倍或更大。这可以解释为 Bola 分子在界面采取倒 U 形构象的结果，即两个亲水基伸入水中，弯曲的疏水链伸向气相，如图 7-23（a）所示。于是，构成溶液表面吸附层的最外层是亚甲基；而亚甲基降低水的表面张力的能力弱于甲基。所以，Bola 化合物降低水表面张力的能力较差。对于双链 Bola 化合物，则一般认为在低浓度和高浓度时分别采取平躺和直立的构象。

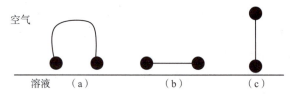

图 7-23　Bola 表面活性剂分子吸附于水面时的构象

同样链长的 Bola 表面活性剂由于具有两个极性头，亲水性更强，因此，与疏水基碳原子数相同、亲水基也相同的一般表面活性剂相比，Bola 表面活性剂的 CMC 较高，Krafft 点较低，常温下具有较好的溶解性。但如果从亲水基与疏水基碳原子数之比来看，在比值相同时，Bola 型表面活性剂的水溶性较差。

### 3. 胶团

Bola 化合物形成的胶团有多种形态。当 Bola 化合物形成球形胶团时，在胶团中可能采取折叠构象，也可能采取伸展构象（图 7-24）。那么，Bola 化合物在胶团中究竟采取何种构象呢？不难想见，当 Bola 分子在胶团中采取伸展构象时，一个 Bola 分子从胶团中解离，必然有一个带电的极性头需要穿过胶团疏水中心，这是比较困难的。因此，其解离速度常数应该比同碳原子数的一般型表面活性剂小。反之，Bola 分子在胶团中采取折叠构象时，分子从胶团中离解的速度常数比较大，因此，一些碳链较长的 Bola 分子在胶团中可能采取折叠构象。对于疏水链较短的 Bola 分子，在胶团中采取折叠构象可能存在空间结构上的困难。除了球形胶团，有些 Bola 化合物还可以形成棒状胶团。

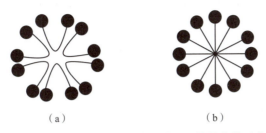

**图 7-24 Bola 表面活性剂球形胶团可能具有的形态**

（a）折叠构象；（b）伸展构象

Bola 两亲化合物分子因为具有中部是疏水基，两端为亲水基团的特殊结构，在水中做伸展的平行排列，即可形成以亲水基包裹疏水基的单分子层聚集体，称为单层类脂膜（简称 MLM）。这种膜的厚度比通常的 BLM 膜薄得多。单层膜弯曲闭合后，就形成单分子层囊泡（MLM 囊泡），如图 7-25（b）所示。

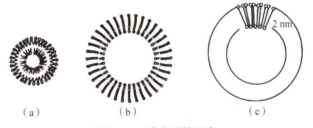

**图 7-25 囊泡结构示意**

（a）囊泡；（b）MLM 囊泡；（c）不对称的 MLM 囊泡

## 7.6.3 树枝状高分子表面活性剂

树枝状高分子（Dendrimer）是 1985 年由美国 Dow 化学公司的 Tomilia 博士和 South Florida 大学的 Newkome 教授几乎同时独立开发的一类三维、高度有序并且可以从分子水平上控制、设计分子的大小、形状、结构和功能基团不同的新型高分子化合物，它们高度支化的结构和独特的单分散性使这类化合物具有特殊的性质和功能。《美国化学文摘》从 1992 年第 116 卷在普通主题索引中新设专项标题（Dendritic polymers），大量的树枝状高分子被合成出来，对其性质的研究也不断深入，成为高分子领域研究的热点之一。树枝状高分子在合成过程中，反应每循环一次，在原聚合物基础上增加一代，因此，可以在纳米水平上严格控制分子的大小、结构、表面基团的数量和相对分子质量。在树枝状高分子内存在空腔，每生成一代，便具有一层结构，每层结构中具有一定的分子空腔，这些空腔的存在有利于药物与基因运输及分子催化的研究。树枝状高分子本身有纳米尺寸，由于高度支化的拓扑形态，使得树枝形分子在三维空间中具有近似的球形结构，其尺寸一般在几纳米至几十纳米之间，并且在树枝状高分子的外层富集了大量的官能团，由于端基性质的不同，使树枝状高分子具有多功能性，因此，树枝状高分子在很多方面将产生更广泛的应用。

传统的高分子表面活性剂是指相对分子质量在数千以上，具有表面活性，像低分子表面活性剂一样，由亲水部分和疏水部分组成。树枝状高分子表面活性剂的端基多为亲水基，从核心向外支化的链节多为亲油基，它们被端基包围在分子内部，形成一个亲油"洞穴"，虽然结构特殊，但它们具有较高的表面活性，同时具有胶束的性质。此外，改进合成方法可以得到具有亲油表面和亲水内层的树枝状高分子，类似于反向胶束。树枝状高分子结构的特殊性，也预示着它具有特殊的合成方法。

### 1. 发散合成法

20世纪70年代后期曾有人尝试以小分子为核心，采用逐步重复的合成手段合成树枝状高分子。1985年，Tomalia和Newkome发展了这种由一个中心向外扩散的合成方法，其合成模式如图7-26所示。这种合成法的缺点是反应增长级数越大，越容易使树枝状高分子产生缺陷。若使反应进行完全，需要大量过量的试剂和较苛刻的分离条件，从而给产物的纯化带来一定的困难。

**图7-26　发散合成法**

A、B—反应基团；Z—B的被保护形式；θ—A与B形成的官能基

### 2. 收敛合成法

鉴于发散合成法存在的缺陷，1990年，Cornell大学Frechet教授提出了一种新的合成方法——收敛合成法。它是先合成树枝状高分子的一部分，形成一个"楔状物"，然后将这些"楔状物"与核心连接，最后形成一个新的树枝状高分子，其合成模式如图7-27所示。这种合成非常巧妙，不仅可以设计分子的结构，而且端基结构非常完整，能够避免发散合成法的不足，但随着"楔状物"分子的增大，它与核心相连就变得越来越困难。自1985年开发树枝状高分子以来，已合成了多种结构的树枝状高分子。碳氢树枝状高分子如聚亚苯基化合物，枝干上含氧原子的化合物如树枝状聚酯；还有树干上含氮、硅、磷、硼、锗和铋等杂原子的树枝状高分子。

树枝状高分子属于水溶性高分子，其水溶液具有典型表面活性剂水溶液的特性。例如典型的树枝状高分子聚酰胺，由于其亲水基团是分子内部的羰基和胺基，亲油基团是内部的碳氢链和外部的甲基，所以，不同支化代的系列产物均具有一定的表面活性，但其表面活性除与支化代有关外，还与分子本身的构型有关。

树枝状高分子具有亲水性表面基团的同时，又具有疏水性内层，它是靠共价键连接的单

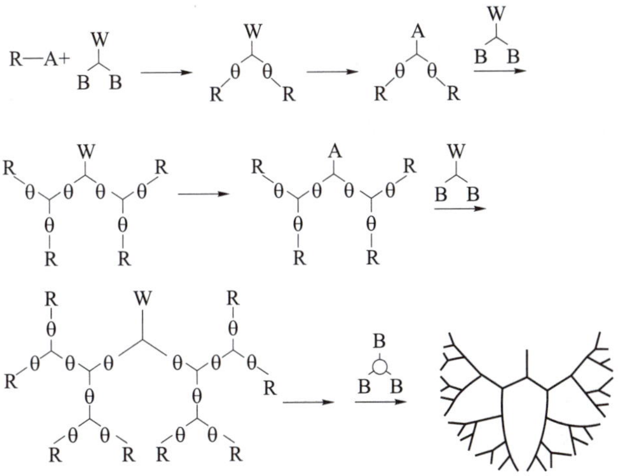

图 7-27 收敛合成法

A、B—反应基团；W—A 的被保护形式；θ—A 与 B 形成的官能基

个大分子，随着支化代数目的增加，分子表面的官能团将越来越密集，但分子内部具有大量的空腔，可以容纳小分子。随着分子结构的不同，每个分子所加溶的小分子数目也不同。树枝状高分子的增溶作用，对其作为药物输送载体和催化剂载体具有重要的实用价值。

由于树枝状高分子的末端含有大量的活性基团，能够强烈地吸附油-水界面，顶替原来的保护层，而新界膜的强度大为降低，保护作用减弱，有利于破乳。此外，由于树枝状高分子的相对分子质量较大，它能够分散在乳液中，使细小液珠絮凝成松散的胶团，这些胶团再结成大液滴，使油水分离。

# 7.7　表面活性剂与环境

## 7.7.1　表面活性剂的毒性

随着表面活性剂在与人体接触的体系如药物、食品、化妆品及个人卫生用品中的应用越来越广泛，人们对各类与人体接触配方中表面活性剂的毒副作用投入越来越多的关注。目前对表面活性剂的选取原则逐渐趋向于在满足保护皮肤、毛发的正常、健康状态，对人体产生尽可能少的毒副作用的前提条件下，才考虑如何发挥表面活性剂的最佳主功效和辅助功效。因此，重新认识和评价表面活性剂的安全性及温和性，向消费者提供最安全、最温和又最有效的制品是十分必要的。

### 1. 表面活性剂的经口毒性

表面活性剂对人体的经口毒性可分为急性、亚急性和慢性三种。毒性大小一般用半致死量，也称致死中量 $LD_{50}$ 表示，即指使一群受试动物中毒死一半所需的最低剂量（mg/kg）。对鱼类用 $LT_{50}$（mg/kg）或 $LC_{50}$（mg/L）表示。

阳离子型表面活性剂有较高毒性，阴离子型居中，非离子型和两性离子型表面活性剂毒性普遍较低，甚至比乙醇的 $LD_{50}$（6 670 mg/kg）还低。

阴离子型表面活性剂的经口急性毒性都很低，由脂肪酸盐和天然油脂皂化制成的肥皂可认为是无害的物质。对烷基硫酸盐、烷基磺酸盐、$\alpha$-烯烃磺酸盐、烷基苯磺酸盐等阴离子表面活性剂的毒性研究表明，同系物的毒性大小与链长有关。对烷基硫酸盐而言，$C_{10} \sim C_{12}$ 比碳链较短的（碳数<8）或链较长的（碳数>14）同系物毒性高。在局部刺激实验中，$C_{10} \sim C_{12}$ 的烷基硫酸盐也比链较短或较长的同系物耐受性低一些。正-烷基硫酸盐和 $\alpha$-烯基磺酸盐达到一定碳数后，链长再增加时，毒性明显降低。烷基苯磺酸钠毒性研究发现，对动物最大的无作用量是 300 mg/kg，人的摄入量仅为最大无作用量的 1/500。

绝大多数非离子型表面活性剂的毒性比阴离子型表面活性剂低。非离子型表面活性剂中毒性最低的是 PEG 类，其次是糖酯、AEO、Span、Tween 类，烷基酚聚醚类毒性偏高。在聚氧乙烯型非离子型表面活性剂中，一般来说，酯型（即失水山梨醇酯的聚氧乙烯化合物）比醚型（即脂肪醇聚氧乙烯醚 AEO 和烷基酚聚氧乙烯醚 APEO）毒性低。在每一类同系物中，毒性大小与亲油基碳数及环氧乙烷加成数有关。多元醇型非离子型表面活性剂如甘油酯、蔗糖酯、失水山梨醇酯等可以预计其基本是无毒的。众所周知，单甘酯、蔗糖酯可以作食品添加剂使用。

一般的阳离子型表面活性剂的毒性比阴离子型和非离子型表面活性剂要高得多，特别是那些用作消毒杀菌剂的季铵盐类阳离子型表面活性剂毒性较高。

相当大量的表面活性剂是应用于日用化学品中的。其与人体经常接触，因此，了解其亚急性毒性和慢性毒性也具有十分重要的现实意义。一般认为非离子型表面活性剂的亚急性和慢性毒性实验结果均为无毒类，因此，非离子型表面活性剂可作为安全性物质使用。阳离子表面活性剂在慢性实验中，在做实验动物的饮用水中含烷基二甲基苄基氯化铵时，几乎无影响。但浓度高时，或多或少会抑制被试动物的发育，其原因是阳离子型表面活性剂使饮用水变味，被试动物减少了对水的摄取量，从而影响其健康发育。季铵盐刺激消化道，妨碍正常的营养摄取而呈现其毒性。

### 2. 表面活性剂的生物和生态毒性

表面活性剂的生物毒性是指对水生生物、海洋生物、微生物和海洋微藻等的毒性作用，鱼类能安全生存的表面活性剂质量浓度应在 0.5 mg/L 以下，1~5 mg/L 就会对敏感的鱼类致病。水体中 1 m/L 的质量浓度就会对水蚤引起慢性中毒，与大多数阴离子型和非离子型表面活性剂相比，常见阳离子型表面活性剂毒性更大。它们对鱼类的 $LC_{50}$-48 h 为 0.6~2.6 mg/L，对水蚤的 $LC_{50}$-48 h 为 0.16~1.06 mg/L，5 天的抑藻质量浓度大于 0.1~1.0 mg/L。另外，还应考虑它们在生物体内的积聚，例如，鱼在含有质量浓度 0.02 mg/L 的阳离子型表面活性剂二硬脂酰二甲基氯化铵残液中生存 49 天后，在其食用部分富集的浓度增至 4 倍多，而在非食用部分中却积聚到 260 倍，为食用部分的 52 倍。

表面活性剂对细菌与藻类的毒性以 $ECO_{50}$ 表示，它表示 24 h 内表面活性剂对水生细菌与藻类运动抑制程度的性质，一般为 1~67 mg/L。BASF 公司规定了 $ECO_{50}$>100 mg/L 为先进指标，$ECO_{50}$ 在 1~100 mg/L 能够使用，若 $ECO_{50}$<1 mg/L，则不能使用。

从化学结构来看，表面活性剂的化学结构与其水生生物毒性的关系可归纳为以下 3 点：①疏水性越大（HLB 越小）的表面活性剂，其水生生物毒性越大；②乙氧基化物中乙氧基越多，其水生生物毒性越低；③与非离子表面活性剂相比，结构相似的阴离子表面活性剂，由于疏水性降低而毒性较低。

表面活性剂的生态毒性主要体现在鱼毒性。鱼毒性以 $LC_{50}$ 表示，单位为 mg/L。一般表面活性剂使水的表面张力下降到 50 mN/m 时，鱼类就很难生存。对鲤鱼的 100% 死亡率的质量浓度极限为：LAS 4.0 mg/L、油醇 AEO（4）硫酸钠 5 mg/L、十二醇 AEO（10）磷酸钠 16 mg/L、壬基酚 PEO（21）醚 160 mg/L、十二醇 AEO（7）醚 2.4 mg/L、油酸 AEO（9）酯 200 mg/L。对于 $LC_{50}$ 很低的表面活性剂，应控制使用浓度。其中，以 LAS 和 APEO（10）为原料制成的助剂，鱼毒性最大。BASF 公司规定助剂的先进指标为 $LC_{50}$>100 mg/L；$LC_{50}$=1~100 mg/L 能够使用；$LC_{50}$<1 mg/L 属强毒性。

阴离子型表面活性剂烷基苯磺酸钠（LAS）对鱼的急性毒性，链长 $C_{10}$ 的 $LC_{50}$ 为 100 mg/L，链长 $C_{11}$ 的为 27.9 mg/L，链长 $C_{12}$ 的为 6.6 mg/L，链长 $C_{13}$ 的为 1.8 mg/L，链长 $C_{14}$ 的为 0.5 mg/L，可见链长对 LAS 的毒性影响很大，其有效的生物降解对其毒性的消除将是极其重要的。壬基酚聚氧乙烯（6EO）醚对鲤鱼的 $LC_{50}$-48 h 为 0.7 mg/L，而壬基酚聚氧乙烯（11EO）醚为 5.4 mg/L，壬基酚聚氧乙烯（21EO）醚为 93.0 mg/L。

### 3. 表面活性剂的溶血性

非离子型表面活性剂常作为增溶剂、乳化剂或悬浮剂用于药物注射液或营养注射液中，对于一次注射量较大的场合，特别是静脉注射时，则必须考虑表面活性剂的溶血性。

一般来讲，非离子型的溶血性最小，阳离子型的次之，阴离子型的溶血性最大，一般不在注射液中使用。在非离子表面活性剂中，氢化蓖麻油酸 PEG 酯的溶血性作用低，最适于静脉注射，但若其中 PEG 聚合度加大，则溶血性会超过 Tween 类。一些非离子型表面活性剂溶血性的次序为：Tween<PEG 脂肪酸酯<PEG 烷基酚<AEO。Tween 系列的溶血性次序为：Tween-80<Tween-40<Tween-60<Tween-20。

## 7.7.2 表面活性剂的生物降解性

表面活性剂作为一种重要的化工产品，从日常生活到工业生产的各个部门几乎无处不在。但人们发现，表面活性剂在造福人类的同时，在环境中的难降解性也给生态环境带来了一系列的问题。早在 20 世纪 60 年代，表面活性剂就已经作为工业表面处理剂和民用洗涤剂中的主要成分而被大量使用。但这些被使用的表面活性剂绝大部分未经处理，最后通过各种途径进入水生或陆地生态系统，造成感观指标下降，引起水质恶化，使水体富营养化等严重后果。因此，表面活性剂的生物降解性是环境接受的重要依据。

### 1. 表面活性剂的生物降解过程

表面活性剂的降解是指表面活性剂在环境因素（微生物）作用下结构发生变化而被破坏，从对环境有害的表面活性剂分子逐步转化成对环境无害的小分子（$CO_2$、$NH_3$、$H_2O$ 等）的过程。生物降解过程实质上是一个氧化过程，该过程主要是把无生命的有机物自然地打碎成比较简单的组分。因此，表面活性剂的生物降解主要是研究表面活性剂由细菌活动所导致的氧化过程。这是一个很长的、分步进行的、连续的化学过程。完整的降解一般分为3 步。

①初级降解。表面活性剂的母体结构消失，特性发生变化。

②次级降解。降解得到的产物不再导致环境污染。也叫作表面活性剂环境可接受的生物

降解（environmentally acceptable biodegradation）。

③最终降解。底物（表面活性剂）完全转化为 $CO_2$、$NH_3$、$H_2O$ 等无机物。

### 2. 表面活性剂生物降解机理

表面活性剂生物降解的反应通常可通过三种氧化方式予以实现：$\omega$-氧化；$\beta$-氧化；芳环氧化。

（1）$\omega$-氧化

$\omega$-氧化是发生在碳链末端的氧化。在 $\omega$-氧化中，表面活性剂末端的甲基被进攻、氧化，使链的一端氧化成相应的脂肪醇和脂肪酸。这一反应通常是初始氧化（initial oxidation）阶段，是亲油基端降解的第一步。

当 $\omega$-氧化进行得极慢时，发生两端氧化，生成 $\alpha$-、$\omega$-二羧酸。烷基链的初始氧化也可能发生在链内，在 2-位给出羟基或双键。这种氧化叫作次末端氧化（subterminal oxidation）。次末端氧化很少在链的 3-、4-、5-以至更中心的位置发生。

脂环烃可发生与直链烃次末端氧化相类似的生物降解反应。例如，环己烷可以被某些种类的细菌氧化，生成环己醇和环己酮。还有几种细菌能把环己烷的脂环变成苯环，然后按苯环的生物降解机理进行开环裂解。

（2）$\beta$-氧化

高碳链端形成羧基时，碳链的初始氧化即已经完成。继续进行的降解过程是一个 $\beta$-氧化过程。该反应是由酶催化的一系列反应，起催化作用的酶叫作辅酶 A（coenzyme A），以 HSCoA 表示。

在 $\beta$-氧化过程中，首先是羧基被辅酶 A 酯化，生成脂肪酸辅酶 A 酯（$RCH_2CH_2CH_2CH_2$ COSCoA），经过一系列反应，释放出乙酰基辅酶 A（$CH_3COSCoA$）和比初始物少两个碳的脂肪酸辅酶 A 酯（$RCH_2CH_2COSCoA$），并进一步继续进行上述同样的降解反应。如此循环，使碳链每次减少两个碳原子。

（3）芳环氧化

苯或苯衍生物在酶催化下与氧分子作用时，首先生成儿茶酚（邻苯二酚）或取代儿茶酚。儿茶酚如果发生邻位裂解，即环裂解发生于相邻羟基的两个碳之间，则形成 $\beta$-酮-己二酸。$\beta$-酮-己二酸通过 $\beta$-氧化得到乙酸和丁二酸。取代的儿茶酚经常发生邻位裂解。儿茶酚也可通过间位裂解，即环裂解发生于连接羟基的碳和与其相邻的碳原子之间。最终生成甲酸、乙醛和丙酮酸。

### 3. 一些重要表面活性剂的生物降解过程

（1）直链烷基苯磺酸盐（LAS）

直链烷基苯磺酸盐的生物降解机理是迄今为止研究得较多的一类表面活性剂，对其降解的机理有多种解释。一般认为是在辅酶（NAD、FAD、CoASHD）、$O_2$ 等作用下，通过 $\omega$-和 $\beta$-氧化逐级降解。其中，$\omega$-氧化使在 LAS 的烷基链末端的甲基被氧化为羧基；$\beta$-氧化使羧基被氧化并从末端分解脱落两个碳原子。LAS 的烷基链经过多次 $\omega$-、$\beta$-氧化后消失，最后苯环开环断裂，经氧化降解和脱磺化作用变成羧基，再进一步降解为二氧化碳、水和硫酸盐。

（2）烷基硫酸盐（AS）

AS 的生物降解是先通过烷基硫酸脂酶脱硫酸根，然后经脱氢酶氢和 $\beta$-氧化过程逐级降

解为 $CO_2$、$H_2O$。

（3）烷基醚硫酸盐

烷基醚硫酸盐的生物降解被认为主要是通过醚酶断裂醚键，然后通过烷基酸酯酶和脱氧酶逐步降解。

（4）胺和酰胺类

胺和酰胺类的生物降解是 C—N 键先断裂，然后经 $\omega$-、$\beta$-氧化，最后生成 $CO_2$、$H_2O$ 和 $NH_3$。

#### 4. 影响表面活性剂降解的因素

1）表面活性剂的分子结构

表面活性剂的生物降解性与其分子结构的关系有以下规律：

①一般来讲，表面活性剂的生物降解性主要由疏水基团决定，表面活性剂亲水基性质对生物降解性有次要的影响。

②降解性能随着疏水基线性程度的增加而增加，末端季碳原子会显著降低降解性。

③疏水链长短对降解性也有影响。

④乙氧基链长影响非离子表面活性剂的生物降解性。

⑤增加磺酸基和疏水基末端之间的距离，烷基苯磺酸盐的初级生物降解度增加。

下面分别讨论不同类型表面活性剂结构的影响。

（1）阴离子表面活性剂

对直链烷基苯磺酸盐（LAS）、烷基硫酸盐（AS）、烷基醚硫酸盐（AES）、$\alpha$-烯基磺酸盐（AOS）这几种使用量最大的阴离子型表面性剂的生物降解研究表明：AS 最易生物降解，能被普通的硫酸脂酶氧化成 $CO_2$ 和 $H_2O$。降解速度随磺酸基和烷基链末端间距离的增大而加快，烷基链长在 $C_6 \sim C_{12}$ 间最易降解。阴离子表面活性剂的烷基链带有支链，并且支链长度越接近主链则越难降解。

对烷基苯磺酸盐的生物降解研究得出如下规律：

①烷基链的支化度越高，越难生物降解。如 $\alpha$-十二烯的烷基苯磺酸盐，其烷基链是直链，生物降解性最好；四聚丙烯的烷基苯磺酸盐，其烷基链有多个甲基侧链，生物降解性比较差；烷基链的链端有季碳原子的烷基苯磺酸盐生物降解性最差，几乎不具有生物降解性。

②当烷基链的碳数及支化程度相同时，苯基结合在烷基链的端头比结合在内部的生物降解性稍好。$\alpha$-十二烯制得的烷基苯磺酸盐的苯基的结合位置是随机分布的，其生物降解性很好，优于 2-位苯基的十二烷基苯磺酸盐。

③对烷基链长的影响研究表明，烷基链长为 12 个碳即正构十二烷基苯磺盐的生物降解性能优良。

④环烷基的存在对其生物降解性也有影响。

（2）阳离子型表面活性剂

阳离子型表面活性剂具有抗菌性，降解能力较弱，一般都认为需要在需氧条件下进行。很多阳离子型表面活性剂甚至还会抑制其他有机物的降解。但某些阳离子型表面活性剂也具有较好的生物降解性，如壬基二甲基苯基氯化铵的降解能力与 LAS 的相近。很多阳离子型表面活性剂与其他类型的表面活性剂复配后，不仅不会出现抑制降解的现象，反而使两者都易降解。如十二烷基三甲基氯化铵常温下不能降解，但当与 LAS 按等摩尔复配后，两者的

降解能力都显著增强。一种可能的解释是由于复配后形成复合物，降低了阳离子表面活性剂的抗菌性，使降解易于进行。

（3）两性表面活性剂

两性表面活性剂是所有表面活性剂中最易降解的。

（4）非离子表面活性剂

非离子表面活性剂的生物降解能力与烷基链长度、有无支链及 EO、PO 的单元数等有关。对具有不同烷基链与一个或多个环氧乙烷-环氧丙烷嵌段共聚物的非离子表面活性剂的生物降解性的研究表明：长链烷基比短链烷基难降解；带支链的烷基比直链烷基难降解；分子中存在酚基时较难降解；PO、EO 单元数越多越难降解；相同长度的 PO 链比 EO 链难降解。

2）环境因素

影响表面活性剂降解的因素，除自身的结构外，还受微生物、光源、浓度、温度、氧化剂、pH 等诸多环境因素的影响。

（1）微生物活性

微生物活性对表面活性剂的降解至关重要。高浓度的表面活性剂会降低微生物的活性，故在降解前需用臭氧进行预处理。一般微生物在常温、pH 近中性条件下最容易存活、繁殖，因此表面活性剂在此条件下也就最易分解。

（2）含氧量

表面活性剂的生物降解属于氧化还原反应，因此又可将其分为需氧降解和厌氧降解两类。如前所述，阳离子表面活性剂则仅在需氧条件下降解。脂肪酸盐、$\alpha$-烯基磺酸盐、对烷基苯基聚氧乙烯醚等一般在需氧、厌氧条件下都能降解，并且在两种条件下降解速度及降解度均相差不大。而 LAS 在需氧、厌氧两种条件下的差异很大。

（3）地表深度

通过对不同地质的地表深度对生物降解 LAS 的影响进行研究，发现随着地层深度增加，LAS 的浓度迅速下降。原因是微生物在不同土壤中的浓度和活性随空间的分布不同。

### 5. 表面活性剂生物降解的研究方法及表征

表面活性剂生物降解的研究即把表面活性剂暴露于细菌中，并观察它的最终结果。然而，与生物降解有关的实验方法变化过程的重复性和生物降解结果的定量表示等是比较困难的。

1）生物降解的研究方法

表面活性剂生物降解研究的一般方法是通过模拟表面活性剂在天然水源、土壤、污泥、污水等环境条件下被微生物分解的过程（机理）及分解程度（降解率），描述表面活性剂的生物降解性能。目前，国际上模拟表面活性剂生物降解的实验方法很多，最常用的方法主要有以下几种。

（1）活性污泥法（activated sludge）

这是用得最普遍的一种方法，它可进一步分为半连续活性污泥法和连续活性污泥法，主要用于污水处理的模拟。半连续活性污泥法以天然微生物作微生物源，在表面活性剂的人工污水中加入亚甲基蓝，同时使污水中形成的活性物随时间按一定的浓度增加，以诱导产生培养出能分解表面活性剂的酶，最后通过测定残留表面活性剂的浓度而获得生物降解率。通过对中间产物的监测，还可导出降解的机理，求出半衰期。连续活性污泥法是利用标准化装置，实行连续操作、全部模拟污水的处理过程。

（2）震荡培养法（shaking culture test）

将微生物源（来源于天然微生物或污水处理厂返回的污泥）置于含有表面活性剂的待测样品中，在一定温度下振荡培养，然后测定表面活性剂浓度随时间的变化，从而进一步求出降解率。

（3）测定二氧化碳法

此法通过测定污水处理厂的表面活性剂清液在固定时间（一般为半月）内降解生成的 $CO_2$ 和 $H_2O$，得到表面活性剂的降解率。

（4）生物耗氧量法和 Warbarg 法

生物耗氧量法（BOD）适于需氧条件下的生物降解。通过测定完全氧化表面活性剂所需的氧量来对比评价在一定时间（一般为一周）内表面活性剂降解的程度。Warbarg 法的原理与生物耗氧量法的原理基本相同，不同的是它是通过测定化学耗氧量（COD）来确定表面活性剂的最终浓度和降解率。

（5）其他方法

除了上述方法之外，还有土壤灌注法、开放或密闭静置法、间歇反应测定法、周期循环活性污泥法、$^{14}C$ 标记法等。不同的方法可能会得到不同的实验结果，甚至差别还很大，因此使用时应注意。

2）表面活性剂生物降解特性的表征

（1）生物降解度

表面活性剂的生物降解度通常是指在给定的暴露条件和定量分析方法下表面活性剂的降解百分数。

（2）降解时间和半衰期

在衰减实验中，经过一定的暴露时间后，表面活性剂的生物降解度接近一个常数。通常以表面活性剂降解度达到水平状态的值和达到水平状态值的时间这两个数据表示表面活性剂的生物降解性能。生物降降解达到的水平值越高，达到水平状态值时所需的时间越短，则生物降解性越好。

在衰减实验中，也可以用半衰期来表示生物降解速率。半衰期为表面活性剂浓度下降到初始浓度的一半时所需的生物降解时间。半衰期越短，生物降解速率越高。

# 参考文献

[1] 沈钟，王果庭. 胶体与界面化学 [M]. 2 版. 北京：化学工业出版社，2002.

[2] 王丽敏，陈复生，刘昆仑. 反胶束结构的研究进展 [J]. 食品工业，2015（36）：226-231.

[3] 陈海光，成坚. 反胶束技术及其应用 [J]. 仲恺农业技术学院学报，2000（13）：52-57.

[4] Fendler J H. 膜模拟化学 [M]. 北京：科学出版社，1995.

[5] 陈宗淇，王光信，等. 胶体与界面化学 [M]. 北京：高等教育出版社，2016.

[6] 李应成，鲍新宁，张卫东. 国内外强化采油用表面活性剂研究进展 [J]. 精细化工，

2020, 37 (4)：649-658.

[7] 王学川，邱白玉. 表面活性剂的毒性问题 [J]. 日用化学品科学，2005, 28 (6)：21-26.

[8] 方云，夏咏梅. 两性表面活性剂（五）两性表面活性剂的生理活性 [J]. 日用化学工业，2001, 31 (1)：51-56.

[9] 肖进新，赵振国. 表面活性剂应用原理 [M]. 2 版. 北京：化学工业出版社，2021.

[10] 叶金鑫. 表面活性剂与环境保护 [J]. 现代纺织技术，2002, 10 (3)：42-47.

[11] 陈荣圻. 前处理助剂的生态问题探讨（一）、（二）[J]. 上海染料，2001 (6)：36-42.

[12] Bunton C A, Kamego A, Minch M J. Catalysis of nucleophilic substitutions by micelles of dicationic detergents [J]. J. Org. Chem., 1971, 36 (16)：2346-2350.

[13] Menger F M, Littau C A. Gemini surfactants：synthesis and properties [J]. Journal of the American Chemical Society, 1991 (113)：1451-1452.

[14] 钟凯，葛赞，等. Gemini 表面活性剂的性能与应用 [J]. 中国洗涤用品工业，2009 (10)：84-89.

[15] 宋昭峥，王军，蒋庆哲，等. 表面活性剂科学与应用 [M]. 2 版. 北京：中国石化出版社，2015.

[16] 王俊，杨锦宗. 一类新型的表面活性剂——树枝状高分子 [J]. 日用化学工业，2002, 32 (1)：35-39.

[17] Tomilia D A, Baker H, et al. A new class of polymers：starburst-dendritic macromolecules [J]. Polymer Journal, 1985, 17 (1)：117-132.

[18] Newkome G R. et al. Cascade molecules：a new approach to micelles [J]. J. Org. Chem., 1985 (50)：2003-2004.

[19] Hawker C J, Frechet J M J, et al. Preparation of polymers with controlled molecular architecture a new convergent approach to dendritic macromolecules [J]. J. Am. Chem. Soc., 1990 (112)：7638-7647.

# 第8章 乳状液与泡沫

## 8.1 乳状液

乳状液（emulsion）在食品、农药、医药、化妆品、化工、机械加工、能源、环保等各领域有广泛的应用，如牛奶、冰激凌、乳型剂、农药和药品、化妆品、涂料、金属切削油、钻井液、乳化沥青等都是乳状液或以乳化形式应用的。乳状液在工业、农业、医药和日常生活中都有极广泛的应用。

### 8.1.1 乳状液概念及类型

乳状液是一个非均相体系，其中至少有一种液体以液滴的形式分散在另一种液体之中，分散的液珠直径一般大于 $0.1~\mu m$。此种体系皆有一个最低的稳定度，这个稳定度可因有表面活性剂或固体粉末存在而大大增加。通常，把乳状液中以液珠形式存在的那一相称为内相（分散相或不连续相），另一相称为外相（分散介质或连续相）。

乳状液总有一个相是水（或水溶液），简称为"水"相；另一相是与水不相溶的有机液体，简称为"油"相。外相为水、内相为油的乳状液，称为水包油型乳状液，用"O/W"来表示。例如，牛奶是奶油分散在水中形成的 O/W 型乳状液；外相为油、内相为水的乳状液，称为油包水型乳状液，用"W/O"来表示。例如，天然原油一般为 W/O 型乳状液。

单靠油和水混合不易得到稳定的乳状液，即使形成了乳状液，不久又会分散成油和水两相。如果加入一些表面活性剂，就可以得到比较稳定的乳状液。凡是能提高乳状液稳定性的物质，都称为乳化剂。按乳状液的类型，可将乳化剂分成两大类：能形成 W/O 型稳定乳状液的称为油包水型乳化剂；能形成 O/W 型稳定乳状液的称为水包油型乳化剂。

W/O 型和 O/W 型两类乳状液在外观上并无多大区别，通常可以采用以下几种简单方法

加以鉴别。

（1）稀释法

乳状液能为其外相液体所稀释，所以凡是其性质与乳状液外相相同的液体，就能稀释乳状液。如牛奶能被水稀释，所以它是"O/W"型乳状液。

（2）染色法

将极微量的油溶性染料加到乳状液中，整个乳状液带有染料颜色的是 W/O 型乳状液，只有液滴带色的是 O/W 型乳状液。若用水溶性染料，其结果恰好相反，整体带色的是 O/W 型乳状液，仅液滴带色的为 W/O 型乳状液。常用的油溶性染料有红色的苏丹 Ⅲ 等，水溶性的染料有荧光红、亚甲基蓝等。

（3）电导法

以水为外相的 O/W 型乳状液有较好的导电性能，而 W/O 型乳状液的导电件能却很差，因此，可通过电导的测定来区别乳状液类型。但是水相含量很高的 W/O 型乳状液，或用离子型乳化剂所生成的 W/O 型乳状液，有时也会有较高的导电性能。

乳状液是胶体化学中应用较广泛的体系之一。因此，对乳状液理论的研究一直是人们很感兴趣的课题。尤其是近几年来，该领域的研究空前活跃并取得了一系列进步。

## 8.1.2 乳状液的制备及物理性质

### 1. 乳状液的制备

要制备某一类型的乳状液，除了选好乳化剂外，还要注意乳状液的制备方式，就是采取什么途径把一个液体分散在另一液体中。在实验室中最简单的方式，就是用手振摇。经验证明，间歇震荡比连续震荡的效果好，两次振摇间隔时间以 10 s 为宜。但振摇过于激烈，或时间过长，效果未必更好，这可能是由于乳化剂吸附到新形成的液珠表面需要一定时间，倘若液珠在尚未稳定之前受到外界扰动，将使液珠相互碰撞的机会增多，而易于聚结。

用手振摇方式所制得的乳状液一般是多分散性的，液珠大小不均匀且其直径较大，通常为 50~100 μm。因为在制备乳状液时，要将内相分散成液珠（即形成巨大的界面）需要能量，而一般的振摇往往不能将液珠分散得很细很匀，所以要制备细的乳状液，就需要用特殊的设备，提供更激烈的振荡，这样才能得到更细的乳状液。以下是制备乳状液需要进行的几项工作。

乳化设备的选择方法如下：

①机械搅拌。选择带有螺旋桨的、具有较高速度的搅拌器，使两种液体剧烈搅拌且混合。这种方法所需设备简单，操作方便，是工业生产和实验室中最易实现的一种方式。但是由此法所制的乳状液分散度低，均匀性差且容易混入空气。

②胶体磨。胶体磨的主要部件由固定子和转子组成，转子的速度一般为 $1 \times 10^3 \sim 2 \times 10^4$ r·min$^{-1}$，所以，在固定子与转子之间产生很大的剪切力，靠这种力就可以乳化液体。操作时，液体从固定子与转子之间的隙缝中通过，隙缝的宽窄可以根据需要加以调节。

③均化器。将被乳化液体加压，从一可调节的狭缝中流过，以达到乳化的目的。均化器设备简单、操作方便，其主要部分是一个泵，可根据需要加大压力，提高分散度。这种方式可得到分散度高、均匀性好的乳状液。各种类型均化器的不同之处主要在于阀门设计。

④超声波乳化器。是实验室中常用的乳化方式，通常借压电晶体或磁致伸缩来产生超声波，在工业上，由于得不到大功率的超声波发生器，所以不能作为产生大量乳状液的手段。最近用哨子形喷头，可以得到很均匀很细小的稳定乳状液。它的构造是将液体从一小孔中喷出，射在一极薄的刀刃上，刀刃发生共振，其振幅和频率由刀的大小、厚薄及其他物理性质所控制。若频率足够高，液体在极其激烈的振动中将发生乳化。

以上所介绍的各种乳化方式的乳化效果并不一样，若将50%的油用某种非离子型表面活性剂作乳化剂，那么用各种不同型式乳化设备进行乳化的结果见表8-1。

表8-1　各种不同型式乳化设备进行乳化的结果

| 乳化设备 | 粒子大小/μm | | |
|---|---|---|---|
| | 1%乳化剂 | 5%乳化剂 | 10%乳化剂 |
| 螺旋桨 | 不乳化 | 3~8 | 2~5 |
| 胶体磨 | 6~9 | 4~7 | 3~5 |
| 均化器 | 1~3 | 1~3 | 1~3 |

结果表明，乳化器方式不同，乳化效率也不一样，而且对某一种体系用一种方式进行分散时，最多只能达到某分散度，试图利用延长时间的方法提高分散度是徒劳的。从乳化全过程来看，仅在开始一段时间内分散度随时间增加，达到一定时间后，分散程度就不再改变了。

要得到分散很细的乳状液，还应注意到乳化剂浓度的影响。通常乳化剂浓度要在一个适合的范围内，才会得到较好的乳化效果。

除了乳化工具外，还要注意加料顺序、方式、混合时间和温度等，如果方法使用恰当，不必经过剧烈的搅拌混合就可获得稳定性良好的乳状液。常用的有以下几种方法：

①转相乳化法。将乳化剂先溶于油中加热，在剧烈搅拌下慢慢加入温水，加入的水开始以细小的粒子分散在油中，是W/O型乳状液。再继续加水，随着水的增加，乳状液变稠，最后转相变成O/W型乳状液。也可将乳化剂直接溶于水中，在剧烈搅拌下将油加入，可直接得O/W型乳状液。若欲制得W/O型，则可继续加油，直至发生变型。用这种方法制得的乳状液，液珠大小不匀，而且液珠偏大，但方法简单。

②自然乳化分散法。把乳化剂加到油中，制成溶液，在使用时，把溶液直接投入水中，可制成O/W型乳状液，有时需要稍加搅拌。农药乳状液，如敌敌畏乳剂就是以此法制得O/W型乳状液。

③瞬间成皂法。将脂肪酸溶于油中，碱溶于水中，然后在剧烈搅拌下将两相混合，瞬间界面上生成了脂肪酸钠盐，这就是O/W型乳化剂。用这种方法制得的乳状液十分稳定，方法也较简单，只要搅拌就行。

④界面复合物生成法。在油相中加入一种易溶于油的乳化剂，例如，Span-60。在水相中加入一种易溶于水的乳化剂，例如，Tween-80。当水和油相互混合，并剧烈搅拌时，两种乳化剂在界面上由于某种作用，形成稳定复合物，用这种方法所制得的乳状液也是十分稳定的。

⑤轮流加液法。将水和油轮流加入乳化剂内，每次少量加入，制备某些食品乳状液就是用此法。

以上几种方法以转相乳化法较差，乳状液液珠不仅粗，而且大小不匀，是不很稳定的乳

状液，若混合后用匀化器或胶体磨再处理一次，就可得到均匀的乳状液。制备用皂类为乳化剂的稳定乳状液，以瞬间成皂法最好。如将此乳状液再用匀化器处理一次，可得到均匀且稳定的产品。

衡量乳状液质量的指标是多方面的，包括粒子大小分布、分层速度、外观、黏度等，所以应当根据实际需要来选择乳化方法，不能一概而论。

### 2. 乳状液的物理性质

实验表明，对于简单的乳状液，其类型及内相液珠的大小和数量是决定乳状液物理性质的主要因素，对以下几方面作简要说明。

（1）外观和液珠大小

用不同的制备方法可以得到不同大小的液珠，它们对光的吸收、散射、反射等性质不同，所以具有不同的外观，见表8-2。因此，可以根据乳状液的外观大致判断内相液珠大小的分布情况。

表8-2　乳状液外观与液珠大小的关系

| 液珠大小 | 外观 |
| --- | --- |
| 大滴 | 可分辨出有两相存在 |
| 大于 1 μm | 乳白色乳状液 |
| 1~0.1 μm | 蓝白色乳状液 |
| 0.1~0.05 μm | 灰色半透明 |
| 小于 0.05 μm | 透明 |

（2）光学性质

通常乳状液的分散相和分散介质的折光率不同，光线在液珠表面上会发生反射、折射与散射等现象。当液珠直径大于入射光的波长时，就会发生反射。如液珠远小于入射光的波长，光线可完全透过，乳状液呈透明状；如液珠直径略小于入射光的波长，则发生散射现象；如液珠是透明的，就有可能产生折射现象。

常见乳状液的液滴大小大部分在 0.1~10 μm 的范围内，而可见光的波长在 0.4~0.8 μm 之间，大部分乳状液有反射现象而呈乳白色，乳状液就是由此而得名。如果液珠较小，则发生散射，这时乳状液呈灰蓝色的半透明液体；如分散相与分散介质的折射率相同，得到的是透明乳状液。

（3）黏度

决定乳状液黏度的因素有外相黏度、内相黏度、内相的体积分数、液珠的大小以及乳化剂的性质等。如果分散相的浓度不太大，则乳状液的黏度主要由外相（分散介质）的黏度所决定。内相含量对乳状液体系黏度的影响，可以粗略地用 Einstein 公式 $\eta = \eta_0 (1 + k\varphi)$ 来表示，但有偏差。产生偏差的原因是液滴并不是刚体，当乳状液的内相浓度达50%左右时，乳状液不但不符合 Einstein 公式，而且与牛顿型流体也相差甚远。

Sibree 研究了一系列石油在水中的乳状液后，得出下列关系式，能较好地反映乳状液黏度与内相浓度的关系

$$\eta = \frac{\eta_0}{1 - (h\phi)^{1/3}}$$

（8-1）

式中，$\eta$ 为乳状液的黏度；$\eta_0$ 为外相黏度；$\phi$ 为内相的体积分数；$h$ 是常数，称为体积因子，为 1.3 左右。$h$ 值一般随内相含量的增加而降低。

一般认为，内相黏度对体系的影响是液珠内的液体产生环流所致，所以内相黏度高时，体系的黏度也增高。当内相黏度很大时，可以把液珠看作固体质点，这样在数学处理时就比较方便。事实上，液膜性质对体系黏度的影响远比内相性质显著，这与乳化剂的性质有关。乳化剂对乳状液黏度的影响大体上有以下三种可能性。

①部分乳化剂进入油相，与之生成凝胶。

②在界面上的乳化剂可以改变一种液体在另一种液体的分散程度，因而改变了体积分数 $\varphi$。

③在水溶液中乳化剂形成的胶束，对油相有加溶作用，因而影响黏度。

Sherman 指出，乳化剂与乳状液黏度的关系符合以下经验公式

$$\ln(\eta/\eta_0) = ac\phi + b \tag{8-2}$$

式中，$c$ 乳化剂浓度；$a$ 和 $b$ 为常数；$\eta$、$\eta_0$、$\phi$ 代表的物理意义同前。

（4）电性质

对乳状液的电性质研究最多的是电导率，因为用电导法辨别乳状液的类型比较简便，而且也是研究乳状液破乳和转相过程的重要手段。在众多的乳状液中，目前对原油乳状液的电导性质研究得比较透彻，因为世界上早已普遍应用电方法来破坏原油乳状液，以达到原油脱水的目的。

W/O 型乳状液的电导率既与含水最有关，也与温度有关。例如，原油的电导率一般为 $1 \times 10^{-6} \sim 2 \times 10^{-6}$ S·cm$^{-1}$，若其含水量增加，则电导率也相应增大。含水量为 50% 的乳状液，其电导率比无水原油高 2~3 倍；当温度升高到 90 ℃时，电导率可增加 10~20 倍。对含水量较低的原油，一般可以用电导率来测定其含水量。在高压电场下（1~2 kV·cm$^{-1}$），用显微镜可以观察到原油乳状液中的水珠像一串珠子似的排列成行，最后小珠合并成大水滴。在电场下，其他乳状液也有类似现象，甚至 O/W 乳状液也可以在电场下破乳，所不同的是，小油珠合并成大油滴析出。

## 8.1.3　乳状液类型的影响因素

最初人们认为两种液体所构成的乳状液，总是量多的液体为外相，量少的为内相。但事实证明，这种看法是片面的，现在已经可制成内相为 90% 以上的乳状液。

影响乳状液类型的因素很多，有时某因素起主要作用，条件改变了，则另一个因素将起主要作用。现将各影响因素分别讨论如下。

### 1. 相体积与乳状液的类型

如果分散相均为大小一致的不变形的球形液珠，根据立体几何计算，任何大小的球形，最紧密堆积的液珠体积只能占总体积的 74.02%，如图 8-1（a）所示。若分散相体积分数大于 74.02%，乳状液就会被破坏变型。如水的体积占总体积的 26%~74% 时，O/W 型和 W/O 型的两种乳状液都有形成的可能；若小于 26%，只能形成 W/O 型乳状液；若大于 74%，则只能形成 O/W 型乳状液。橄榄油在 KOH 水溶液中形成的乳状液就遵循这个规律。

在大多数情况下，乳状液的液珠大小不一，甚至有时内相是多面体结构，如图 8-1

（b）、（c）所示。在此类情况下，相体积和乳状液类型的关系就不符合上述规律。对于后两种情况，内相体积可以大大超过 74%，但要制得这类乳状液是不容易的，要有相当高效的乳化剂，有时需要用特殊手段。

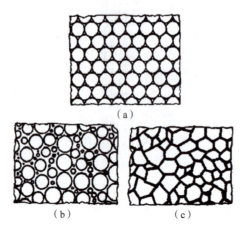

**图 8-1　几种乳状液的形态**

（a）均匀乳状液液珠所形成的密堆集乳状液体积占 74.02%；（b）不均匀液珠所形成的密堆集乳状液；

（c）非球形液珠所形成的密堆集乳状液

### 2. 乳化剂分子构型与乳状液的类型

乳化剂分子对体系的稳定作用与其在液珠表面上形成密集的吸附层有关，乳化剂分子的空间构型对乳状液的类型起重要作用，如一价金属皂常形成 O/W 型乳状液，二价金属皂则形成 W/O 型乳状液。图 8-2 所示为皂类稳定乳状液示意。

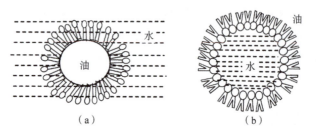

**图 8-2　皂类稳定乳状液示意**

（a）一元金属皂对 O/W 型乳状液的稳定作用；（b）二元金属皂对 W/O 型乳状液的稳定作用

分子的空间构型是指分子中极性基团和非极性基团的截面积大小之比。用 $d_{极}$ 表示极性基团截面积，$d_{非极}$ 表示非极性基团的截面积，从两者之比 $d_{极}/d_{非极}$ 即能预示可能形成的乳状液类型。以辛烷与水（1∶1）的体系为例，选用相同浓度（0.1 mol·L$^{-1}$）的乳化剂，所得乳状液类型见表 8-3。

**表 8-3　活性剂分子构型与乳状液类型**

| 乳化剂 | $d_{极}/d_{非极}$ | 类型 |
| --- | --- | --- |
| $C_{12}H_{35}NHCOCH_2N(CH_4)_4ClCH_2C_6H_3$ | 2.46~2.66 | O/W |
| $C_{16}H_{33}N(C_4H_9)_2·C_3H_7I$ | 2.0 | O/W |

续表

| 乳化剂 | $d_{极}/d_{非极}$ | 类型 |
|---|---|---|
| $C_{16}H_{33}N(CH_3)_2 \cdot (CH_2 \cdot C_6H_5)Cl$ | 1.86 | O/W |
| $C_{16}H_{33}N(CH_3)_3Cl$ | 1.32 | O/W |
| $(C_{18}H_{37})_2N(CH_3)_2Cl$ | 0.53~0.74 | W/O |
| $C_{16}H_{33}N(C_8H_{17})_2 \cdot C_3H_7I$ | 0.50 | W/O |

将乳化剂比喻为两头大小不同的楔子，若要楔子排列得紧密且稳定，截面小的一头总是指向分散相，截面大的一头留在分散介质中，此即为楔子理论。按照此理论，就很容易理解为什么一价金属皂形成 O/W 型乳状液，而二价金属皂形成 W/O 型乳状液。尽管楔子理论能比较形象地说明了乳状液类型与乳化剂分子构型的关系，但也常有例外，像用银皂作乳化剂时，按楔子理论应当得到 O/W 乳状液，而实际上却往往得到 W/O 型乳状液。

### 3. 乳化剂溶解度与乳状液的类型

在一定温度下，乳化剂在水相和油相中的溶解度之比应为常数，定义为分配系数。以辛烷和水的体系为例，不同乳化剂的分配系数和乳状液类型的关系见表 8-4。

表 8-4　不同乳化剂的分配系数和乳状液类型的关系

| 乳化剂 | 分配系数 | 类型 | 稳定时间 |
|---|---|---|---|
| $C_{16}H_{33}N(CH_3)_3Cl$ | 100 | O/W | 很稳定 |
| $C_{16}H_{33}N(C_4H_9)_2 \cdot C_3H_7I$ | 65 | O/W | 24 天 |
| $C_{16}H_{33}N(C_8H_{17})_2C_3H_7I$ | 35 | O/W | 3~5 min |
| $(C_{16}H_{32})_2N(CH_3)_2Cl$ | 4 | W/O | 5~10 min |

表中数据表明，分配系数比较大时，容易得到 O/W 型乳状液；相反，则得到 W/O 型乳状液。分配系数越大，则 O/W 型乳状液越稳定，越小则 W/O 型乳状液越稳定。实践证明，溶解度规则比楔子理论具有更普遍的意义。

### 4. 聚结速率与乳状液的类型

Davies 的研究结果表明，形成的乳状液类型与两种形式液滴（水滴和油滴）的聚结动力学有关，即当乳化剂、油和水一起搅拌时，油相和水相都分散成液滴，乳化剂分子吸附于液滴界面上，聚结速率快的那一相将成为外相。如果水滴的聚结速率远大于油滴，则形成 O/W 型乳状液；反之，则形成 W/O 型乳状液。若两种液滴的聚结速率相近，则相体积分数大者构成外相。Davies 以聚沉理论为基础建立了乳状液中液滴聚结速率的定量公式，提供了一种预测乳状液类型的简单方法。例如，在油水两相（乳化剂事先溶于其中一相）的界面上，测定单个水滴和油滴的存在时间（寿命），由此可以推断水滴和油滴的聚结速率以及乳状液的类型。

### 5. 润湿性与乳状液的类型

固体粉末作乳化剂时，只有润湿固体的液体大部分存在于外相中，才能形成较为稳定的乳状液，即润湿固体粉末较多的一相在形成乳状液时构成外相。因此，接触角 $\theta < 90°$ 时，固体粉末大部分被水润湿，则形成 O/W 型乳状液；当 $\theta > 90°$ 时，固体粉末大部分被油润湿，则形成 W/O 型乳状液；当 $\theta = 90°$ 时，形不成稳定的乳状液。

同样道理，在乳化过程中，容器壁对水或油的润湿性也会影响乳状液的类型，亲水性强的容器易得 O/W 型乳状液，亲油性强的容器易形成 W/O 型乳状液。表 8-5 是用煤油、变压器油、液体石蜡为油相，用蒸馏水、$0.1\ mol \cdot L^{-1}$ 油酸钠、0.1% 的磺酸钠和 2% 的磺酸钠水溶液为水相，在玻璃容器和塑料容器内进行实验所得的结果。表 8-5 说明，容器壁对某种液体易于润湿，这种液体在器壁上保持一层连续相，在搅拌时它不易被分散，而成为乳状液的外相。如果加入乳化剂的量足以克服容器壁润湿所带来的影响，那么形成乳状液的类型完全由乳化剂性质所决定，容器壁的影响可以忽略。

表 8-5　容器性质对乳状液类型的影响

| 水相 | 煤油 | | 变压器油 | | 石油 | |
|---|---|---|---|---|---|---|
| | 玻璃 | 塑料 | 玻璃 | 塑料 | 玻璃 | 塑料 |
| 蒸馏水 | O/W | W/O | O/W | W/O | O/W | W/O |
| 油酸钠溶液（$0.1\ mol \cdot L^{-1}$） | O/W | 两种 | O/W | W/O | — | — |
| 磺酸钠溶液（0.1%） | O/W | W/O | O/W | W/O | O/W | W/O |
| 磺酸钠溶液（2%） | O/W | O/W | O/W | O/W | O/W | W/O |

### 6. 双界面张力与乳状液的类型

乳化剂是决定乳状液类型的主要条件。已知乳化剂聚集于油-水界面并形成膜。若将膜也看作一相，那么就有两个界面张力：膜与水的界面张力 $\sigma_{膜-水}$ 和膜与油的界面张力 $\sigma_{膜-油}$。通常，这两个张力大小不同，膜向界面张力高的那面弯曲，因为这样可以减小该界面的面积，结果在张力较高一边的液体就成为内相。

尽管乳状液的形成和稳定的研究有了很大进展，但也很难找出各种情况都适用的理论，以上所述，有些只限于特殊体系的经验规律，在某种情况下，或对另一些体系未必适用。

## 8.1.4　乳状液稳定性的影响因素

乳状液是高度分散的不稳定体系，因为它有巨大的界面，所以体系的能量较高。例如，$10\ cm^3$ 的苯在水中分散成 $0.1\ \mu m$ 的油珠。其总面积可达到 $300\ cm^2$。已知 20 ℃时苯-水间的界面张力为 $35\ mN \cdot m^{-1}$，所以体系的表面能约为 10.46 J。但事实上，乳状液均能稳定一定的时间。为了提高乳状液的稳定性，可以采取如下几方面的措施：

（1）降低油水间的界面张力

加入表面活性剂是达到此目的最有效的方法。例如，煤油与水的界面张力为 $40\ mN \cdot m^{-1}$，加入适当的表面活性剂，界面张力可降低到 $1\ mN \cdot m^{-1}$，这样使油分散在水中就容易得多，相对地减小了表面能，提高了体系的稳定性。

但是对乳状液而言，仍然会力图减小界面面积来降低体系的能量，最后总要导致乳状液的分层破坏。

（2）增加液珠界面的电荷

乳状液的液珠上所带电荷的来源有：电离、吸附和液珠与介质之间的摩擦。其主要来源是液珠表面上吸附了电离的乳化剂离子，特别是 O/W 型乳化剂。例如，用皂类稳定的 O/W

型乳状液，皂类离子靠疏水力吸附在液珠界面上，而伸向水相的那些羧基是带负电的。如果是 W/O 型乳状液，或者用非离子型表面活性剂所稳定的乳状液，可能是液珠与介质摩擦而产生电荷。根据经验，凡是两物接触，介电常数较高的物质带正电，介电常数低的带负电。在乳状液中。水的介电常数远比常见的其他液体高，故 O/W 型乳状液中的油珠多数是带负电的，而 W/O 型乳状液中的水珠则往往带正电。乳状液的液珠带电，液滴相互接近时产生排斥力，从而防止液滴聚结。

（3）提高界面膜的强度

在油水体系中加入表面活性剂后，活性剂必然在界面上发生吸附并形成吸附膜，此膜的存在既降低了油-水间的界面张力，又可对分散相颗粒起保护作用。

界面膜与不溶性表面膜相似，在表面活性剂浓度较低时，吸附的分子少，界面膜强度小；表面活性剂浓度达到一定程度以后，界面上的分子排列紧密，分子排列越紧密，吸附膜强度越大，液珠合并时受到的阻力越大，形成的乳状液越稳定。所以，用表面活性剂作乳化剂时，要加入足够量时才有较好的乳化效果。对同一乳化体系，各种乳化剂达到最佳乳化效果，所需的量是不相同的，其乳化效果也有所差异，这些性能都与形成界面膜强度有关。

由表面活性剂的表面吸附膜研究表明，当乳化剂中含有脂肪醇、脂肪酸或脂肪胺等极性有机物时，不仅界面膜强度大大提高，而且使界面黏度显著增大，从而导致起泡、乳化和降低溶液表面张力等的能力远优于纯的活性剂体系。例如，十二烷基硫酸钠经提纯后，其临界胶束浓度为 $8 \times 10^{-3}$ mol·$L^{-1}$，表面张力最低降至 38 mN·$m^{-1}$，若混有少量 $C_{12}H_{25}OH$，则临界胶束浓度大大降低，表面张力可下降到 22 mN·$m^{-1}$。

产生这种现象的原因是表面活性剂与脂肪醇形成的混合吸附层中分子排列紧密，提高了表面膜的强度。用混合膜来增强乳状液稳定性的实例较多，如司盘 80 和吐温 40、十六烷基硫酸钠与十六醇或胆甾醇、十二烷基硫酸钠与月桂醇、月桂酸钠与月桂醇、脂肪酸盐与脂肪酸以及脂肪胺与季胺盐等。这些混合乳化剂由表面活性剂与极性有机物构成，极性有机物含有—OH、—$NH_2$、—COOH 基团，因此，两种分子不仅存在长的碳氢链之间的疏水引力，而且存在极性基团之间的离子-偶极子或氢键作用，有的甚至形成复合物，从而使界面层的分子排列紧密，吸附量显著增大，则混合吸附层的膜强度提高。

混合吸附层的形成可以进一步降低界面张力，如苯和 0.01 mol·$L^{-1}$ $C_{10}H_{21}SO_4Na$ 水溶液的界面张力，可随逐滴加入十六醇而降低到接近于零。对于离子型的表面活性剂来说，增加界面层的吸附量还可能增加液珠界面的电荷量。这些因素都有利于稳定乳状液的形成。如果采用阴、阳离子表面活性剂混合体系作为乳化剂，则效果更佳。例如，正庚烷在辛基三甲基溴化铵与辛基硫酸钠的 1∶1（摩尔比）混合溶液中的液滴寿命是单一组分同浓度溶液的70 倍。

（4）固体粉末的稳定作用

影响乳状液稳定的因素有界面张力、界面电荷及界面膜强度。以固体粉末为乳化剂时，界面膜强度是主要的。例如，碳酸钙、黏土、炭黑以及某些金属硫化物粉末等，这些固体粉末与表面活性剂一样，处于液体的界面上，所以能起到稳定乳状液的作用。

固体在界面上所表现的性质，取决于它对水、油的润湿情况，即取决于三个界面张力：固-水之间界面张力 $\sigma_{\text{固-水}}$、固-油之间界面张力 $\sigma_{\text{固-油}}$，以及油-水之间界面张力 $\sigma_{\text{油-水}}$，它们之间有以下三种情况：

①若$\sigma_{固-油}>\sigma_{油-水}+\sigma_{固-水}$，固体完全处于水中。

②若$\sigma_{固-水}>\sigma_{油-水}+\sigma_{固-油}$，固体完全处于油中。

③若$\sigma_{油-水}>\sigma_{固-油}+\sigma_{固-水}$，或三个界面张力中没有一个大于另外两者之和，则固体处于油-水界面间，所以只有第三种情况的固体粉末才能起到稳定乳状液的作用。处于界面上的固体粉末的界面张力可用式（8-3）来表示

$$\sigma_{固-油}-\sigma_{固-水}=\sigma_{油-水}\cos\theta \tag{8-3}$$

由此式可知，固体对水或油的润湿程度，将取决于接触角$\theta$。当$\theta<90°$时，$\cos\theta>0$，则$\sigma_{固-油}>\sigma_{固-水}$，这时固体大部分在水中；当$\theta>90°$时，$\cos\theta<0$，则$\sigma_{固-水}>\sigma_{固-油}$，这时固体大部分在油中；当$\theta=90°$时，$\sigma_{固-水}=\sigma_{固-油}$，固体在水和油中将各占一半。这三种情况可以用图 8-3 来表示。

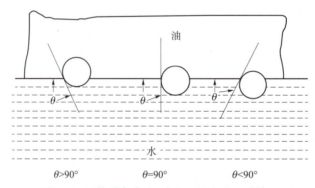

图 8-3 固体质点在油-水界面分布的三种情况

从能量角度看，要形成稳定的乳状液，油-水之间的界面能量应越低越好，所以只有被外相液体润湿较好的固体粉末，才能满足这一要求，如图 8-4 所示。因此，$\sigma_{固-油}>\sigma_{固-水}$时，形成 O/W 型乳状液；$\sigma_{固-水}>\sigma_{固-油}$时，形成 W/O 型乳状液。$\sigma_{固-水}=\sigma_{固-油}$时，形成的乳状液不稳定。

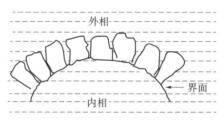

图 8-4 乳状液为固体粉末所稳定

有很多实例可以证实上述分析是正确的，如氢氧化铁、铜、锌、铅等金属粉末以及碱性硫酸盐和二氧化硅等易被水润湿的固体粉末，能使原油-水的体系形成较稳定的 O/W 型乳状液，而用宏黑、煤烟和松香等易为油所润湿，可以得到 W/O 型乳状液。

固体粉末用表面活性剂处理以后，由于表面活性剂分子在固体表面吸附后改变了固体表面的亲水亲油性质，因此改变了它的乳化性能。如 $BaSO_4$ 粉末，若用十二烷基硫酸钠处理，就可以得到较稳定的 W/O 型乳状液，其接触角为 120°左右。若用十二烷基硫酸钠处理，固体完全为水所润湿，则得 O/W 型乳状液，其接触角为 60°左右。以固体粉末作乳化剂的乳状液由于粉末在界面上形成坚固的界面膜，所以表面活性剂在界面上所形成的膜趋于固体状

态时，这种乳状液也就相当稳定。

## 8.1.5　乳状液的变型和破乳

从热力学观点来看，最稳定的乳状液最终是要破坏的，只是方式和时间上的差别而已。乳状液的不稳定性表现为分层、聚并、絮凝、变型和破乳。每种形式都是乳状液破坏的一个过程，它们有时是相互关联的。例如，分层往往是破乳的前导，有时变型可以和分层同时发生。

乳状液分层并不是真正的破坏，而是分为两个乳状液，在一层中分散相比原来的多，在另一层中则相反。如牛奶的分层是常见的现象，它的上层是奶油，在上层中乳脂（分散相）约占 35%，在下层中约为 8%。

不能用 Stokes 公式来描述分层速率，因为它仅能表示一个液球移动速率。而乳状液的分层是整体的，其分层速度是分散相重心移动速率。如果乳状液有 $n_t$ 个半径为 $\alpha_i$ 的液珠所组成的体系，每个液珠的质量是 $4\pi a^3 \rho_i/3$，$\rho_i$ 是液珠密度，在每一个长管中，分散相重心的速率为

$$u = \sum \frac{4\pi a_i^3 n_i v_i}{3V} \tag{8-4a}$$

式中，$V = \sum 4\pi a^3 n_i/3$ 是分散相的总体积；$v_i$ 为半径为 $a_i$ 的液珠下降速率。将 Stokes 公式代入得

$$\bar{u} = \sum \frac{8g n_i a_i^5 (\rho_1 - \rho_2)}{27V\eta} \tag{8-4b}$$

如果所有液珠都一样大，上式就转变为 Stokes 公式。$\rho_1$ 和 $\rho_2$ 分别为分散相和分散介质的密度，$\eta$ 为介质黏度，$g$ 是重力加速度。严格地说，上式仅在无限大容器内才适用，因为按 Stokes 公式规定，不应考虑容器壁和乳状液粒子之间有些乳状液需要加速分层，如从牛奶中分离奶油，就要采用高速离心机（6 000 r·min$^{-1}$）。有时还可以加些试剂来加速分层，这种试剂称为分层剂，例如电解质对天然橡胶是一种很好的分层剂。

变型是指在某种因素作用下，乳状液从 O/W 型变成 W/O 型，或者从 W/O 型变成 O/W型。所以变型过程是乳状液中液珠的聚结和分散介质分散的过程，原来的分散介质变成了分散相，而原来的分散相变成了分散介质。

引起乳状液变型的因素有以下几种。

### 1. 乳化剂类型的变更

按楔子理论，乳化剂的构型是决定乳状液类型的重要因素，如果某一乳化剂从一种构型转变为另一种构型，就会导致乳状液的变型。例如，用钠皂稳定的乳状液是 O/W 型的，加入足够量的二价正离子（如 $Ca^{2+}$、$Mg^{2+}$ 等）或三价正离子（如 $Al^{3+}$）能使乳状液变成 W/O型。这是因为有下列化学反应发生

$$2Na\cdot 皂 + Mg^{2+} \rightarrow Mg\cdot 皂 + 2Na^+$$

当多价正离子的量不多时，钠皂仍占优势，乳状液是不会变型的，只有当多价正离子相当多时，多价皂占优势，这时才能使乳状液变型。钠皂和多价皂相差不大时，乳状液处于不稳定状态。因此，要改变乳状液的类型，必须加入过量的多价正离子。

### 2. 相体积的影响

从相体积与乳状液的类型关系已知，乳状液的内相体积占总体积74%以下的体系是稳定的，如果再不断加入内相液体，其体积超过74%，内相有可能将转变为外相，乳状液就发生变型。在日常生活和实验室内常用这种简易方法来使乳状液变型。

### 3. 温度的影响

以脂肪酸钠作乳化剂的苯-水乳状液为例，假如脂肪酸钠中有相当多的脂肪酸存在，则得到的是 W/O 型乳状液，这可能是由脂肪酸和脂肪酸钠的混合膜性质决定的。提高乳状液的温度可加速脂肪酸向油相扩散的速率，在界面膜上的脂肪酸钠相对含量就提高，从而形成了用钠皂稳定的 O/W 型乳状液。如降低温度并静置 30 min，O/W 型乳状液又变成 W/O 型乳状液。乳状液变型时的温度称为变型温度，变型温度与乳化剂浓度有关，通常随浓度的增加而升高。但是当浓度达到某一定值时，变型温度就不再改变，其他皂类乳化剂也有这种现象。

### 4. 电解质的影响

乳状液中加入一定量的电解质，会使乳状液变型。用油酸钠为乳化剂的苯-水体系是 O/W 型乳状液，加入 0.5 mol·L$^{-1}$ 的 NaCl 后，就变成 W/O 型乳状液。其他类型乳化剂也有相类似现象。现以水和苯及汽油和水两个体系为例，不同乳化剂的 NaCl 转向浓度见表 8-6。

表 8-6　不同乳化剂的 NaCl 转向浓度

| 油相 | 乳化剂（浓度） | NaCl 浓度/ (mol·L$^{-1}$) | 类型 | |
| --- | --- | --- | --- | --- |
| | | | 无 NaCl | 有 NaCl |
| 苯 | 硬脂酸钠（0.33%） | 0.5 | O/W | W/O |
| | 油酸钠（2%） | 2 | O/W | W/O |
| | 环烷酸钠（0.1 mol·L$^{-1}$） | 1 | O/W | W/O |
| 汽油 | 硬脂酸钠（0.33%） | 0.5 | O/W | W/O |
| | 油酸钠（2%） | 2 | O/W | W/O |
| | 环烷酸钠（0.1 mol·L$^{-1}$） | 1 | O/W | W/O |

如果在实验过程中仔细观察电解质的作用，会发现加入电解质后，在水相和油相中都有部分皂以固体形态析出。若析出量小于20%，不会发生变型，只有当析出量大于20%以后，乳状液才开始变型。在加入电解质的过程中，还可以看到水相中乳化剂有向油相中迁移的现象，并在油相中析出，这说明加入电解质后，乳化剂的疏水性增强了，所以形成了 W/O 型乳状液。如果把固体滤掉，又得到 O/W 型乳状液，所以固体皂析出是乳状液变型的主要原因。高价金属离子导致乳状液变型的作用可以用楔子理论来说明。离子价数对变型所需电解质的浓度有很大影响，电解质的变型能力可按以下次序排列：

$$Al^{3+}>Cr^{3+}>Ni^{3+}>Pa^{2+}>Ba^{2+}>Sr^{2+}(Ca^{2+},Fe^{2+},Mg^{2+})$$

由此结果可以推断，乳状液变型可能与高价金属离子压缩液滴双电层有关。电解质对非离子型乳化剂所稳定的乳状液影响不大的结果，从另一侧面证实了这一点。

破乳与分层不同，分层还有两种乳状液存在，而破乳是使乳状液的两相完全分离。破乳的过程分两步实现：第一步是絮凝，分散相的液珠聚集成团，此时各液珠皆独立存在，可以再分散，所以是可逆的。如果介质密度相差很大，则可以加速这个过程的进行。第二步是聚结（coalescence），在团中各液滴相互合并成大液珠，最后聚沉分离。在乳状液内相浓度较稀情况下，絮凝起主要作用；在高浓度时，则聚结起主要作用。

　　由于破乳的第一步是分散相液滴相互接触发生絮凝，所以可按扩散定律处理。若单位体积乳状液的粒子数为 $n$，那么粒子消失的速率为

$$-\mathrm{d}n/\mathrm{d}t = k_0 n^2 \tag{8-5a}$$

$$k_0 = 16\pi D a \tag{8-5b}$$

$D$ 为扩散系数，已知 $D = kT/(6\pi\eta a)$，粒子相互碰撞必须超过势垒 $E^*$ 时才会起作用，故

$$k_0 = \left(\frac{8kT}{3\eta}\right)\exp\left(\frac{-E^*}{kT}\right) \tag{8-6}$$

由式（8-5a）得总粒子数 $n$ 与时间 $t$ 的关系式为

$$1/n = 1/n_0 + k_0 t \tag{8-7}$$

这是乳状液絮凝过程中最简单的关系式。聚结过程比较复杂，不易用数学式处理。在絮凝后，液珠表面仍具有相当厚的液膜，聚结速率很小，并保持恒定。当内相浓度超过 90%，聚结速率便急剧上升，絮凝体内粒子数 $n$ 的消失速率呈指数性质

$$\ln n = -Kt + 常数 \tag{8-8}$$

　　聚结作用是乳状液的液膜破裂造成的，膜的破裂则是界面上乳化剂分子定向位移所致，所以，液膜的界面黏度及弹性对乳状液的稳定性起着重要作用。

　　在工业生产中常遇到一些有害乳状液，如原油中含有水会增加泵、管线和储罐的负荷，引起设备表面腐蚀或结垢；排放污水中含油不仅浪费油，而且会造成环境污染，这就需要对乳状液破乳。破坏乳状液的方法有如下几种。

　　（1）加热

　　温度升高，加速乳状液液珠的布朗运动，使絮凝速率加快。同时，使界面黏度迅速降低，使得聚结速率加快，而更有利于膜的破裂，因此，有人把升温作为一种人为的破坏力，以此来评价乳状液稳定性。

　　另外，冷冻也能破乳，也可用夹评价乳状液的稳定性，但是如有足够多乳化剂，或者效率较高的乳化剂，都能使乳状液在相当低的温度下仍然保持稳定。

　　（2）高压电破乳

　　高压电场的破乳比较复杂，不能只看作扩散双电层的破坏，在电场下液珠质点可排成一行，呈珍珠项链式，当电压升到某值时，聚结过程在瞬间完成。从现场的原油脱水效果来看，电压必须升到某值后才会发生破乳。在相同电压下，直流电要比变流电好。通常用的破乳电场强度是 2 000 V·cm$^{-1}$。

　　（3）过滤破乳

　　当乳状液经过一个多孔性介质时，由于油和水对固体润湿性的差别，也可以引起破乳。在油田曾用草塔来对原油脱水破乳，草塔是用干草或木屑充填的塔，这些都是与水润湿很好的多孔性固体。

　　（4）化学破乳

　　加入破乳剂破坏乳化剂的吸附膜，如用皂作乳化剂，在乳状液内加酸，皂就变成脂肪

酸，脂肪酸析出后，乳状液就分层破坏。其他乳化剂也可用类似方法，如将乳状液通过固体吸附剂层，乳化剂被固体吸附，乳状液就破坏了。

对于稀的乳状液，起稳定作用的是扩散双电层，加入电解质可破坏双电层，也能使乳状液聚沉。电解质的破坏作用还符合 Schulze-Hardy 规则。常用的电解质是 NaOH、HCl、NaCl 及高价离子。但如果高价离子与乳化剂生成另一类型乳化剂，则往往引起乳状液变型而不能使乳状液脱水分离。

当前最主要的化学破乳方法是选择一种能强烈吸附于油-水界面的表面活性剂，用于顶替在乳状液中生成牢固膜的乳化剂，产生了一种新膜，膜的强度显著降低而破乳。

原油破乳剂大多是聚氧乙烯-聚氧丙烯的嵌段共聚物，如商品名为破乳剂 2070 或 4411 等，相对分子质量高达数千甚至数万。目前，破乳的品种在不断增加。大分子破乳剂的破乳机理一般是，破乳剂的某种基团吸附于液滴界面，并且被吸附的分子大约是平躺在界面上，分子间的相互引力不大，新的界面膜较薄、强度较差，因此导致破乳。表面活性剂作为破乳剂的另一个作用是使界面上的物质起分散作用，使乳化剂离开界面而分散在液层中。如果是借固体粉末来稳定的乳状液，那么加入表面活性剂，使固体粉末被其中的一相完全润湿，而离开界面进入另一相，从而破坏了保护层。

实际过程中的破乳总是几种方法综合使用，例如，使原油破乳往往是加热、电场、破乳剂等几种方法同时并举，这样的破乳效率可以很高，使油中含水量达到 0.2‰以下。

## 8.1.6　微乳状液

1950 年，Schulman 首先报道了微乳状液的现象。1985 年，Shah 完善了这一概念，将其定义为：两种互不相溶液体在表面活性剂界面膜作用下形成的热力学稳定的、各向同性的、低黏度的、透明的均相的分散体系。微乳状液（简称为微乳液）的液珠比宏观乳状液小而比胶束大，所以它兼有宏观乳状液和胶束的性质。由于其液滴小于可见光的波长，因此，一般呈透明或近于透明状。将微乳液长时间存放也不会分层或破乳，甚至用离心机离心也不会使之分层，即使能分层，静止后还会自动均匀分散，即微乳液在稳定性方面更接近于胶束溶液，所以有人把微乳液看成含有增溶物的胶束溶液。表 8-7 列出了宏观乳状液、微乳液和胶束溶液的性质比较。

表 8-7　宏观乳状液、微乳液和胶束溶液的性质比较

| 性质 | 宏观乳状液 | 微乳液 | 胶束溶液 |
| --- | --- | --- | --- |
| 外观 | 不透明 | 透明或近乎透明 | 一般透明 |
| 质点大小 | 大于 $0.1\ \mu m$，一般为多分散体系 | $0.01 \sim 0.1\ \mu m$，一般为均分散体系均分散体系 | 一般小于 $0.01\ \mu m$ |
| 质点形状 | 一般为球状 | 球状 | 稀溶液中为球状，浓溶液中可呈各种形状 |
| 热力学稳定性 | 不稳定，用离心机易于分层 | 稳定，用离心机不能使之分层 | 稳定，不分层 |

续表

| 性质 | 宏观乳状液 | 微乳液 | 胶束溶液 |
|---|---|---|---|
| 表面活性剂用量 | 少，一般无须加助表面活性剂 | 多，一般需加助表面活性剂 | 浓度大于 CMC 即可，增溶油量或水量多时，要适当多加 |
| 与油、水混溶性 | O/W 型与水混溶，W/O 型与油混溶 | 与油、水在一定范围内可混溶 | 能增溶油或水，直至达到饱和 |

　　微乳液也可分为不同的类型，除了 O/W 和 W/O 型外，还有双连续型，而且有单相和多相之分。O/W 和 W/O 型结构已有实验表明是球形，以小液滴分散在另一种液体中，球的半径为 10~50 nm。这种模式是受通常乳状液结构影响。但微乳液面临一个不可忽视事实，即存在超低界面张力，界面张力低达 $10^{-2}$ mN·m$^{-1}$，甚至为负值。界面张力如此之低，以致一般分子热运动都足以使界面产生涨落波动，因此，人们对微乳液结构认识有了变化，界面张力并不是主要的，当然，结构单元也并非固定不变。至于双连续型结构，有各种模式，有时双方是矛盾的，例如，Friberg 提出是无序的层状结构，而 Scriven 认为是立方液晶，如图 8-5所示。以后又有各种模型出现，像 TP 模型、ACRS 模型等。但一致认为不要拘泥于某一固定模式，而应注重于各种因素的影响。也有人将其分为四种类型，图 8-6 示出了这四种微乳状液类型。Winsor Ⅰ 是 O/W 型微乳液与剩余油相呈平衡的体系，Winsor Ⅱ 是 W/O 型微乳液与剩余水相呈平衡的体系，Winsor Ⅲ 是双连续型微乳液与剩余水相及剩余油相呈平衡的体系，所以，有时也将此种微乳液称为中相微乳液，而将前两者分别称为下相微乳液和上相微乳液。均匀的单相微乳液，无论是 O/W 型还是 W/O 型，统称为 Winsor Ⅳ。

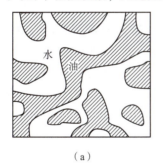 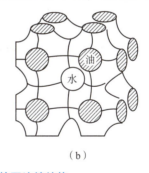

（a）　　　　　　　　　　　（b）

**图 8-5　两种完全不同的双连续结构**

（a）无序的层状结构；（b）有序立方体系

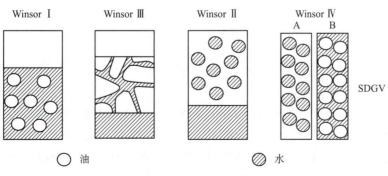

**图 8-6　微乳液的四种类型**

### 1. 反胶束与 W/O 型微乳液

反胶束是表面活性剂在非极性溶液中形成的有序组合休。它是以疏水基构成外层，而以亲水基聚集在一起形成内核。反胶束的形成动力与正常胶束不同，不是熵驱动过程，而是表面活性剂极性基团间的偶极–偶极或离子对间相互作用的结果。因此，少量水的存在有利于反胶束的形成，而疏水基的空间障碍会限制反胶束的形成。通常情况下，反胶束的聚集数和尺寸都较小，有时只有几个单体聚集而成，所以其形状一般为球形。

大量实验证明，若用离子型乳化剂，则需加入一定量助表面活性剂（如有机醇、胺或酸）才可制备出微乳液。对于非离子型或双烃链离子型表面活性剂形成的反胶束，不需要加入助表面活性剂，也可形成 W/O 型微乳液。以双尾巴的琥珀酸二异辛酯磺酸钠（AOT）作为乳化剂形成的微乳液是研究最多的、最简单的体系。有人认为，水–AOT–非极性溶剂所形成的体系，当水含量（$w_0 = [H_2O]/[AOT]$，摩尔比）小于 12 时，体系为反胶束；当 $w_0$ 大于 12 时，则为 W/O 型微乳液。

反胶束和 W/O 型微乳液均有增溶能力，若把一定量的油制成反胶束，也具有加溶能力，它可以将水及极性物质增溶于其内核，形成的微水相常称为水核或水池。该水池中的水与本体水不同，而与生物膜中的水以及与蛋白质紧密结合的水很相似。例如，水–AOT–庚烷体系中，水以四种状态存在：本体水、磺酸基的结合水、钠离子的结合水及表面活性剂长链间的自由水（捕集水），而在十二烷基甜菜碱–正庚醇–正庚烷 W/O 型微乳液中，水只有三种状态。研究反胶束和 W/O 型微乳液的微水相，有利于对生物膜界面上许多生物化学和生物物理现象的解释。在微乳液的水相中，各种类型水的性质各不相同，表现出各有的光谱特性。这表明各以自己独有方式存在。

### 2. 正常胶束与 O/W 型微乳液

胶束与 O/W 型微乳液的结构差别见表 8-7，显然，O/W 型微乳液对油类物质的增溶能力远大于胶束溶液。通常，正常胶束对油的增溶量一般为 5% 左右，而 O/W 型微乳液对油的增溶量可达 60%，而且 O/W 型微乳液与油之间的界面张力可降至超低值，胶束溶液则不可能。因此，不能期望在任意的正常胶束中加油都能制得增溶量很大的 O/W 型微乳液。图 8-7 示出了十二烷基硫酸钠（S）–正戊醇（A）–对二甲苯（O）–水（W）四组分体系的相图。其中，图 8-7（a）是正四面体的前侧面，阴影部分表示对二甲苯在表面活性剂–水二组分胶束中的增溶区域，可见油的最大增溶量为 4% 左右。图 8-7（b）是正四面体的底，阴影部分表示醇在表面活性剂–水二组分胶束中的增溶区域，可见助表面活性剂的最大增溶量为 9% 左右。将上述两体系合并形成的 O/W 型微乳液，此时表面活性剂的含量在 10%～15% 范围内，则油在其中的增溶量显著增大。图 8-7（c）显示出了正四面体中经过油和助表面活性剂顶角的纵截面，即油–助表面活性剂和 A 点所组成的三角形，A 点的组成为水和表面活性剂。在该三角形中，所得 O/W 型微乳液区用阴影部分表示，可见此时油的增溶量达 40%～50%。这说明只有在一定浓度范围内的正常胶束中加油方可形成微乳液。

### 3. 中相微乳液

中相微乳液可同时增溶大量的油和水，达到最佳状态时，增溶的油和水量相等，常定义单位质量表面活性剂增溶油或水的量为增溶参数。当中相微乳液对油和水的增溶参数相等时，被认为形成的是最佳中相微乳液。最佳中相微乳液的中相和下相间与中相和上相间的界面张力基本相等，此时体系的含盐量为最佳含盐量，如 6% 混合醇（正丁醇：异丙醇 = 1:1）–0.2%

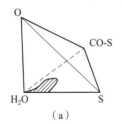 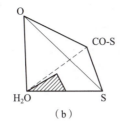 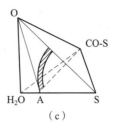

**图 8-7 正常胶束区域与 O/W 型微乳液区域的比较**

（a）水、表面活性剂和助表面活性剂所构成的正常胶束区；（b）水、表面活性剂和油所构成的正常胶束区；
（c）水、表面活性剂、助表面活性剂和油所构成的 O/W 型微乳液区

$Na_2SiO_3$-NaCl（8 000 mg·$L^{-1}$）-1.0%石油磺酸盐溶液与煤油可自发形成最佳中相微乳液，其中相和下相间与中相和上相间的界面张力均为 $5.3×10^{-4}$ mN·$m^{-1}$。

由于微乳液是由表面活性剂、水（或盐水）、油和助表面活性剂组成的，所以影响微乳液的因素很多，无机盐是影响微乳液相态的重要因素。无机盐浓度较低时，一般形成下相微乳液；盐的浓度增大，使微乳液液滴的双电层进一步被压缩，降低了油滴间的斥力，有利于液滴聚并，因而导致中相微乳液形成；盐的浓度增大到一定值时，则形成上相微乳液。

微乳状液的形成机理有几种不同的观点。Schulman 等人认为，微乳液之所以能自发形成，与体系中瞬时负界面张力的产生有关，即油-水界面张力在表面活性剂存在时将大大降低，但此时仅能形成宏观乳状液，在加入助表面活性剂时，由于混合吸附层的产生，界面张力可进一步降至 $10^{-2}$ mN·$m^{-1}$以下，以致产生瞬时负界面张力。这将导致体系的界面自发扩张，从而使体系形成微乳液。Schulman 做了一个典型实验，测定含有 KCl 的油酸钾（$10^{-2}$ mol·$L^{-1}$）水溶液与苯之间的界面张力为 4.5 mN·$m^{-1}$，当逐渐加入正己醇（正己醇摩尔分数增大后），界面张力将随着下降，可达到零以致负值。已知界面张力与表面自由能之间的关系为

$$\Delta G_A = \int_{A_1}^{A_2} \sigma(A)\,\mathrm{d}A \tag{8-9}$$

既然界面张力为负值，界面增加时，$\Delta G_A < 0$，这表明体系可释出表面自由能。（$A_2 - A_1$）代表界面的增大，所以 $\Delta G_A$ 为负值有利于自动乳化，使液珠越来越小，最后形成看不到液珠的透明乳状液，这就是微乳状液。

显然，正己醇的加入有利于自动乳化。若开始时界面张力为$\sigma_{水-油}$，当加入正己醇后，最终界面张力为$\sigma_f$，它可以是零，也可以是负值。按界压定义

$$\pi = \sigma_{水-油} - \sigma_f \tag{8-10}$$

因为$\sigma_f < 0$，所以 $\pi$ 的数值很高，有时可高达 50 mN·$m^{-1}$。在这样高的表面压下，表面活性剂的扩散是很快的。

Prince 认为，助表面活性剂加入后，能与活性剂分子产生缔合作用，渗入界面后，可使界面压力迅速增加。例如，在钠皂类活性剂溶液中，加入醇后界面压力从 15 mN·$m^{-1}$增加到 35 mN·$m^{-1}$，这样也可获得负界面张力。所以体系的界面可以显著扩大，从而使油在水中的分散度提高，最终形成微乳状液。

## 8.1.7 多重乳状液

多重乳状液（也称复合乳状液）是指分散相的水滴中含有油，或分散相的油滴中含有

水的分散体系。含有水滴的油滴分散在水相中所形成的乳状液，称为水-油-水（W/O/W）型复合乳状液；而含有油滴的水滴分散在油相中所形成的乳状液，称为油-水-油（O/W/O）型复合乳状液。复合乳状液通常可分为三种类型，A类是分散相微滴中包含一个大的内部微滴；B类是分散相微滴中包含许多（一般为几个到十多个）的内部微滴；C类是分散相大滴中捕获了大量的极小且紧密堆积的微滴，如图8-8所示。

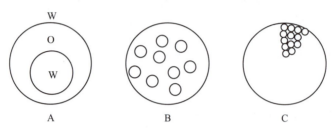

图8-8　复合乳状液类型示意

复合乳状液最早由Seiftiz于1925年发现，直到20世纪60年代后才受到人们的重视。由于这种乳状液具有与囊泡相似的结构和功能，如可以在三个被膜分隔开的不同相区（油相/水相/油相或水相/油相/水相）溶解不同的活性物质，并防止它们之间的相互作用，所以，在医药、食品和化妆品工业中有着重要应用。如将有效成分加入乳状液的最内相，有效成分要通过两个界面才能释放出来，因此可以延缓有效成分的释放速度，延长有效成分的作用时间。如果将W/O/W复合乳状液用于化妆品，它既具有W/O型乳状液的优良洗净效果和良好的润肤作用，又具有O/W型乳状液良好的涂抹性，并且无油腻感觉。这种复合乳状液化妆品还可增加对皮肤的保湿性，是制备含有生物活性成分化妆品的理想剂型。

复合乳状液的制备通常包括两个步骤，如制备W/O/W型复合乳状液，先将电解质水溶液在高剪切速度下滴入含有乳化剂Ⅰ的油中，此乳化剂应当是低HLB值的，所得乳状液为W/O型，其液滴大小为1 μm左右。再将高HLB值的乳化剂Ⅱ溶于水相中，在低剪切速度下滴入已制备好的W/O型乳状液，可得大液滴（10～100 μm）外相为水的多重乳状液。这种乳状液为W/O/W型复合乳状液。电解质的加入是为了平衡内外相的渗透压，因为要使复合乳状液稳定，必须使外相的渗透压略低于内相。

复合乳状液的结构和分布可利用光散射及电子显微镜技术进行测定；渗透压法常用来检测外部连续相中自由电解质浓度以及从内部微滴向内部连续相中泄漏的信息。复合乳状液的流变特性是人们很感兴趣的内容，尤其是有关化妆品的研究中，复合乳状液的黏度和黏弹性是极为重要的参数。由于复合乳状液的结构在高切应力下容易被破坏，所以常采用振荡法来测量其流变特性。

# 8.2　泡　　沫

泡沫是指气体分散在液体中的分散体系，气体是分散相，液体是分散介质。泡沫有两种：一种是气体以小的球均匀分散在较黏稠的液体中，气泡表面有较厚的膜，这种泡沫叫稀泡沫，甚至有人把它称为"乳状液"；另一种泡沫是由于气体与液体的密度相差很大，液体的黏度又较低，气泡能很快地升到液面，形成气泡聚集物。气泡聚集物由少量液体的液膜隔开的多面体气泡单元所组成，这种泡沫叫浓泡沫，这里将着重讨论浓泡沫。泡沫的性能取决于液膜，液膜的性质越稳定，则泡沫的寿命也越长，所以研究液膜性能是讨论泡沫的主要内容。

## 8.2.1 泡沫的形成与性质

### 8.2.1.1 泡沫的形成

纯液体是很难形成稳定泡沫的，因为泡沫中作为分散相的气体所占的体积分数都超过了90%，占极少量的液体作为外相被气泡压缩成薄膜，是极不稳定的一层液膜，极易破灭。要使液膜稳定，必须加入第三种物质，即起泡剂，最常用的起泡剂是表面活性剂。现将常见的几类起泡剂介绍如下。

**1. 表面活性剂类**

这是常见的起泡剂，例如，十二烷基苯磺酸钠、十二醇硫酸钠以及普通的肥皂等，都有良好的起泡性能。这类物质的溶液，表面张力很容易达到 25 mN·m$^{-1}$ 左右，这样低的表面张力无疑是良好起泡作用的主要因素，同时，这类分子在液膜上下两侧的气-液界面做定向排列。伸向气相的碳氢链段之间相互吸引，使活性剂分子形成相当坚固的膜。同时，伸入液相的极性基团由于水化作用，具有阻止液膜液体流失的能力。这些性质对泡沫稳定性起着重要作用。

**2. 蛋白质类**

例如蛋白质、明胶等，对泡沫也有良好的稳定作用。这类物质虽然降低表面张力能力有限，但是它可以形成具有一定机械强度的薄膜，这是因为蛋白质分子间除了范德瓦尔斯引力外，分子中的羧酸基与胺基之间有形成氢键的能力，所以由蛋白质生成的薄膜十分牢固，形成的泡沫也相当稳定。但是这类起泡剂易受溶液 pH 的影响，并有老化现象。

**3. 固体粉末类**

像炭末、矿粉等细微的憎水固体粉末，常聚集于气泡表面，也可以形成稳定泡沫。这是因为在气-液界面上的固体粉末，成了防止气泡相互合并的屏障。同时，附在液膜上的固体粉末，形状各异，杂乱堆集，这就增加了液膜中液体流动的阻力，也有利于泡沫的稳定。

**4. 其他类型**

包括非蛋白质类的高分子化合物，如聚乙烯醇、甲基纤维素以及皂素、某些颜料等。其中，皂素是最早使用的一种起泡剂，只要在 0.005% 左右，就能形成稳定性良好的泡沫。高分子起泡剂的作用与蛋白质有类似之处，但没有蛋白质的那些缺点。染料之所以能够对泡沫有稳定作用，可能是因为在气-液表面上形成了多分子层的吸附膜。

综上所述，各类起泡剂的一个共同特点是：必须在气-液界面上形成一层坚固的膜。

起泡剂必须在一定条件下才有良好的起泡能力，如搅拌、吹气等。而且形成泡沫以后不一定有很好的稳定性，或者叫泡沫的持久性。例如，肥皂产生的泡沫持久性很好，而烷基苯磺酸钠虽然比较容易起泡，但持久性差。为了使生成的泡沫能够比较稳定，往往在表面活性剂的配方中加入一些辅助表面活性剂，称之为稳泡剂。常用的稳泡剂是尼纳尔（月桂酰二乙醇胺），在十二烷基苯磺酸钠或十二醇硫酸钠中加入少量尼纳尔，可以得到相当稳定的泡沫。十二烷基二甲基胺氧化物 $[C_{12}H_{25}N(CH_3)_2\!=\!\!O]$ 也是常用的稳泡剂，其效率超过尼纳尔。

习惯上，人们往往认为起泡能力强的洗涤剂，其洗涤能力也好，其实并非如此。因为表面活性剂的泡沫生成能力和洗涤、润湿等其他性能没有直接关系。例如，非离子型表面活性剂的起泡性能远不如普通的肥皂，但去污能力很强，所以泡沫不能作为衡量表面活性剂的唯一标准。

### 8.2.1.2　泡沫的性质

泡沫的液膜与乳状液的液膜有相似之处，但是两者本质上是不同的。从外表看，乳状液的内相是液体，呈球形，泡沫的内相是气体，呈多面体结构。但是泡沫的液膜所占体积分数很小，又是暴露在气体中，所以液膜的物理性质是决定泡沫各种性质的主要依据。

若在肥皂水溶液的表面，在垂直方向上小心地拉起一个液膜，为了避免液膜的蒸发，假定是在饱和蒸气压下进行的。起初液膜还相当厚，在地心引力作用下，液膜中的液体向下流动，液膜变得越来越薄。当膜的厚度达到几个微米时，即使是黏度不大的液体，膜的中间层的流动也变得十分缓慢，最终液层停止流失，这种液膜就是形成泡沫的骨架。

泡沫中液膜的液体流失，是地心引力和气泡相互挤压的结果。气泡的挤压力来源于液体分子间的相互吸引（即范德瓦尔斯引力）和曲面压力的影响。在泡沫中，气相压力是均等的，但液膜中有界面的曲率，在平面状液体内的压力大于弯曲面内的液体压力。图 8-9 所示为三个气泡的液膜分界平面的示意。B 部分压力比 A 部分的高，所以 B 部分液体总是向 A 部分流动，使液膜不断变薄，由于有阻力存在，膜达到一定厚度后就暂时平衡了。从曲面压力来看，要成为稳定泡沫，膜之间夹角应当是 120°，此时最稳定，因为那时图 8-9 中 AB 之间的压力差最小，所以，在多边形泡沫结构中，大多数是六边形结构，就是因为这个角度最稳定。

上述对液膜性质的讨论，必须有起泡剂存在，否则是成不了膜的。因为膜与气体的接触面很大，液体极容易挥发。有了作为起泡剂的表面活性剂，就要发生活性剂在界面上吸附。由于气泡膜有内外两个气-液界面，膜上就形成活性剂的双吸附层，如图 8-10 所示。这种双吸附层对膜至少有以下几个作用。

①由于吸附层的覆盖，膜中液体不易挥发。

②活性剂亲水基团对水的吸引，使液膜中水的黏度增大，不易从双吸附层中流失，使液膜保持一定厚度。

③活性剂分子亲油基团之间的相互吸引会增加吸附层的强度。

④对于离子型活性剂，亲水基团在水中电离，活性剂离子端带有相同电荷而相互排斥，阻碍着液膜变薄。

图 8-9　三个气泡的液膜分界平面示意

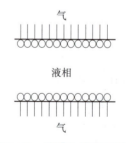

图 8-10　液膜上的双吸附层

这些因素都有利于阻碍液膜变薄，使得泡沫稳定。

## 8.2.2 泡沫的稳定性及其影响因素

泡沫主要在以下两个时期难以稳定存在：一是在泡沫初始形成且膜较厚时，二是泡沫经长时间排液导致液膜变薄时。开始时，厚的新生泡沫不断增大，但其体积不能超过一个确定的最大值，当泡沫大于此体积后，就会发生破裂。产生的泡沫静置时，通常要经过一个几乎不发生膜断裂的时期，只有膜经过排液，厚度达几十纳米时，才进入另一个不稳定阶段。

泡沫的起泡能力和泡沫的稳定性是两个不同概念，起泡能力是指液体在外界条件作用下，生成泡沫难易的程度，表面张力越低，越有利于起泡，通常加入表面活性剂即可达到此目的。泡沫的稳定性是指泡沫生成后的持久性，即泡沫的"寿命"长短，液膜能否保持恒定是泡沫稳定的关键，这就要求液膜有一定强度，能对抗外界各种影响而保持不变。影响液膜强度的因素有以下几种。

### 1. 表面黏度

表面黏度是指液体表面上单分子层内的黏度，不是纯液体黏度，液体内部的黏度叫体黏度。如果液体的体黏度很高，也可以获得较稳定的泡沫，但远不如表面黏度的影响大。

表面黏度通常由表面活性分子在表面上所构成的单分子层产生的。蛋白质、皂素以及其他类似的物质水溶液有很高的表面黏度，所以可以形成相当稳定的泡沫，甚至有些泡沫的表面膜具有半固体或固体性质，这种泡沫是极不容易破灭的。

表 8-8 中列举了几种常见表面活性剂的水溶液表面张力、表面黏度和泡沫寿命三者之间的关系。这些数据说明，凡是表面黏度比较高的体系，所形成的泡沫寿命也较长。但是表面张力低的体系并不是泡沫稳定体系，所以泡沫的表面张力小是形成泡沫的重要条件，并非必要条件。

表 8-8　某些表面活性剂的水溶液（0.1%）表面张力、表面黏度和泡沫寿命三者之间的关系

| 表面活性剂 | 表面张力/$(mN \cdot m^{-1})$ | 表面黏度/$(N \cdot s \cdot m^{-1})$ | 相对透过性 | 泡沫寿命/min |
|---|---|---|---|---|
| TriconX-100 | 30.5 | — | 1.38 | 60 |
| 烷基苯磺酸钠 | 32.5 | $3 \times 10^{-4}$ |  | 440 |
| E607L | 25.6 | $4 \times 10^{-4}$ |  | 1 650 |
| 月桂酸钾 | 35.0 | $39 \times 10^{-4}$ | 0.15 | 2 200 |
| 十二烷基硫酸钠 | 23.5 | $2 \times 10^{-4}$ | 1 | 69 |
| 十二烷基硫酸钠（$C_{12}H_{25}OH$ 0.001%） | | $2 \times 10^{-2}$ | 0.38 | 825 |

实践证明，在作为起泡剂的表面活性剂中加入少量极性物质，可以提高泡沫的稳定性，这种物质叫稳泡剂。稳泡剂不仅增加泡沫寿命，主要是使表面黏度升高，如在十二烷基硫酸钠溶液中，加入少量十二醇，结果如图 8-11 所示。在加入稳泡剂后，泡沫寿命急剧增加，与此同时，表面黏度也会相应增加。但在较高浓度时，表面黏度近于不变，此时表面黏度并不是泡沫稳定性增加的主要因素。而高的表面屈服值（使表面膜液层开始"流动"时所需

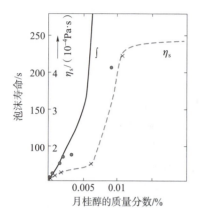

图8-11　pH＝10，0.1%月桂酸钠中加入0.01%月桂醇后泡沫寿命和表面黏度

要的力）以及表面膜的其他流变性能可能是其主要因素。

表面上被吸附分子之间相互作用的强弱是决定膜强度的内在原因，例如蛋白质是很好的起泡剂，因为这些大分子在表面上氢键相互吸引力非常强，因此所形成的泡沫稳定性也很高。在同一类表面活性剂中，具有较多分支的结构之间的相互吸引力比直链的憎水基团要差，因此所形成的泡沫稳定性也差，所以常常用直链的脂肪酸皂来作为起泡剂。

稳泡剂能增加泡沫寿命的原因也就是分子间引力加强了，加稳泡剂后，它与起泡剂在膜上生成混合膜，两种分子间的相互作用要比同种分子间的作用力强。向十二烷基硫酸钠水溶液中加入少量月桂醇，使膜的强度增加了，这可能是因为除了在碳氢链之间存在有相互引力外，在极性基团处还可能发生氢键的结合，也可能使月桂醇分子插入表面吸附层内，加大了活性离子（$R_{12}SO_4^-$）之间的距离，减弱了同性离子之间的相互排斥力，有利于增加膜的强度。

表曲黏度无疑是生成稳定泡沫的重要条件，但也不是唯一的，而且常常有例外。例如，十二酸钠溶液表面黏度并不高，但是由此而生成的泡沫却很稳定。有时有些能生成泡沫的溶液，如设法增加其表面黏度，却反而降低了泡沫的寿命，这可能是表面黏度太大，表面膜变脆，泡沫容易破裂的缘故。

### 2. 泡沫表面的"修复"作用——Marangoni效应

将一个小针刺入肥皂膜，肥皂膜可能不破，或将一个小铅粒穿过膜后，肥皂膜也不破裂，这说明气泡膜有自己愈合"伤口"的能力。仅用表面张力或表面黏度的概念是不能解释这种现象的。

Marangoni认为：当泡沫的液膜受外力冲击时，会发生局部变薄，变薄之处表面积增大，吸附的表面活性剂分子密度也减少，所以表面张力升高。因此，表面活性剂分子力图向变薄部分迁移，使表面上吸附的分子又恢复到原来的密度，表面张力又降低到原来的水平。在迁移过程中，活性剂分子还会携带邻近溶液一起移动，结果使变薄的液膜又增加到原来厚度。这种表面张力的恢复和液膜厚度的复原，其结果都是使液膜强度不变而维持泡沫稳定。

另外，从能量观点来看表面活性剂的修复作用：液膜扩张时，在表面上将降低活性剂浓度，并增大了表面张力，这是一个需要做功的过程。进一步扩张就要做更大的功。而把液膜收缩时，虽然减少了表面能，但要增加表面吸附分子浓度，这也不利于自动收缩。液膜的这种抗表面扩张和抗收缩的能力，也只有在表面活性剂的分子吸附于液膜时才会发生，纯液体是不具备这种修复性能的，所以不会形成稳定泡沫。

修复作用的宏观现象表现在液膜具有一定的表面弹性，能对抗各种机械力的撞击，保持气泡形态不变。

实验证明，表面活性剂的饱和溶液所形成的泡沫，稳定性反而较差，这是因为在修复过程中，表面活性剂分子的迁移来自表面膜。如果浓度差别很大，溶质分子扩散得很快。液膜扩张部分所减少的活性剂分子可以很快得到补充。由于没有溶剂在表面上迁移，液膜变薄部分并未恢复到原有厚度，这样的液膜，机械强度很差，这就是过浓的皂和洗涤剂溶液所形成的泡沫反而不如稀溶液泡沫稳定的原因。

至于活性剂浓度多大才能获得最稳定的泡沫，按上述讨论，似乎是溶液的表面张力 $\sigma$ 与溶剂表面张力 $\sigma_0$ 相差最大时所形成的泡沫最稳定。其实不然，泡沫的最稳定点在 $d\sigma/dc$ 最大值的浓度处，这可以用吉布斯吸附等温式来说明。若用 $c$ 对 $c(d\sigma/dc)$ 作图，那么可以发现，在某一浓度 $c$ 时，$c(d\sigma/dc)$ 值最大。实验结果表明，在这一活性剂浓度下，所得到的泡沫是最稳定的。

修复作用还要求液膜有适当的黏度，如果黏度过大，不仅使液膜变脆，而且活性剂分子的移动阻力也增大，这对泡沫的稳定是不利的。

还有一个有趣的现象，就是存放一定时间的液膜比新鲜制备的液膜稳定。根据观察，膜的修复速度随膜的"年龄"而加快。产生这个现象的原因是表面活性剂溶液的表面张力随放置时间而逐渐下降，最后达到一个恒定值，这当然也有利于表面活性剂分子的修复作用。至于为什么表面张力会逐渐下降，现在还不很清楚。

### 3. 液膜表面电荷的影响

如果液膜的上、下表面带有相同电荷，液膜受到外力挤压时，则表面上有相同电荷的排斥作用，可以防止液膜排液变薄。用离子型表面活性剂作起泡剂就有此特点，如用十二烷基硫酸钠作起泡剂，$C_{12}H_{25}SO_4^-$ 的基团排列在液膜的两边表面，使液膜带负电。$Na^+$ 则分散在液膜的中间，与 $C_{12}H_{25}SO_4^-$ 组成了表面扩散双电层。当液膜变薄时，两边表面的静电排斥起着重要作用。当然，这种作用也仅在液膜较薄时才有，因为在液膜较厚时是觉察不到的。

液膜中的电荷排斥力应当受到溶液中电解质浓度的影响，因为电解质浓度能影响表面电位的分布，直接影响到液膜斥力。Derjaguin 曾仔细测量了不同电解质浓度下的油酸钠溶液的平衡膜厚度，图 8-12 中的结果表明：平衡液膜厚度随电解质浓度的升高而变薄，这是双电层斥力减弱的缘故。液膜厚度与外界压力的灵敏度也随电解质浓度的升高而降低，在电解质浓度高达 $0.1\ \mathrm{mol \cdot L^{-1}}$ 时，平衡液膜厚度为 12 nm，几乎与外界压力大小无关，Derjaguin 认为这是油酸钠的水化层厚度为 6 nm 的缘故。从别人的实验中也得到相同结果，这证实他们的实验是正确的。

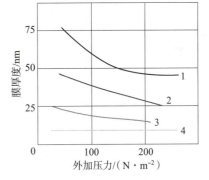

**图 8-12　油酸钠溶液膜的厚度与外加压力的关系**

$1—10^{-4}\ \mathrm{mol \cdot L^{-1}}$；$2—10^{-3}\ \mathrm{mol \cdot L^{-1}}$；
$3—10^{-2}\ \mathrm{mol \cdot L^{-1}}$；$4—10^{-1}\ \mathrm{mol \cdot L^{-1}}$

### 4. 液膜透气性

新制备的泡沫，其气泡大小是不均匀的。由于曲面压力的结果，小泡中的气压比大泡中的大，所以小泡中的气体会扩散到大泡中去，结果是小泡逐渐变小以致消失，大泡逐渐变大。由于存在曲面压力，最终所有气泡将全部消失。在整个过程中，液膜是依赖于气体穿过液膜能力大小而存在的，叫作液膜的透气性。通常可以用液面上气泡半径与时间变化率作为衡量液膜透气性的标准。表 8-8 列出几种不同表面活性剂与气泡的气体透过性关系。将透过性与表面黏度作一比较，可以看出，一般气泡透过性低的，其表面黏度就高，所形成的泡沫稳定性就好。

液膜的透气性与表面上吸附分子的排列紧密程度有关。排列得越紧，则气体越不易透

过，这种膜就越稳定。例如，在十二烷基硫酸钠中加入少量的十二醇，其透气性就明显降低，这显然是因为加入十二醇后，加强了液膜中分子间相互引力。

### 5. 表面活性剂类型

综上所述，要使泡沫稳定，必须具有较高的表面黏度、很强的修复能力及表面膜上的电荷排斥力，所以一种有良好起泡稳泡性的表面活住剂分子必须具备在吸附层内有比较强的相互吸引力，同时，亲水基团有较强的水化性能。前者使液膜产生较强机械强度，后者可以提高液膜表面黏度。含碳原子较多的烃链可以有较大的相互吸引能力，像癸酸钠（$C_{10}$）碳链较短，几乎不能产生稳定泡沫。而月桂酸钠（$C_{12}$）和豆蔻酸钠（$C_{14}$）由于烃链较长，相互吸引力较强，所以可得较稳定的泡沫。可是软脂酸钠（$C_{16}$）和硬脂酸钠（$C_{18}$）稳定泡沫的性能反而比月桂酸钠弱，可能是过长的烃链会使活性剂亲水性减弱的缘故。

同理，十四烷基苯磺酸钠的稳泡性能最强，其次是十二烷基苯磺酸钠，烷基碳数在16以上和9以下的烷基苯磺酸钠稳泡性能很差。可以想象非离子型活性剂的稳泡性能很差，因为它既没有足够长的烃链，也没有很强的极性基团，更无法形成电离层，所以没有稳泡性能。

在非离子型和两性离子型，与阴离子型和阳离子型之间，泡沫性质与浓度关系的主要区别是，后两者本身就是电解质，电解质浓度随表面活性剂浓度增加而增加，故静电排斥力迅速降低。这样，初期的变薄作用将随浓度变大而增加。若在断裂前因存在足够的微量杂质（如醇）使变薄停止，则新生泡沫中单位膜面积的质量将减少，这使大泡可以存留下来。反之，对于纯的非离子表面活性剂，在全浓度范围内电解质浓度可忽略，形成后单位膜面积的质量较高，而在成泡期间或刚生成泡沫后，只有比较小的泡可以存留下来，但这些小泡可以是很稳定的。

## 8.2.3 起泡剂、稳泡剂和消泡剂

### 8.2.3.1 起泡剂

起泡性能好的物质称为起泡剂。具有低表面张力的阴离子型表面活性剂一般都具有良好的起泡性，但生成的泡沫不一定有持久性。现在用作起泡剂的表面活性剂，主要有脂肪酸盐（皂类）、烷基硫酸酯盐、烷基芳基磺酸盐以及少量阳离子型表面活性剂及非离子型表面活性剂。

#### 1. 阴离子型表面活性剂

阴离子型表面活性剂的起泡性一般都比较大，其中肥皂是一类起泡力强的表面活性剂（虽然它相应的脂肪酸的起泡力更好，因水溶性差，故很少用）。

（1）脂肪酸盐类表面活性剂

脂肪酸盐类表面活性剂通式为 RCOOM，碳原子数为 $C_{12}$ 和 $C_{14}$ 时起泡性最好，M 为钠、钾、铵，缺点是在硬水中起泡性差。

脂肪酸皂的起泡力及生成泡的稳定性与亲油基碳链长度有关。例如，月桂酸钠盐即使在低温时也易起泡，而且因硬水或盐类而生成沉淀或盐析的倾向很小，但生成泡的质地粗糙，稳定性差，而且随着温度的升高，泡的稳定性变得更差。十四酸钠盐，泡的质地细腻，即使

温度较高时，也能生成稳定的泡沫，但易受硬水和盐类的影响。随着碳原子数的增加，十六酸钠盐在低温时起泡力很弱，硬脂酸钠盐在常温时溶解度很低，起泡力也非常弱，但泡沫细腻而且升高温度，硬脂肪酸钠盐的起泡性明显好转。

脂肪酸钠盐的起泡力，随亲油基中不饱和度的增加明显地减弱。例如，硬脂酸钠和油酸钠具有相同的碳原子数，但油酸钠分子的中间有一个双键，因此，油酸钠的起泡力较硬脂酸钠弱很多。含有两个双键的亚油酸的起泡力，又比油酸钠弱得多。

（2）硫酸盐类

直链高级伯醇的硫酸酯钠盐的起泡力大体上与肥皂相近。起泡力与亲油基碳原子数、亲油基的结构、溶液浓度等都有关。碳原子数为 12~16 时，起泡力最强，碳原子达 18 时，起泡力突然下降。亲油基如果有支链，起泡性就变差。在含有支链的烷基醇硫酸酯钠盐中，亲油基的碳原子数为 20~22 时，比其他支链烷基醇硫酸酯钠盐具有较强的起泡力。

亲水基位于分子中间时，硫酸酯钠盐的起泡性就显著降低。仲醇的硫酸酯盐的起泡性比较小就是这个原因。

（3）磺酸盐

烷基苯磺酸钠的起泡性也和表面张力的降低一样，因浓度而异。浓度在 CMC 以上时，起泡性和表面张力都略有上升。当烷基碳原子数为 14 时，起泡性最好。烷基为支链时，其浓度又在 CMC 附近，起泡性比直链烷基差得多。

烷基苯磺酸钠中，作为洗净剂的十二烷基苯磺酸钠（ABS），比同一相对分子质量的直链烷基苯磺酸钠（LBS）湿润性好，但起泡力差。烷基在苯环上的位置不同，起泡性也不一样。烷基与磺酸基处于对位时起泡性好，处于邻位或间位时起泡性差。用茶环代替苯环，所得的烷基萘磺酸盐的起泡性差，但乳化性好。

### 2. 阳离子型表面活性剂的起泡性

阳离子型表面活性剂中，起泡力强的也有，但一般来说，起泡性和泡沫稳定性都很差，而且易受 pH 的影响。

### 3. EO 系非离子型

EO 系非离子型表面活性剂的起泡力，随 EO 的加成摩尔数而异。EO 的加成摩尔数少时，溶解性差起泡力小。随着 EO 摩尔数的增加，起泡性也逐渐增加。这类活性剂的起泡性虽然因亲油基的种类而异，但 EO 的加成摩尔数为 10~15 时，一般都表现出高的起泡力。最近，EO 系非离子型表面活性剂的消费量迅速增加，由此也产生了一个由泡沫引起的公害问题。为此，现在多采用高级醇与 EO 的加成物，再与 PO 进行加成反应的方法来降低 EO 系的起泡性。

### 4. 蛋白质类

这类起泡剂包括明胶、蛋白质等。因为它们的分子间不仅有范德华引力，而且在>C═O 与>NH 基间有氢键力，所以由它们形成的保护膜十分牢固，对稳定泡沫起了良好作用。应该注意的是，泡沫系统的 pH 对这类起泡剂的影响作用甚大。此外，此类起泡剂也易发生老化。

### 5. 固体粉末

如石墨、矿粉等具有憎水性的粉末都属固体粉末起泡剂。它们的作用在于，附于气泡上的固体粉末一方面阻止了气泡的相互聚结，另一方面也增大了液膜中流体流动的阻力。

### 6. 其他

如聚乙烯醇、甲基纤维素等也能在泡沫的气-液界面形成保护膜，从而对泡沫起到稳定作用。例如，甲基纤维素作为起泡剂，与蛋白质十分相似，但却不易老化，并且不受系统pH的影响。

虽然形成泡沫必须要有起泡剂存在，但是往往也有这样的情况，即使加入了起泡剂，所形成的泡沫也不一定有持久性。故泡沫系统除了应该有起泡剂外，往往还要加入一些稳泡剂。它们的作用在于，提高液体的黏度、增加液膜厚度及增强液膜强度。稳泡剂不一定是表面活性剂，例如，在起泡剂十二烷基苯磺酸钠中加入少量稳泡剂月桂酰二乙醇胺，就可以起到很好的稳泡作用。

#### 8.2.3.2　稳泡剂

在作为起泡剂的表面活性剂中加入少量极性有机物可提高液膜的表面黏度，增加泡沫的稳定性，以期延长泡沫寿命。此类物质称为稳泡剂。

##### 1. 天然产物

天然产物有明胶和皂素等。明胶是一种从动物的皮骨中提取的蛋白质，富含氨基酸。皂素的主要成分是糖苷，含有多羟基、醛基等。

这类物质虽然降低表面张力的能力不强，但它们却能在泡沫的液膜表面形成高黏度高弹性的表面膜，因此有很好的稳泡作用，这是因为明胶和皂素的分子间不仅存在范德瓦尔斯引力，而且分子中还含有羧基、氨基和羟基等。这些基团都有生成氢键的能力，因此，在泡沫体系中，由于它们的存在，使表面膜的黏度和弹性得到提高，从而增强了表面膜的机械强度，起到了稳定泡沫的作用。

##### 2. 高分子化合物

高分子化合物如聚乙烯醇、甲基纤维素、淀粉改性产物、羟丙基、羟乙基淀粉等，它们具有良好的水溶性，不仅能提高液相黏度阻止液膜排液，同时还能形成强度高的膜。因此有较好的稳泡作用。

##### 3. 合成表面活性剂

合成表面活性剂作为稳泡剂，一般是非离子型表面活性剂，其分子结构中往往含有各类氨基、酰氨基、羟基、羧基、羰基、酯基和醚基等具有生成氢键条件的基团，用于提高液膜的表面黏度。大约有以下几种类型：脂肪酸乙醇酰胺、脂肪酸二乙醇胺、聚氧乙烯脂肪酰醇胺、氧化烷基二甲基胺（OA）、烷基葡萄糖苷（APG）等。

#### 8.2.3.3　消泡剂

有时由于液面上产生泡沫对生产过程极其不利，像化工生产过程中的蒸馏操作，如果有机液体中产生泡沫，液体就会很容易溢出，从而引起火灾。遇到这种情况就要求迅速消泡。凡是加入少量能使泡沫很快消失的物质，就称为消泡剂。消泡剂大多数是表面活性剂。

消泡的方法通常有两大类：物理消泡法和化学消泡法。物理消泡法就是改变产生泡沫的条件，而泡沫溶液的化学成分仍然保持不变的消泡方法。例如，可以通过搅拌、变更温度、改变压力、进行离心以及采用紫外、红外、X射线、超声波的照射等。形成泡沫气体对泡沫稳定性的影响也是十分明显的。如果气体对泡沫的表面能起溶解或解离作用，就会使泡沫很快破裂。例如，甲醇、乙醚等蒸气能使煤油、原油泡沫迅速破灭。二氧化碳的气体对蛋白质溶液的泡沫也有消泡作用。

化学消泡的基本原则就是采用化学方法消除泡沫的稳定因素。这就是在泡沫中加入化学药品，使之与起泡剂发生化学变化，以达到消泡的目的。例如，用脂肪酸钠为起泡剂的泡沫可以加入酸或钙、镁盐类，使之生成不溶性的脂肪酸或脂肪酸钙、镁皂，失去了起泡剂作用，使泡沫破灭。在工业生产上对消泡剂的要求是用量少、效率高、消泡迅速。

从消泡机理看，作为消泡剂的表面活性剂，在液面上应能取代（即挤走）起泡剂分子，所形成的液膜强度很差，不能维持液膜恒定，以达到降低泡沫的稳定性。根据这样的要求，作为消泡剂的表面活性剂必须具有下列性质：很强的降低表面张力的能力，极容易吸附在表面上，分子间相互作用不强，在表面上排列疏松，因此分子应当是枝形结构的表面活性剂。

消泡剂在液面上的铺展速度也能直接影响到消泡的效果，铺展速度越快，消泡作用就越强。例如，$n\text{-}C_3F_7CH_2OH$ 在十二烷基硫酸钠溶液表面上的铺展速度为 $4.6\ \mathrm{cm\cdot s^{-1}}$。$n\text{-}C_8H_{17}OH$ 的铺展速度是 $3.6\ \mathrm{cm\cdot s^{-1}}$，所以前者对十二烷基硫酸钠的消泡效果要比后者的好。

此外，还可以根据表面张力的变化情况来推断消泡效果。从吉布斯吸附等温式知，在溶液表面吸附量越大的表面活性剂，使溶液表面张力降低越多。例如，在 0.4% 十二烷基硫酸钠溶液中，加入消泡剂磷酸三丁酯后，溶液表面张力就急剧下降，这表明消泡剂分子挤入了表面层，这种消泡剂是有效的。即使不能挤走十二烷基硫酸钠分子，由于消泡剂分子存在，阻碍了起泡剂分子迁移修复性能，也能降低泡沫的稳定性。

有效的消泡剂还应当在相当长时间内起作用，具有防止起泡剂复原的能力，但是不少消泡剂加入溶液后，经过一段时间就失去效力。产生这种现象的原因可能是作为起泡剂的表面活性剂的浓度已超过了临界胶束浓度，消泡剂就有可能被起泡剂所加溶而失去作用。消泡剂在开始时能起作用，是因为在表面上铺展速度比起泡剂快。当逐渐显示出加溶作用后，消泡效果才慢慢消失。

根据消泡作用的原理，消泡剂大致可以分成以下几类。

①醇类。具有分支结构的醇，如异辛醇、异戊醇以及高碳醇（二异丁基甲醇）等。

②脂肪酸及脂肪酸酯类。大多数用于食品工业，如 Span-85 等常用于酵素、酪素、奶糖的蒸发，脂肪酸常用于许多发酵过程。又如豆油、蓖麻油等天然油脂，也是良好消泡剂。

③酰胺类。如二硬脂酸酰乙二胺等多酰胺可用于蒸气锅炉内，作为防泡剂。

④磷酸酯类。磷酸二丁酯是最常用的消泡剂，通常溶于有机溶剂中，应用时把它加到水中使之混溶。它也用于有机溶剂内，常掺入润滑油中消泡。

⑤有机硅化合物。主要指烷基硅油，它是高效消泡剂，只要每千克几毫克的用量，其消泡效果就很显著，也能用于非水溶液的消泡。

⑥其他类。各种卤素化合物，如氟化烃、四氯化碳等都可以用作消泡剂，其中用得最多的是含氟有机物。其他不溶于水的钙、镁、铝皂也可以作为消泡剂。

## 8.2.4　泡沫驱技术

作为三次采油技术系列之一，泡沫驱已逐渐成为油气田广泛使用的提高采收率方法。

泡沫能有效地改善驱动流体在非均质油层内的流动状况（流度比），提高注入流体的波及效率。对于驱动过程中气窜、水窜的防治具有重要意义，同时，泡沫液中的表面活性物质可以降低油水界面张力，调整油水流度比。近年来，随着国内油气田进入中后期开发阶段，断块、低渗、稠油等难开发油藏的比重有所增加，泡沫流体在此类油藏的开发应用中日益广泛。

### 1. 泡沫驱提高原油采收率的机理

泡沫驱提高原油采收率的机理主要有以下三种：

（1）Jamin 效应叠加机理

Jamin 效应是指气泡对通过厚孔的液流所产生的阻力效应。但泡沫中气泡通过直径比它小的厚孔时，就发生这种效应。Jamin 效应可以叠加，所以，当泡沫通过不均质地层时，它将首先进入高渗透层。因为 Jamin 效应可以叠加，所以它的流动阻力逐渐提高。因此，随着压力的提高，泡沫可以依次进入那些渗透性较小，流动阻力较大而原先不能进入的中、低渗透层，提高波及系数。

（2）增黏机理

因为泡沫有大于水的黏度，所以它有大于水的波及系数，因而泡沫驱有比水驱高的采收率。

（3）稀表面活性剂体系驱油机理

泡沫的分散介质为表面活性剂溶液，根据表面活性剂在其中的浓度，它应具有稀表面活性剂体系（如活性水、胶束溶液）的性质，因此，具有与它们相同的驱油机理。

### 2. 泡沫注入方式

泡沫的注入方式可以归结为 5 种类型：

（1）预成型泡沫注入

该方法是在多孔介质外部形成泡沫，通过在地表的泡沫发生器中或者在泡沫液注入管柱向下流动时产生，此种方式的特点是注入泡沫的质量和强度方便调控。

（2）共注入泡沫

该方法是通过将气体和表面活性剂混注，在距离注入井较近的地层内形成泡沫。这种方法也称为泡沫原位生成法，该方法需要两根注入管柱同时工作，一根用于气相注入，一根用于表面活性剂溶液的注入。

（3）表面活性剂交替气体（SAG）的泡沫注入

在该方法中，气体和表面活性剂连续注入，在多孔介质内部形成泡沫，在 SAG 期间，表面活性剂溶液被气体排动，因此该方法也被称为"排水泡沫"注入法。该方法产生的泡沫不受进入区域的限制，只要气体与已注入的表面活性剂溶液接触，就可以产生泡沫。

（4）溶解表面活性剂的泡沫注入

研究表明，一些表面活性剂可以溶解在超临界二氧化碳中。该方法仅需要将超临界二氧化碳注入储层中，当遇到地层水之后，就可以产生泡沫。

（5）分层注入泡沫

在该方法中，气体和表面活性剂溶液同时但不在同一位置注入，常应用于水平井中，且垂直井中也可实施。一般是从下部水平井注入气体，从上部水平井注入表面活性剂，水气由于密度差会出现重力分异，气体和表面活性剂在上下水平井之间的地层区域接触并产生泡沫。

### 3. 矿场泡沫驱类型

（1）空气泡沫驱

空气泡沫驱以空气作为驱油剂，在注入过程中补充地层能量，以泡沫作为调剖剂，调整吸水剖面，有效控制流度，扩大波及体积。同时，其液相中的表面活性剂可降低油水界面张力，改善岩石表面润湿性，提高洗油效率。空气泡沫驱不仅综合了空气驱和泡沫驱的优点，还具备低温氧化驱油机制，间接实现烟道气驱以及热效应采油。

（2）氮气泡沫驱

为延缓注气前缘突破、提高气驱开发经济性，氮气泡沫驱进一步发展了表面活性剂交替气体技术，兼具氮气驱和表面活性剂驱的特性，具备独特的流变性和封堵性。氮气泡沫驱的机制主要有：向地层注入氮气可以其补充能量并维持储层压力，大量的氮气具有一定的弹性膨胀能，可以在气举、助排等方面发挥良好作用；泡沫具有一定的选择性封堵作用，能够对含水高渗层进行有效封堵，在中、低渗透带易形成气、水驱双重作用，有利于残余油的运移；泡沫破灭后，氮气与地层水、原油之间易发生相互作用形成乳状液，从而使原油降黏，调整水油流度比，驱替效率增加；由于氮气与储层流体存在密度差异，会出现流体间的重力分异现象，容易形成非混相驱，扩大纵向波及体积，增加可动油饱和度，进而提高采收率。

（3）二氧化碳泡沫驱

二氧化碳泡沫驱油的机制和氮气泡沫驱具有相似之处，不同点在于二氧化碳泡沫破灭后，其气相在一定条件下能够与原油多次接触达到混相，降低原油黏度，并且能够萃取出轻质组分原油，在提高采收率的基础上贯彻了碳捕集、利用与封存（CCUS）的理念。

（4）天然气泡沫驱

天然气泡沫驱是以天然气作为气相分散在表面活性剂中进行驱替，其除了具备普通泡沫驱的机制外，还因天然气在原油中良好的溶解性而使得原油黏度降幅明显。然而，由于天然气在注入的过程中存在问题较多，对设备和安全性要求较高，因此，天然气泡沫驱在室内实验和矿场应用中较少。

（5）蒸汽泡沫驱

稠油油藏常用开采方式为蒸汽吞吐、蒸汽驱以及蒸汽辅助重力泄油等，而这些热力开采过程存在着蒸汽窜流的问题，对生产效果和经济效益产生不利影响。近年来，蒸汽驱堵窜技术采用泡沫流体在蒸汽驱过程中调整油层吸汽剖面，扩大蒸汽波及系数，对解决汽窜和蒸汽超覆问题具有显著的效果，这促进了蒸汽泡沫驱的发展。

（6）其他泡沫驱

强化泡沫驱技术是在泡沫体系中加入聚合物，通过聚合物来增强泡沫体系的表观黏度、液膜的厚度及弹性，从而提高了泡沫的起泡能力，延长了泡沫的析液半衰期，改善了普通泡沫稳定性差的缺点。同时，聚合物增强了泡沫体系的阻力系数和界面活性，降低了地层中发泡剂的吸附损失。

# 参考文献

[1] 李兆敏，徐正晓，李宾飞，等. 一泡沫驱技术研究与应用进展［J］. 中国石油大学学报

（自然科学版），2019，43（5）：118-128.

［2］陈宗淇，王光信，徐桂英. 胶体与界面化学［M］. 北京：高等教育出版社，2016.

［3］Albers W，Overbeek J，Th G. Stability of emulsions of water in oil I. The correlation between electrokinetic potential and stability［J］. J. Colloid Sci.，1959（14）：501.

［4］陈宗淇，郭荣. 微乳液的微观结构［J］. 化学通报，1994（2）：22.

［5］徐桂英，苑世领，等. SDE 系列非聚醚型破乳剂破乳性能初探［J］. 油田化学，1998（15）：64.

［6］李干佐，郭荣，等. 微乳液理论及其应用［M］. 北京：石油工业出版社，1995.

［7］Tapas K De，Amarnath M. Solution behaviour of Aerosol OT in non-polar solvents［J］. Adv. Colloid Interface Sci.，1995（59）：95-193.

［8］Moulik S P，Paul B K. Adv. Structure，dynamics and transport properties of microemulsions［J］. Colloid Interface Sci.，1998（78）：99-195.

［9］徐桂英，张莉，等. 聚乙烯吡咯烷酮存在时反相微乳液中水的状态［J］. 物理化学学报，2001，17（1）：37-42.

［10］滕弘霓，杨泽福，等. 红外光谱研究以非离子型表面活性剂所组成微乳液的水结构［J］. 化学学报，1998，56（2）：135-140.

［11］王笃金，吴瑾光，徐光宪. 反胶团或微乳液法制备超细颗粒的研究进展［J］. 化学通报，1995（9）：1.

［12］徐桂英，等. PS、LS 和煤油体系的界面张力［J］. 油田化学，1993（10）：57-61.

［13］Shinoda K，Friberg S. Microemulsions：Colloidal aspects［J］. Adv Colloid Interface Sci.，1975，4（4）：281-300.

［14］李冰冰，梁文平. 多乳状液——一种新型化妆品体系［J］. 日用化学工业，2000（1）：25-29.

［15］苑世领，徐桂英. 原油破乳剂发展的概况［J］. 日用化学工业，2000（1）：36-40.

［16］樊西惊. 胶体化学的新进展与油田化学［J］. 油田化学，1998，15（2）：176-181.

［17］宋昭峥，王军，蒋庆哲，等. 表面活性剂科学与应用［M］. 北京：中国石化出版社，2015.

# 第9章 洗　　涤

## 9.1　污垢与洗涤

表面活性剂的洗涤作用是表面活性剂具有最大实际用途的基本特性，它涉及千家万户的日常生活，并且在各行各业中得到越来越多的应用。将浸在某种介质（一般为水）中的固体表面上的污垢去除的过程称为洗涤。在洗涤过程中，加入洗涤剂以减弱污垢与固体表面的黏附作用并施以机械力搅动，借助介质（水）的冲力将污垢与固体表面分离而悬浮于介质中，最后将污垢冲洗干净。由于各种洗涤过程的体系是复杂的多相分散体系，分散介质种类繁多，体系中涉及的表（界）面和污垢的种类及性质各异，因此，洗涤过程是相当复杂的过程。

洗涤的目的就是自欲洗净的物体（以后统称基物）表面清除污垢。欲洗净的基物和要清除的污垢是多种多样的，其大小、形状、化学组成和性质各不相同。尽管如此，仍可用下面的简单关系来表示洗涤过程

基物·污垢+洗涤剂⇌基物·洗涤剂+污垢

成功的洗涤是离不开洗涤剂的。洗涤剂的加入可以改变基物与污垢的界面性质，减弱基物与污垢之间的作用力，使污垢脱离基物表面而分散在洗涤液中，最后被水流带走。显然，洗涤的关键就是如何使污垢脱离基物表面。但对于不同类型的污垢，其脱离的机制是不同的。虽然污垢的化学组成、大小和形状都很复杂，但根据它们的聚集状态，可分为液体污垢和固体污垢两大类。

### 9.1.1　液体污垢

最常见的液体污垢是皮脂，它是一种复杂的混合物，其主要成分是脂肪酸甘油酯（包

括单酯、双酯和三酯）、游离脂肪酸和脂肪醇。脂肪酸（包括直链酸、支链酸、饱和酸和不饱和酸）的碳原子数为 7~22，但最多的是棕榈酸和油酸。脂肪醇有胆固醇和固醇，还有磷脂。新分泌的皮脂含甘油三酸酯较多，游离酸较少。但由于皮肤上细菌分泌的酶的催化作用，使甘油三酸酯水解，游离酸增加。纤维上的微量铁元素也可起催化作用，使皮脂氧化和聚合，因而皮脂变质发臭，颜色变深，洗涤时难以清除。

皮脂在常温是一种黄褐色的半固体，但温度升高时则成液体。用 9：1 的苯-乙醇混合物自内衣中抽提出的油脂，经差热分析表明，37 ℃时，90% 的物质已熔化，48 ℃时，完全熔化。因此，洗涤温度在 50 ℃时，皮脂是流动性很好的液体；但温度在 15~20 ℃时，皮脂为固体或半固体，其洗涤机构与液体时完全不同。

除了皮脂外，常见的液体污垢还有动物油、植物油和矿物油（汽油、煤油、柴油和润滑油等）。动物油和植物油都是甘油脂肪酸酯，与皮脂的情形大致相似。矿物油则主要是烃类化合物，但润滑油除烃类外，还含有各种添加剂。

液体污垢在洗涤过程中被清除的难易程度，取决于洗涤液存在时液体污垢与基物的接触角，接触角越大，越易清除。

## 9.1.2　固体污垢

常见的固体污垢有尘土、泥沙、铁锈和炭黑等，它们通常以小质点形式通过范德瓦尔斯力黏附在基物表面。固体污垢的清除，除了范德瓦尔斯力的大小外，还与质点的大小有关。一般来说，质点越小，质点与基物表面的范德瓦尔斯力越大，质点越不易清除。

污垢的类型不同，涉及的洗涤机理也不同，故需按污垢的类型分别讨论。但有时固体污垢的小质点被液体污垢裹住后再沾在基物上，这种污垢的清除机制与液体污垢的基本相同。

# 9.2　液体污垢的清除

一般洗涤液清除基物表面的液体污垢有置换-滚落、乳化和加溶三种机制，其中，最重要的是置换-滚落机制。

## 9.2.1　置换-滚落机制

洗涤的第一步就是使洗涤液润湿沾有油污的基物表面。洗涤液首先将基物和油膜表面的空气置换掉，使基物和油膜直接与洗涤液接触。在此处涉及的润湿过程有两种可能，即浸湿和展开。如果是浸湿，则只需洗涤液在油膜和基物表面上的接触角 ≤90° 即可。但若洗涤液在油膜和基物表面上的接触角为零或无平衡值，则就是展开润湿。由于洗涤液主要是表面活性剂溶液，实际洗涤时，还有外加机械力的作用，故洗涤液润湿基物和油膜是比较容易的。

洗涤过程的第二步是洗涤液将油膜从基物表面置换掉。图 9-1 中，O 代表油污，S 代表基物，W 代表洗涤液（水相）。若 $\theta_w = 0°$ 或无平衡值，则洗涤液将自动把油污从基物表面置换下来。在讨论洗涤过程中，常以黏附张力的大小来判断上述过程是否能发生。设 $A_{sw}$ 和 $A_{so}$

分别为水和油对基物表面的黏附张力，其定义是

$$A_{sw} = \gamma_{sv} - \gamma_{sw} = \gamma_{wv} \cos \theta_w \qquad (9-1)$$

$$A_{so} = \gamma_{sv} - \gamma_{so} = \gamma_{ov} \cos \theta_o \qquad (9-2)$$

式中，符号 v 代表气相；$\gamma$ 是表面张力或界面张力。于是

$$A_{sw} - A_{so} = r_{so} - r_{sw} = r_{ow} \cos \theta_w \qquad (9-3)$$

注意，式（9-3）中的 $\theta_w$ 与式（9-1）中的 $\theta_w$ 是不同的，若 $A_{sw} - A_{so} \geqslant r_{ow}$，即 $\theta_w = 0°$ 或无平衡值，则洗涤液将自动把油污从基物表面置换下来。

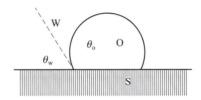

图 9-1 水（W）-油（O）-基物（S）三相共存时的接触角

在实际的洗涤过程中，由于有外力作用，如水的流体动力和织物的相互摩擦等，因此，只要 $\theta_0 > 90°$，油膜就会收缩成油滴而脱离基物表面，如图 9-2 所示。这就像停留在荷叶上的水滴，只要荷叶稍稍倾斜，水滴便将在重力作用下滚落。

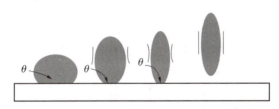

图 9-2 油滴被流体动力从基物表面完全带走的过程示意

根据式（9-3）可知，在有外力作用的情形下，如果以黏附张力或界面张力来描述液滴完全滚落的条件，则得

$$A_{sw} - A_{so} \geqslant 0 \qquad (9-4)$$

或

$$r_{so} - r_{sw} \geqslant 0 \qquad (9-5)$$

因 $r_{so}$ 和 $r_{sw}$ 现尚无有效的测定方法，故实际能应用的条件是黏附张力和接触角。但由式（9-3）可知，洗涤液能否将油污从基物表面完全清除，关键是 $r_{sw}$ 和 $r_{so}$ 的相对大小。如果 $r_{so} > r_{sw}$，则 $\theta_w < 90°$，$\theta_o > 90°$，即可达到目的；而且 $r_{so} - r_{sw}$ 值大越有利。如果 $A_{sw} < A_{so}$ 或 $r_{sw} > r_{so}$，则 $\theta_o < 90°$。在此情况下，如图 9-3 所示，单靠水流作用不能完全清除基物表面的油污。

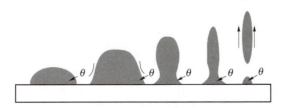

图 9-3 基物表面油污被流体部分清除的示意

油–水界面张力对洗涤作用的影响，可分析如下：

①倘若 $\theta_w < 90°$，$r_{so} > r_{sw}$，如图9-4（a）所示，则根据 Young 方程

$$\cos \theta_w = \frac{r_{so} - r_{sw}}{r_{ow}} \tag{9-6}$$

可知，$r_{ow}$ 越低，$\cos \theta_w$ 越大，$\theta_w$ 越小，$\theta_o$ 越大，越有利于油污的清除。如果 $r_{ow}$ 小到等于 $r_{so} - r_{sw}$，则 $\theta_w = 0°$，这时洗涤液将自动地从基物表面置换油膜。

②如果 $\theta_o < 90°$，$r_{sw} > r_{so}$，如图9-4（b）所示，根据 Young 方程

$$\cos \theta_0 = \frac{r_{sw} - r_{so}}{r_{ow}} \tag{9-7}$$

这时 $r_{ow}$ 越低，$\theta_o$ 越小，$\theta_w$ 越大，越不利于油污的清除。

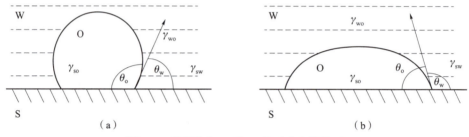

图9-4 接触角与 $r_{sw}$ 和 $r_{so}$ 相对大小的关系

由上面的讨论可见，起决定作用的是 $r_{so}$ 和 $r_{sw}$ 的相对大小。$r_{ow}$ 只有在 $r_{so} - r_{ow} > 0$ 时，降低 $r_{ow}$ 才是有利的；如果 $r_{so} - r_{sw} < 0$，则 $r_{ow}$ 越大越有利。但应指出，以上都是在平衡条件下分析的结果。如果从动力学角度考虑，在其他条件（如黏度、机械搅拌等）相同时，油–水界面张力越大，油膜收缩成油滴的速度就越快，从而加速了油污的清除，有利于洗涤作用。

$r_{sw}$ 和 $r_{so}$ 的大小是由基物表面与水和油分子之间的作用力决定的。倘若基物是极性的，则水的 $\gamma^d$ 和 $\gamma^p$（分别代表非极性力和极性力对表面张力的贡献）都起作用，因而基物与水的作用大于与油的作用，即 $r_{sw} < r_{so}$，$A_{sw} - A_{so} > 0$。如果基物是非极性的，则水的 $\gamma^p$ 不起作用，结果在基物–水界面就有较大的剩余力场，因而 $r_{sw} > r_{so}$，$A_{sw} - A_{so} < 0$。表9-1中的实验数据也证明了以上描述的过程。

表9-1 一些油（O）–水（W）–固（S）体系的 $\theta_o$、$\gamma_{ow}$ 和 $A_{sw} - A_{so}$

| 油 | 固体 | $\theta_o / (°)$ | $\gamma_{ow} / (mN \cdot m^{-1})$ | $A_{sw} - A_{so} / (mN \cdot m^{-2})$ |
|---|---|---|---|---|
| 环己烷 | 石英玻璃 | 177 | 50.2 | 50.1 |
| 己烷 | 云母 | 167 | 50.1 | 48.8 |
| 正十六烷 | 云母 | 160 | 51.3 | 48.4 |
| 苯 | 云母 | 155 | 33.7 | 30.5 |
| 甲苯 | 云母 | 148 | 36.0 | 30.5 |
| 四氯化碳 | 云母 | 155 | 43.5 | 39.4 |
| 矿物油 | 黏胶纤维 | 144 | 45 | 47 |
| 矿物油 | 尼龙-6 | 119 | 45 | 22 |

| 油 | 固体 | $\theta_o/(°)$ | $\gamma_{ow}/(mN \cdot m^{-1})$ | $A_{sw}-A_{so}/(mN \cdot m^{-2})$ |
|---|---|---|---|---|
| 矿物油 | 尼龙-66 | 94 | 58 | 4 |
| 矿物油 | 聚乙烯 | 52 | 58 | -36 |
| 环己烷 | 聚四氟乙烯 | 5 | 50.8 | -50.6 |

一般高能表面在空气中很容易被油污沾污，这是因为油污在高能表面上的展开伴随着表面自由能降低；而低能表面，特别是含硅或氟的表面，由于具有较低的临界表面张力 $\gamma_c$，不易被油污沾污。但在水中时，情况恰好相反。对于高能表面，因 $A_{sw}>A_{so}$，油污易被水自基物表面清除；对于低能表面，可能 $A_{so}>A_{sw}$，油污很难被水清除。这与极性固体在水中很少或完全不吸附有机物，非极性固体在水中强烈吸附有机物的结果是类似的。

Stewart 和 Whewell 研究了纤维和油污的极性对洗涤效果的影响。他们把不同纤维浸在 Lissapol N（烷基酚聚氧乙烯醚）的水溶液中，然后测定矿物油和橄榄油在纤维-水界面上的接触角，并根据下式计算油污对纤维的黏附功

$$W_{so/w} = \gamma_{wo}+\gamma_{sw}-\gamma_{so} = \gamma_{wo}(1+\cos\theta_o) \tag{9-8}$$

式中，$W_{so/w}$ 是油污对水溶液中纤维的黏附功。结果表明，纤维的极性越大，油对纤维的黏附功越小，因而越易将油从纤维表面清除。橄榄油的主要成分是不饱和脂肪酸的甘油脂，其极性比矿物油的大。实验表明，在 Lissapol N 溶液的浓度为 $0.1\ g/dm^3$ 时，矿物油在极性纤维（如聚酯、尼龙、聚丙烯腈和黏胶纤维等）上的接触角都大于 $130°$，而橄榄油的接触角都小于 $70°$，但橄榄油对这些纤维的黏附功则都比矿物油的大。因此，在同样条件下，矿物油比松橄油更易从这些纤维上清除。

前面已指出，洗涤作用离不开表面活性剂，对于液体油污的清除，表面活性剂的作用就是它能吸附在基物-水界面，从而降低 $\gamma_{sw}$，使 $\theta_o$ 增大，$A_{sw}-A_{so}$ 变正变大，$W_{so/w}$ 下降，结果使油污较易从基物表面被水流带走。Stewart 和 Whewell、Kiing 和 Lange 等得到的实验结果见表 9-2。

表 9-2 非离子表面活性剂 Lissapol N 对矿物油在不同纤维上的 $\theta_o$、$W_{so/w}$ 和 $A_{sw}-A_{so}$ 的影响

| 纤维 | Lissapol N 的浓度/(g·dm⁻³) | | | | | | | | |
|---|---|---|---|---|---|---|---|---|---|
| | 0 | | | 0.1 | | | 2.0 | | |
| | $\theta_o/$ $(°)$ | $W_{so/w}/$ $(mJ \cdot m^{-2})$ | $A_{sw}-A_{so}/$ $(mJ \cdot m^{-2})$ | $\theta_o/$ $(°)$ | $W_{so/w}/$ $(mJ \cdot m^{-2})$ | $A_{sw}-A_{so}/$ $(mJ \cdot m^{-2})$ | $\theta_o/$ $(°)$ | $W_{so/w}/$ $(mJ \cdot m^{-2})$ | $A_{sw}-A_{so}/$ $(mJ \cdot m^{-2})$ |
| 聚乙烯 | 52 | 94 | -36 | 68 | 12.2 | -3.3 | 110 | 1.5 | 0.7 |
| 聚氯乙烯 | 71 | 77 | -19 | 130 | 3.2 | 5.7 | >150 | <0.3 | >1.9 |
| 聚酯 | 66 | 82 | -24 | 142 | 1.9 | 7.0 | >150 | <0.3 | >1.9 |
| 尼龙 | 94 | 54 | 4 | 147 | 1.4 | 7.5 | >150 | <0.3 | >1.9 |
| 聚丙烯腈 | 117 | 32 | 26 | 143 | 1.8 | 7.1 | >150 | <0.3 | >1.9 |
| 黏胶纤维 | 144 | 11 | 47 | >150 | <1.2 | >7.7 | >150 | <0.3 | >1.9 |

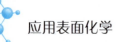

由表 9-2 可知，不管高分子表面是极性的还是非极性的，加入非离子表面活性剂 Lissapol N 皆可使矿物油的接触角 $\theta_{\circ}$ 增大，而且浓度越大，$\theta_{\circ}$ 越大，越有利于洗涤作用。实验证明，Lissapol N 的浓度从 $0.1\ \mathrm{g/dm^3}$ 增加至 $2.0\ \mathrm{g/dm^3}$，矿物油在纤维上的残余量可下降为原来的 $1/2\sim1/5$。

## 9.2.2　乳化机制

倘若基物表面油膜较厚，基物浸入洗涤剂水溶液后，油污的接触角仍然很小，这时置换-滚落机制很难起作用。但只要洗涤剂成分与油相配匹，则由于洗涤过程中的机械搅动作用，油膜就可以被分散成小油珠而从基物表面进入水相，形成稳定的 O/W 型乳状液。通过这一机制可以清除基物表面上大部分的油污。为了形成 O/W 型乳状液，应选择 HLB 值在 8~18 之间的表面活性剂。为了得到较稳定的乳状液，乳化时，所需表面活性剂的 HLB 值是随油相的成分和性质而改变的。因此，只要油污的成分已知，即可选择适宜的表面活性剂作为洗涤剂成分。有时油污很难被洗涤剂水溶液乳化，这时可在体系中加入一些油溶性乳化助剂，仍可使油污乳化。脂肪酸是最常用的油溶乳化助剂。在理论上，乳化机制只涉及一个液-液界面，而滚落机制涉及在三相交线上一个液-液界面张力和两个液-固界面张力的合作作用，是两个完全不同的过程，基本上是彼此独立的。但是已乳化的油滴再与基物表面碰撞时能否再黏附上去，则可应用滚落机制的理论来分析。若油滴与基物表面的接触角大于 90°，则油滴虽可重新黏附在基物表面上，但在水流作用力下，可再带入水中。若油滴的接触角小于 90°，则油滴不仅会重新黏附到基物表面上，而且不易再通过乳化机制将其清除。有时乳化油滴本身很稳定，在互相碰撞时不发生聚结，但这并不意味着油滴与基物表面碰撞时也不黏附。黏附油膜的厚度与油滴在基物表面上的接触角、油滴的大小和油滴在基物表面展开的速度等有关。但只要油滴互相不发生聚结，则基物上油膜的厚度不会超过单个油滴的直径，反之，如果通过乳化机制逐渐从基物表面将油污清除，则当残余油膜的厚度接近乳化油滴的直径时，乳化机制就很难再起作用了。因此，单靠乳化机制是难以完全清除油污的。

## 9.2.3　加溶机制

当表面活性剂的浓度大于 CMC 时，溶液中有胶团形成，这时原来在水中不溶的各种油污可以在胶团中加溶。通常认为非极性的矿物油和芳烃化合物可在胶团内部加溶；极性有机物如脂肪酸、醇和胺等可与表面活性剂形成混合胶团而加溶；有多个极性基团的油污，如二羧酸酯，则在胶团"表面"极性头邻近加溶。通过加溶作用清除的油污量与洗涤剂的品种及其浓度有关。实验证明，对于离子表面活性剂，只有当浓度高于 CMC 时，去油污的能力才明显增加。当洗涤温度接近浊点时，洗涤效果最好。这些结果暗示，在某些情况下，加溶作用可能也是影响洗涤过程的一个重要因素。

当表面活性剂在水溶液中的浓度很低时，油污的加溶量很小。但如果浓度增至 CMC 的 10~100 倍，则可加溶大量油污。这时水-表面活性剂-油污体系可能形成液晶或微乳。如果形成液晶，水溶液中的表面活性剂将排成头对头和尾对尾的层状结构，水分子夹在两层极性头之间，而非极性油污夹在两层碳氢链尾巴之间，极性油污则很可能在两层极性头之间和两层碳氢链尾巴之间。如果形成微乳，则溶解油污的方式类似于加溶作用，但微乳溶解油污的能力要大得多。

## 9.3　固体污垢的清除

　　一般固体污垢是以小质点形式通过范德瓦尔斯引力黏附在基物表面上。对这类污垢的洗涤作用主要有两个问题：一是如何从基物表面清除这些污垢小质点；二是如何把它们稳定地分散在洗涤液中，以阻止它们在洗涤过程中由于洗涤液成分变化而重新沉淀在基物表面。按照洗涤过程的实际次序，首先把污垢质点从基物表面清除，然后才阻止质点在基物表面的再沉淀。后一问题可以用胶体稳定性的 DLVO 理论进行解释。此外，用洗涤液清除固体表面的污垢质点也要应用 DLVO 理论涉及的一些概念。因此，下面将首先介绍 DLVO 理论，并结合讨论阻止质点再沉淀的问题，然后讨论污垢质点的清除。

### 9.3.1　DLVO 理论

　　胶体稳定性最著名的理论就是由 Derjagui、Landau、Verwey 和 Overbeek 四人先后在 1937—1941 年间独立提出的理论，简称 DLVO 理论。这个理论的基本观点是：分散相粒子间存在排斥与吸收势能，排斥势能是因粒子间静电排斥作用引起的，吸引势能是粒子间范德瓦尔斯力作用的结果。排斥势能大于吸引势能时，粒子分散；反之，则聚集。

#### 1. 范德瓦尔斯吸引势能（$V_A$）

　　任何物质分子之间皆存在范德瓦尔斯引力，它是由 Keesom 力（永久偶极子之间的作用力，也叫定向力）、Debye 力（永久偶极子与诱导偶极子之间的作用力，也叫诱导力）和 London 力（瞬时偶极子之间的作用力，也叫色散力）三者所组成。在一对相同的分子之间，范德瓦尔斯引力势能 $U_A$ 是这三种力所引起的相互作用势能之和，即

$$U_A = -\left(\frac{2}{3}\frac{\mu^4}{kT} + 2\alpha\mu^2 + \frac{3}{4}h\nu\alpha^2\right) / r^6 \tag{9-9}$$

式中，$\mu$ 是分子的偶极矩；$\alpha$ 是分子的极化率；$\nu$ 是分子的基态振动频率；$h$ 是 Planck 常数；$k$ 是玻尔兹曼常数；$T$ 是绝对温度；$r$ 是两分子之间的距离。上式右边三项依次是 Keesomn 力、Debye 力和 London 力的贡献。式（9-9）可写成

$$U_A = -B_{11} / r^6 \tag{9-10}$$

其中

$$B_{11} = \frac{2}{3}\frac{\mu^4}{kT} + 2\alpha\mu^2 + \frac{3}{4}h\nu\alpha^2 \tag{9-11}$$

$B$ 是一对分子之间的相互作用常数，$B$ 的下脚 11 是指一对相同的分子。$B$ 越大，分子间的相互作用力越大。除了极性特别大的水分子外，通常 London 力对分子间相互作用势能的贡献最大，其次是 Keesom 力，最小是 Debye 力。因此，平常所说的范德瓦尔斯力主要是指 London 力。

　　质点之间或质点与固体表面之间的范德瓦尔斯力来自分子之间的范德瓦尔斯力，故欲求质点之间或质点与固体表面之间的相互作用势能，原则上只需对涉及的所有分子对之间的相互作用势能进行加和即可。以平行板模型为例来说明由范德瓦尔斯引力引起的相互作用势能。设有相互平行的两板，板的面积和板的厚度都是无限的，两板之间是真空的，则对两板

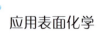

之间每一对分子间的相互作用势能进行加和，可得两板间单位面积上的范德瓦尔斯吸引势能 $V_A$ 为

$$V_A = -\frac{A}{12\pi D^2} \tag{9-12}$$

式中，$D$ 是两板间距离；$A$ 叫作 Hamaker 常数。导出式（9-12）的条件是 $D$ 远大于板中相邻分子之间的距离。如果两板的材料相同，则

$$A = \left(\frac{\rho N\pi}{M}\right)^2 B_{11} \tag{9-13}$$

式中，$\rho$ 是板材的密度；$M$ 是相对分子质量；$N$ 是 Avogadro 常数。$A$ 一般在 $10^{-20} \sim 10^{-19}$ 之间。如果两板间有介质存在，则式（9-12）中的 $A$（叫作有效 Hamaker 常数）应是

$$A = A_{11} + A_{22} - 2A_{12} \approx (\sqrt{A_{11}} - \sqrt{A_{22}})^2 \tag{9-14}$$

式中，$A_{11}$、$A_{22}$ 和 $A_{12}$ 分别是板、介质和板与介质的 Hamaker 常数。由式（9-14）可知，在相同材料的两板间有介质时，Hamaker 常数永远是正值，即两板间永远是吸引力；板和介质的 Hamaker 常数相差越大，这种吸引力越大。如果两板材料不同，例如洗涤过程中污垢质点与基物就是这种情况，则

$$A = A_{12} + A_{33} - A_{13} - A_{23} \tag{9-15}$$

式中，$A_{12}$、$A_{13}$、$A_{23}$ 和 $A_{33}$ 分别是板 1 与板 2、板 1 与介质（3）、板 2 与介质和介质本身的 Hamaker 常数。由式（9-15）可知，$A_{13}$ 和 $A_{23}$ 越大，则 $A$ 越小，即两板之间的吸引势能越小。对于洗涤过程，污垢质点与基物表面吸引势能越小，越有利于污垢的清除。设 $A_{12}$、$A_{13}$ 和 $A_{23}$ 可分别近似地用 $\sqrt{A_{11}A_{22}}$、$\sqrt{A_{11}A_{33}}$ 和 $\sqrt{A_{22}A_{33}}$ 表示，则式（9-15）可写成

$$A \approx (\sqrt{A_{11}} - \sqrt{A_{33}})(\sqrt{A_{22}} - \sqrt{A_{33}}) \tag{9-16}$$

由此式可知，若 $A_{11}$ 和 $A_{22}$ 皆大于或皆小于 $A_{33}$，则 $A > 0$，即两板在该介质中是互相吸引。若 $A_{11}$ 和 $A_{22}$ 二者之中有一个与 $A_{33}$ 相等，则 $A = 0$，即两板在该介质中既不吸引，也不排斥。若 $A_{11} > A_{33}$，$A_{22} < A_{33}$，或是 $A_{11} < A_{33}$，$A_{22} > A_{33}$，则 $A < 0$，即两板在该介质中互相排斥，如果在洗涤过程中遇到的是后两种情形，则是十分理想的，但最常见是第一种情形。

### 2. 双电层的排斥能 $V_R$

若固体表面带电，则在固体表面与溶液内部之间会形成扩散双电层。因此，当两个带同号电荷的固体表面或胶体质点在介质中因互相接近而发生双电层的重叠时，则这两个固体表面或质点之间就会有电的排斥作用。对于平行板模型，若两板之间距离大于 $2/\kappa$，而且溶液中只有正离子和负离子价数相等的对称电解质，则双电层的排斥势能 $V_R$ 可近似地用下式表示

$$V_R = \frac{64n_0 kT\gamma_0^2}{\kappa} e^{-\kappa D} \tag{9-17}$$

式中，$n_0$ 是电解质的浓度；$D$ 是两个平行板间的距离；$\kappa$ 是具有长度 $^{-1}$ 因次的常数，通常将 $\kappa^{-1}$ 称为双电层的厚度；$\gamma_0$ 是双电层电势 $\psi_0$ 的复杂函数；$k$ 为玻尔兹曼常数；$T$ 为绝对温度。在洗涤过程中，惰性电解质浓度和价数越小，固体和质点表面电势越大，则双电层重叠时的排斥势能越大，胶体越稳定，固体质点越不易在基物表面沉淀。

### 3. 总势能 $V_T$

以上分别讨论了平行板模型的场合下，两板在介质中相互接近时范德瓦尔斯吸引势能和双电层的排斥势能。但更重要的是，两板相互接近时总势能随板间距离的变化。式（9-17）

中，$V_R$ 与 $D$ 是指数关系，$V_R$ 随 $D$ 的增加迅速下降；当 $D\to 0$ 时，$V_R\to$ 固定值。式（9-12）表明，$|V_A|$ 与 $D^2$ 成反比关系，$V_A$ 随 $D$ 的减小而越来越负；$D$ 很大时，$V_A$ 随 $D$ 的减小而变化缓慢；但 $D$ 很小时，$V_A$ 随 $D$ 的减小而迅速变化（图 9-5）。因此，总的势能曲线是：两板之间距离较大时，排斥势能小于吸引势能的绝对值，故总的势能是负的。随着距离的缩短，排斥势能的增加比吸引势能的降低快。当距离小到某一值之后，排斥势能大于吸引势能的绝对值，总势能是正的。但随着距离的进一步缩小，吸引势能曲线的下降速度又大于排斥势能的增加速度，故总势能开始下降，并且最终变为负值。当 $D\to 0$ 时，总势能趋于负无穷。于是在总的势能曲线上将出现一个最大值（图 9-5），通常叫作势垒，其大小决定了胶体的稳定性。这是因为只有质点的布朗运动的动能大于此势垒时，质点间距离才能进一步缩小到范德瓦尔斯引力起决定作用的范围，这时质点才发生聚集（即胶体不稳定）。如果势垒很大，则胶体质点依靠布朗运动的能量不易越过此势垒而互相聚集，胶体即是稳定的。与此相似，在洗涤作用中，如果污垢质点与基物表面相互作用的势能曲线有较大的势垒，则污垢就不易在基物表面沉积。

#### 4. 表面电势对势能曲线的影响

上面所说的势垒的大小是由 $V_A$ 和 $V_R$ 的大小决定的。因此，凡是对 $V_A$ 和 $V_R$ 有影响的因素，皆对势垒有影响。一般地，质点和基物表面的表面电势越大，电解质的浓度和反离子的价数越小，则质点与基物之间的排斥势能越大，吸引势能越小，因而势垒越大，质点与基物越不易接近，越有利于洗涤作用。此外，如前所述，质点、基物和介质三者的 Hamaker 常数对势能曲线也是有影响的。但最重要的影响因素是表面电势。图 9-6 说明了表面电势的变化对总势能曲线和势垒大小的影响。但一般来说，表面电势是无法测定的，而实验易于测定的是 $\zeta$ 电势，因此常用后者来估量双电层势垒时的排斥势能。

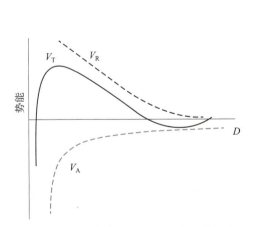

图 9-5　两平行板间相互作用势能与距离的关系
$V_A$—吸引势能；$V_R$—排斥势能；$V_T$—总势能

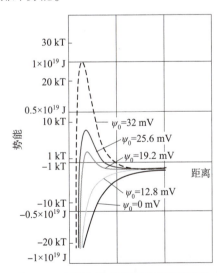

图 9-6　表面电势对总势能曲线的影响
（纵坐标以 kT 的倍数和 J 两套单位分度）

在洗涤过程中，表面活性剂对污垢质点与基物表面的 $\zeta$ 电势的影响与表面活性剂的类型有关。图 9-7 是三种不同类型的表面活性剂对分散在水溶液中炭黑的电泳速度（单位电场强度下质点的电泳速度）的影响。电泳速度是 $\zeta$ 电势大小的反映，因此，图 9-7 表明了阴离子表面活性剂会增加炭黑的 $\zeta$ 电势，非离子表面活性剂对 $\zeta$ 电势无明显影响；阳离子表面活性剂在浓度低时降低炭黑的 $\zeta$ 电势，但随着浓度的增加，电泳速度变负，即质点向相反的电极运动。这说明阳离子表面活性剂的加入不仅会影响质点 $\zeta$ 电势的大小，还可能改变 $\zeta$ 电势的符号。实验证明，在纯水中，炭黑质点向正极移动，说明质点在水中带负电。阴离子表面活性剂，通过范德瓦尔斯引力吸附到炭黑表面，结果使表面负电荷增加，阳离子表面活性剂当然更易于吸附在带负电的表面上。但在低浓度时，吸附的结果是减少表面的负电荷，浓度增加可使表面电荷为零，继续增加浓度可使表面带正电。这时正离子的吸附可能是双层的。由于异电相吸，第一吸附层是以带正电的极性基朝向带负电的表面，而以碳氢尾伸向水相；第二层则正好相反，分子以碳氢尾朝向第一层的碳氢层，而以带正电的极性基朝向水相。图 9-7 表明这时正的表面电势可以达到很高的数值，因而处在这种状态的胶体将是稳定的。但对洗涤过程来说，即使开始时表面活性剂浓度较高，阳离子表面活性剂有可能在固体表面形成双层吸附，因而污垢质点可稳定地分散在洗涤液中；但在以后用清水冲洗基物过程中，表面活性剂的浓度将大幅度地下降，双层吸附的外层会脱附，这时固体表面的 $\zeta$ 电势的绝对值可能很小，因而污垢质点可能在基物表面重新沉积。因固体和纤维在水溶液中常带负电，故阳离子表面活性剂不宜作洗涤剂。

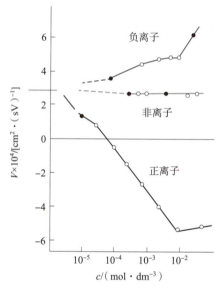

**图 9-7　炭黑在水溶液中的电泳速度与表面活性剂浓度的关系**

负离子—十二烷基硫酸钠；非离子—十二碳醇聚氧 乙烯醚；正离子—氯化十二烷基吡啶

　　DLVO 理论是成功之处在于用粒子间的范德瓦尔斯作用和带电粒子双电层重叠而产生的电性排斥作用说明了带电胶体质点的稳定性。非离子表面活性剂虽然不带电，但它吸附在胶体质点表面上，同样能起到稳定胶体的作用。另外，众所周知，非离子表面活性剂通常具有较好的洗涤效果。对于这些现象，DLVO 理论难以解释。一种可能的解释是：倘若非离子表面活性剂在固-液界面上吸附时，以非极性基朝向固体表面，而以极性的聚氧乙烯链伸进水相；由于聚氧乙烯链中的醚键氧原子可通过氢键与水分子结合，质点和基物表面实际上被一层表面活性剂的水化层所包围。这一水化吸附层不仅降低了固-液界面张力，而且使质点之间或质点与基物相互接近时有较大的空间阻碍作用，从而防止了质点的聚集和质点在基物表面上的再沉积。

## 9.3.2　污垢质点的清除

　　设质点以一面与基物的平表面接触，如图9-8所示。开始时基物和质点均为洗涤液所润湿，且均浸在洗涤液中，也就是图9-8中 I 所示的情形。将这个质点从基物表面完全除去，可通过两步来完成。第一步是使一薄层液体渗入基物和质点表面之间，如图9-8中 II 所示的情形。设液膜厚 $\delta$，$\delta$ 的大小应能允许洗涤剂成分（特别是表面活性剂）在两个表面上均能发生吸附，并且允许溶剂化层和双电层存在。另外，这时质点与基物表面之间的范德瓦尔斯引力和双电层重叠时引起的排斥力都有很大的作用。第二步是质点完全脱离基物表面，以致基物与质点之间无任何相互作用，如图9-8中 III 所示的情形。图中 $V_1$、$V_{11}$ 和 $V_{111}$ 分别代表开始时是相互接触的单位面积区域的状态 I、II 和 III 的相互作用势能。为计算体系从状态 I 变为状态 II 所需的功 $A_1$，可将过程设想为两步。第一步把质点从基物表面移至距离 $\delta$，但在质点与基物表面之间无液体。这一步要克服质点与基物之间的范德瓦尔斯引力，故需做功 $W_1$。第二步是使液体渗入质点与基物之间，这是一个浸湿过程，其功为

$$-W_i^* = -\left( W_{ip}^* + W_{is}^* \right) \tag{9-18}$$

式中，$W_{ip}^*$ 和 $W_{is}^*$ 分别为液体对质点和基物表面单位面积上的浸润功，右上角的 * 号表示 $W_i$ 是当两表面相距 $\delta$ 时的浸润功。因此，$A_1$ 为

$$A_1 = W_1 - W_i^* \tag{9-19}$$

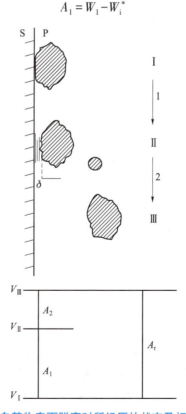

**图 9-8　质点自基物表面脱离时所经历的状态及相应的势能示意**

根据DLVO理论，状态 II 至 III 所需功应等于质点与基物平面相距 $\delta$ 时单位面积上质点与基物

相互作用总势能 $V_{T\delta}$ 的负值，即

$$A_2 = -V_{T\delta} \tag{9-20}$$

$A_2$ 是将质点自 $\delta$ 处移至使其与基物无任何相互作用（$V_T = 0$）时外界对体系所做的功。$V_I$、$V_{II}$、$V_{III}$、$V_{T\delta}$ 与质点和基物之间的距离的关系如图 9-9 所示，$V_{III} > V_{II} > V_I$，$V_{T\delta}$ 是负值。因此，从 $\delta$ 处清除污垢质点时，还要克服范德瓦尔斯引力而需要做功。倘若 $V_{III} < V_{II}$，$V_{T\delta}$ 是正值，则质点可在双电层的排斥作用下自动离开基物表面。

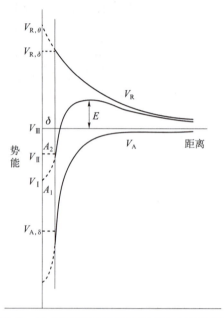

**图 9-9 质点与基物相互作用势能与距离的关系**

使污垢质点完全脱离基物表面所需的功显然是式（9-19）和式（9-20）两者之和，即

$$A_T = A_1 + A_2 = W_i - W_i^* - V_{T\delta} \tag{9-21}$$

$W_i^*$ 是质点与基物之间存在相互作用时液体对质点和基物的浸润功。为了分析 $W_i^*$ 与 $W_i$ 之间的关系，对于自基物表面消除质点的第二步，可以设想用另一方式来完成。设维持质点与基物表面之间的距离为 $\delta$，抽去两表面之间的液体，这其实就是润湿过程的逆过程，所需的功应为 $W_i^*$。然后在液体不渗入两表面之间的空间条件下，将质点从 $\delta$ 处移至 $V_T = 0$ 处，这个过程所需之功为 $W_2$。最后再令液体渗入两表面之间并润湿两表面，此过程的能量变化即为浸润功 $W_i$。因此，所需的总功 $A_2$ 为

$$A_2 = W_i^* + W_2 - W_i \tag{9-22}$$

将式（9-20）代入上式，得

$$W_i - W_i^* = W_2 + V_{T\delta} \tag{9-23}$$

此式是 $W_i$ 与 $W_i^*$ 的定量关系表达式。$W_2$ 和 $V_{T\delta}$ 分别是在没有润湿和在润湿条件下移动质点至 $V_T = 0$ 时所需之功。因此，$W_i - W_i^*$ 是质点与基物表面相距 $\delta$ 时，两平面间无液体润湿和有液体润湿时的相互作用势能差。将式（9-23）与式（9-21）结合可得

$$A_T = W_1 + W_1 - W_i \tag{9-24}$$

令 $W = W_1 + W_2$，则上式为

$$A_T = W - W_i \tag{9-25}$$

图9-10所示为式（9-19）~式（9-25）的关系。由式（9-25）和图9-10可知，在洗涤过程中，自基物表面清除污垢质点所需的功取决于 $W$ 和 $W_i$。$W$ 取决于质点与基物之间范德瓦尔斯引力的大小，而 $W_i$ 则是洗涤液对质点和基物的浸润功。$W_i$ 越大，则 $A_T$ 越小，污垢质点就越易被清除。

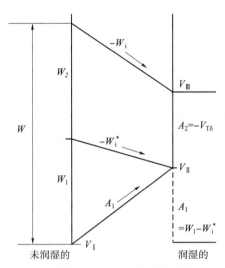

图9-10 浸润功对洗涤过程所需功的影响

表面活性剂在洗涤过程中的主要作用就是增加 $W_i$，与式（9-18）相似，可得

$$W_i = W_{ip} + W_{is} \tag{9-26}$$

根据浸润功的定义

$$W_{ip} = \gamma_p^\circ - \gamma_{pL} \tag{9-27}$$

和

$$W_{is} = \gamma_s^\circ - \gamma_{sL} \tag{9-28}$$

式中，$\gamma_p^\circ$ 和 $\gamma_s^\circ$ 分别是质点和基物无任何吸附时的表面自由能；$r_{pL}$ 和 $\gamma_{sL}$ 分别是质点和基物与洗涤液的界面自由能。又

$$r_{pL} = \gamma_{pL}^\circ - \pi_{pL} \tag{9-29}$$

和

$$\gamma_{sL} = \gamma_{sL}^\circ - \pi_{sL} \tag{9-30}$$

式中，$\gamma_{pL}^\circ$ 和 $\gamma_{sL}^\circ$ 分别是质点和基物与纯水的界面自由能；$\pi_{pL}$ 和 $\pi_{sL}$ 分别是质点–水和基物–水界面因吸附洗涤剂而引起的界面自由能降低。如果吸附层中有带电的离子（例如，吸附了表面活性离子），则在固–液界面会形成扩散双电层。这时界面自由能的降低可分为两部分，于是可得

$$\pi_{pL} = \pi_{pL}' + \Delta\pi_{pL} \tag{9-31}$$

和

$$\pi_{sL} = \pi_{sL}' + \Delta\pi_{sL} \tag{9-32}$$

式中，$\pi_{pL}'$ 和 $\pi_{sL}'$ 分别是表面活性剂的非电性成分对质点–水和基物–水界面自由能降低的贡献；$\Delta\pi_{pL}$ 和 $\Delta\pi_{sL}$ 分别是由于形成双电层而引起的对质点–水和基物–水界面自由能降低的贡献。将式（9-27）~式（9-32）的关系代入式（9-26），可得

$$W_i = r_p^{\circ} + \gamma_s^{\circ} - (\gamma_{pL}^{\circ} + \gamma_{sL}^{\circ}) + \pi_{pL}' + \pi_{sL}' + \Delta\pi_{pL} + \Delta\pi_{sL} \tag{9-33}$$

令

$$W_i^{\circ} = \gamma_p^{\circ} + \gamma_s^{\circ} - (\gamma_{pL}^{\circ} + \gamma_{sL}^{\circ}) \tag{9-34}$$

和

$$W_i' = \pi_{pL}' + \pi_{sL}' \tag{9-35}$$

$$\Delta W_i = \Delta\pi_{pL} + \Delta\pi_{sL} \tag{9-36}$$

$$W_i = W_i^{\circ} + W_i' + \Delta W_i \tag{9-37}$$

由此可见，决定洗净难易程度的量 $W_i$ 由三部分组成，即质点和基物与纯水的浸润功（$W_i^{\circ}$），以及洗涤剂在固-水界面上吸附时，由非电性的和电性的成分所引起的界面自由能降低（分别是 $W_i'$ 和 $\Delta W_i$）。高能表面虽然在空气中很易被杂质所污染，但在水中却易于洗净，这就是式（9-37）右边第一项 $W_i^{\circ}$ 所起的作用。非离子表面活性剂的洗涤作用来自式（9-37）右边的第二项，即 $W_i'$。离子型表面活性剂的洗涤作用则是式（9-37）右边第二项和第三项合作的结果。

以上以简单的平行板模型说明洗涤过程涉及的功与各种因素的关系，但实际污垢质点在基物表面上的黏附是极其复杂的。例如，即使是两个相互平行的平面相接触，也会因实际表面的粗糙不平而使真正接触的"点"只占表面极小的分数。因此，对这种情况需做进一步的分析。为了说明基本的原则，选择最简单的球-板模型，即球形质点在理想平面上的黏附来进行讨论。从纯几何的观点，球与平面的接触，只能是一个几何点，但因质点与基物之间存在范德瓦尔斯力相互作用，接触时会发生弹性或塑性形变。因此，实际接触区不是一个点，而是一个以 $r_1$ 为半径的圆面，如图 9-11 所示。除直接接触区有相互作用外，图 9-11 还指示出在以 $r_2$ 为半径的范围内，质点与基物也有相互作用。图中的 $d$ 是质点与基物之间存在相互作用的极限距离的一半，超过此极限距离，质点与基物即无相互作用，在计算将质点自基物表面清除过程中的能量变化关系时，球-板模型与平行板模型略有不同。平行板模型的处理可以清楚地将过程分为两步，对于球-板模型的情形，

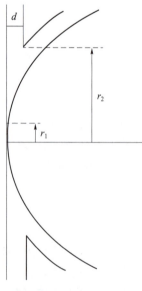

直接接触区（面积为 $\pi r^2$）内与平行板模型的相同；但在非直接接触区 [面积为 $\pi(r_2^2 - r_1^2)$] 内，一开始就是第二步在起作用，不过情况比平行板模型的更复杂，因为在这里质点表面与基物之间的距离是 $r$ 的函数。倘若 $r_1 \ll r_2$，因而 $\pi r_1^2 \ll \pi r_2^2$，则第一步需要的能量与第二步相比可以忽略，也就是说，将质点从基物表面清除所需能量主要由第二步决定。在 $\pi(r_2^2 - r_1^2)$ 区域内，质点与基物表面虽然是分开的，但它们之间的距离很小，因此，只要洗涤剂在这两个固-液界面上发生吸附，洗涤剂在这一区域的浓度便很大，因而有很大的渗透压，结果溶剂就会向此区域渗透。如果固-液界面还吸附了离子，则还有双电层的排斥作用。因此，在这一区域内，质点与基物总的相互作用势能有可能是排斥势能占优势，即 $V_T > 0$；这可能导致质点在没有任何外力的条件下自基物表面脱落。上面的分析虽然根据的是球-板模型，但其原则也适用于其他曲面的情形。

**图 9-11 球-板模型不同的相互作用区示意**

# 参考文献

［1］顾惕人，马季铭，李外郎，等. 表面化学［M］. 北京：科学出版社，2001.

［2］赵继华. 胶体与界面化学［M］. 北京：化学工业出版社，2020.

［3］崔正刚. 表面活性剂、胶体与界面化学基础［M］. 北京：化学工业出版社，2019.

［4］陈宗淇. 胶体与界面化学［M］. 北京：高等教育出版社，2001.

# 第10章　纳米材料的表面化学

纳米材料萌芽于 1959 年，物理学家理查德·费曼在题为《在底部还有很大空间》的演讲预言：如果人们可以在更小尺度上制备并控制材料的性质，将会打开一个新的世界。1981 年，研究纳米的重要工具——扫描隧道显微镜被发明。1989 年，德国教授提出了纳米晶体材料的概念，成为纳米材料的创始人。1990 年 7 月，第一届国际纳米科学技术会议在美国巴尔的摩举行，标志着纳米科学技术的正式诞生，各国争相进行纳米技术的研究探索，到 1999 年，纳米技术逐步走向市场。

纳米科学和技术的研究对象是在 1~100 nm 的纳米尺度内的物质组成的体系，研究的主体是其制备、性质、变化规律、相互作用以及实际应用等，现已成为化学、物理学、材料科学、生物学、医学等多学科交叉研究的热点。

## 10.1　纳米材料

### 10.1.1　纳米材料概述

#### 1. 纳米材料的定义

由于新型纳米材料层出不穷，给纳米材料下一个简单的定义并不容易，我国在国际上率先制定了（GB/T 19619—2004）《纳米材料术语》标准，从纳米尺度、纳米结构单元与纳米材料三个层面对纳米材料进行了定义。

①纳米尺度：1~100 nm 范围的几何尺度。

②纳米结构单元：具有纳米尺度结构特征的物质单元，包括稳定的团簇或人造原子团簇、纳米晶、纳米微粒、纳米管、纳米棒、纳米线、纳米单层膜及纳米孔等。

③纳米材料：物质结构在三维空间至少有一维处于纳米尺度，或由纳米结构单元组成的

且具有特殊性质的材料。

上述国家标准对纳米材料的定义是比较充分的，但仍然需要指出的是，"结构"在材料科学中是多尺度的，涉及从原子结构、分子结构、晶体结构到宏观结构等多个层次。例如，晶胞是构成晶体材料的"物质单元"，而一些复杂晶体的晶胞"具有纳米尺度结构特征"，但是，晶胞显然不是纳米结构单元，由晶胞堆砌而成的宏观单晶体也不是纳米材料。纳米材料反映的是材料外观尺度的特征，因此，可以将纳米材料简单定义为"三维外观尺度中至少有一维处于纳米级（约 1~100 nm）的物质以及以这些物质为主要结构单元所组成的材料"。

根据上述定义，纳米材料可以分为两种主要类型：另类是具有纳米尺度外形的材料，即狭义的"纳米材料"它包括原子团簇、纳米微粒、纳米线、纳米管、纳米薄膜等；另一类是以纳米结构单元作为主要结构组分所构成的材料，即具有纳米结构的材料（nanostructured materials），常被简称为纳米结构材料，它包括纳米固体、纳米复合材料、纳米介孔材料、纳米阵列等。但是有一点要注意区别，结构材料（structural materials）在材料分类中有特定的含义，指的是一类主要利用其力学性能的工程材料，而纳米结构材料的性能并不限于力学领域，不仅有结构材料，还包括各种功能材料，在《纳米材料术语》标准中，把力学性能得到显著改善的纳米材料称为结构纳米材料。

需要指出的是，纳米是一个尺度单位，没有必要对纳米进行神化。纳米材料正在开启一个新的技术时代，但是纳米材料并不是万能的。对于纳米材料来讲，人们更注重的应该是探索、发现与利用材料在纳米尺度上所表现出来的优异性能。因此，也有人从材料性能的角度出发，认为具有小尺寸效应、量子尺寸效应、高表面效应或者量子隧道效应的材料，就可以称为纳米材料，而对具体的尺寸并不加以界定。如美国加州大学伯克利分校的杨培东教授等人发现，当硅纳米线的直径介于电子和声子的平均自由程之内时，即使超过 100 nm，硅纳米线的热电性能也出现了显著提高。

### 2. 纳米材料的分类

纳米材料的种类非常丰富，从材料的成分与性能来看，纳米材料涵盖了所有已知的材料类型。按照材料的成分分类，纳米材料可分为纳米金属材料、纳米陶瓷材料、纳米半导体材料、纳米高分子材料与纳米复合材料；按材料的性能分类，纳米材料可分为结构纳米材料、纳米磁性材料、纳米压电材料、纳米铁电材料、纳米光子学材料、纳米发光材料、纳米催化材料等；按材料的用途分类，纳米材料可分为纳米电子材料、纳米生物材料、纳米建筑材料、纳米隐形材料等。

纳米材料的主要特征在于其外观尺度，从三维外观尺度上对纳米材料进行分类是目前流行的纳米材料分类方法，可分为零维纳米材料、一维纳米材料、二维纳米材料和三维纳米材料（表 10-1）。其中，零维纳米材料、一维纳米材料和二维纳米材料可作为纳米结构单元组成纳米固体材料、纳米复合材料以及纳米有序结构。

原子团簇（atomic cluster）是在 20 世纪 80 年代才发现的一类化学新物种，一般指包含几个至几百个原子的粒子（粒径通常小于 1 nm），如 $Fe_n$、$Cu_nS_m$（$n$ 和 $m$ 都是整数）等。原子团簇既不同于具有特定大小和形状的分子，也不同于以弱的分子间力结合的松散分子团簇和周期性很强的晶体。原子团簇未形成规整的晶体，形状可以多种多样，除了惰性气体外，它们都是以化学键紧密结合的聚集体。原子团簇具有很多独特的性质，如具有庞大的表面积比而呈现出表面或界面效应；具有幻数效应，只有特定的原子个数的团簇才能稳定存在；原子团尺寸小于临界值时的"库仑爆炸"特性；原子团逸出功的振荡行为等。原子团簇可分为一元原子团簇、二元原子团簇、多元原子团簇和原子簇化合物。一元原子团簇包括金属团簇（如 $Na_n$、$Ni_n$ 等）和非金属团簇，非金属团簇可分为碳簇（如 $C_{60}$、$C_{70}$ 等）和非碳簇（如 $B_n$、$P_n$、$S_n$、$Si_n$ 簇等）；二元原子团簇包括 $In_nP_m$、$Ag_nS_m$ 等；多元原子团簇有 $V_n(C_6H_6)_m$ 等。

中文中纳米颗粒、纳米微粒、纳米粒子是几个常见的用语，常常互相通用，本教材中建议把纳米粒子专门用来描述零维的纳米固体，纳米颗粒则与纳米微粒通用，泛指除了纳米单层膜与纳米孔之外的所有纳米结构单元粒子。纳米微粒的尺度大于原子团簇、小于通常的微粉，用肉眼和普通光学显微镜无法分辨，只能用电子显微镜进行观察与测量，最初日本名古屋大学的上田良二把纳米微粒定义为用透射电镜才能观察到的微粒，量子点则指的是一类半导体纳米微粒。纳米微粒常常具有量子尺寸效应、小尺寸效应、表面效应以及宏观量子隧道效应，因而表现出许多独特的性质，在催化、滤光、光吸收、医药、磁介质及新材料等方面有着广阔的应用前景。

表 10-1　纳米材料的分类

| 基本类型 | 尺度、形貌与结构特征 | 实例 |
|---|---|---|
| 零维纳米材料 | 三维尺度均为纳米级，没有明显的取向性，近等轴状 | 原子团簇（atom cluster），量子点（quantum dot），纳米微粒（nanoparticle） |
| 一维纳米材料 | 单向延伸，二维尺度为纳米级第三维尺度不限 | 纳米棒（nanorod），纳米线（nanowire），纳米管（nanotube），纳米晶须（nano whisker），纳米纤维（nanofiber），纳米卷轴（nanoscroll），纳米带（nanobelt） |
| | 单向延伸，直径大于 100 nm 具有纳米结构 | 纳米结构纤维（nanostructure fiber） |
| 二维纳米材料 | 一维尺度为纳米级面状分布 | 纳米片（nanoflake），纳米板（nanoplate），纳米薄膜（nanofilm），纳米涂层（nanocaoting），单层膜（monolayer），纳米多层膜（nano multilayer） |
| | 面状分布，厚度大于 100 nm 具有纳米结构 | 纳米结构薄膜（nanostructured film），纳米结构涂层（nanostructured coating） |
| 三维纳米材料 | 包含纳米结构单元，三维尺寸均超过纳米尺度的固体 | 纳米陶瓷（nanoceramics），纳米金属（nanometal），纳米孔材料（nanoporous materials），气凝胶（aerogel），纳米结构阵列（nanostructured arrays） |
| | 由不同类型低维纳米结构单元或其与常规材料复合形成的固体 | 纳米复合材料（nanocomposite materials） |

## 10.1.2　纳米材料的基本效应

当材料尺寸达到纳米尺寸时，会产生一系列奇特的物理或化学性质，被称为纳米效应。纳米微粒的基本特性有量子尺寸效应、小尺寸效应、表面效应、宏观量子隧道效应、库仑堵塞与量子隧穿效应和介电限域效应，这一系列纳米效应导致了纳米材料在熔点、蒸气压、光学性质、化学反应性、磁性、超导及塑性形变等许多物理和化学方面都显示出特殊的性能。

### 1. 量子尺寸效应

1）久保（Kubo）理论

久保理论是针对金属超微颗粒费米面附近电子能级状态分布而提出来的。它与通常处理大块材料费米面附近电子态能级分布的传统理论不同，有新的特点，这是因为当颗粒尺寸进入纳米级时，由于量子尺寸效应，原大块金属的准连续能级产生离散现象。1962 年，日本理论物理学家久保（Kubo）对小颗粒的大集合体电子能态做了以下两点主要假设。

（1）简并费米液体假设

Kubo 认为，超微颗粒靠近费米面附近的电子状态是受尺寸限制的简并电子气，其能级为准粒子态的不连续能级，准粒子之间的交互作用可以忽略不计。当 $k_B T \ll \delta$（$k_B$ 为玻尔兹曼常数，$T$ 为绝对温度，$\delta$ 为相邻二能级间平均能级间隔）时，这种体系费米面附近的电子能级分布服从 Poisson 分布

$$P_n(\Delta) = \frac{1}{n!}(\Delta/\delta)\exp(-\Delta/\delta) \tag{10-1}$$

式中，$\Delta$ 为两能态之间的间隔；$P_n(\Delta)$ 为对应的概率密度；$n$ 为两能态间的能级数。若 $\Delta$ 为相邻能级间隔，则 $n=0$。

Kubo 指出，间隔为 $\Delta$ 的两能态概率 $P_n(\Delta)$ 与电子哈密顿量的变换性质有关。例如，在自旋与轨道交互作用较弱和外加磁场小的情况下，电子哈密顿量具有时空反演的不变性。进一步地，在 $\Delta$ 比较小的情况下，$P_n(\Delta)$ 随 $\Delta$ 减小而减小。

（2）超微粒子电中性假设

Kubo 认为，对于一个超微颗粒（可简称超微粒），取走或移入一个电子都是十分困难的。他提出了一个著名公式

$$k_B T \ll W \approx e^2/d \tag{10-2}$$

式中，$W$ 为从一个超微颗粒取走或移入一个电子克服库仑力所做的功；$d$ 为超微颗粒的直径；$e$ 为电子电荷。

由式（10-2）可以看出，随着 $d$ 值下降，$W$ 增加，所以低温下热涨落很难改变超微颗粒的电中性。在足够低的温度下，当颗粒尺寸为 1 nm 时，$W$ 比 $\delta$ 小两个数量级，由式（10-2）可知，1 nm 的小颗粒在低温下量子尺寸效应很明显。

此外，Kubo 及其合作者还提出了如下著名公式，即

$$\delta = \frac{4}{3}\frac{E_F}{N} \propto V^{-1} \tag{10-3}$$

式中，$N$ 为一个超微粒的总导电电子数；$V$ 为超微粒体积；$E_F$ 为费米能级。

由式（10-3）看出，当粒子为球形时，$\delta \propto 1/d^3$，即随粒径的减小，能级间隔增大。

2）量子尺寸效应

金属费米能级附近电子能级在高温或宏观尺寸情况下一般是连续的，但当粒子的尺寸下降到某一纳米值时，金属费米能级附近的电子能级由准连续变为离散能级的现象，以及纳米半导体微粒中最高被占据分子轨道和最低未被占据的分子轨道的能级间隙变宽的现象均称为量子尺寸效应。

能带理论表明，金属费米能级附近电子能级一般是连续的，这一点只有在高温或宏观尺寸情况下才成立。对于只有有限个导电电子的超微粒子来说，低温下能级是离散的。对于宏观物体，其近似包含无限个原子（即导电电子数 $N \to \infty$），由式（10-3）可得能级间距 $\delta \to 0$，即对大粒子和宏观物体，能级间距几乎为零，而对纳米微粒，所包含原子数有限，$N$ 值很小，这就导致 $\delta$ 有一定的值，即能级间距发生分裂。当能级间距大于热能、磁能、静磁能、静电能、光子能量或超导态的凝聚能时，这时都必须要考虑量子尺寸效应。量子尺寸效应可导致纳米微粒的磁、光、声、电、热以及超导电性与同一物质宏观状态下的原有性质有显著差异，即出现反常现象。例如，金属都是导体，但纳米金属微粒在低温时，由于量子尺寸效应会呈现绝缘性。如当温度为 1 K 时，Ag 纳米微粒粒径小于 14 nm 时，纳米微粒就变为金属绝缘体。美国贝尔实验室发现半导体硒化镉微粒随着尺寸减小，能带间隙加宽，发光颜色由红色向蓝色转移。美国伯克利实验室控制硒化镉纳米颗粒尺寸所制备的发光二极管可在红、绿和蓝光之间变化。量子尺寸效应使纳米技术在微电子学和光电子学中的地位显赫。

## 2. 小尺寸效应

当超细微粒尺寸不断减小至纳米粒子尺寸，与光波波长、德布罗意波长、超导态的相干长度或透射深度等特征尺寸相当或更小时，晶体周期性的边界条件将被破坏，非晶态纳米微粒表面附近原子密度减小，导致纳米粒子产生与宏观物体不同的或宏观物体所没有的声、光、电、磁、热、力学等特性。这种因尺寸减小而导致新的性质产生或原有性质变化的效应被称为小尺寸效应或体积效应。

这种小尺寸效应会导致光吸收显著增加，熔点降低，磁性转变，超导相向正常相转变，材料的强度和硬度增大，2 nm 的金纳米粒子的形态在单晶、多晶和孪晶之间连续转变等。

## 3. 表面效应

对于纳米粒子，由于纳米微粒尺寸小，其表面原子数与总原子数之比随粒径的减小而急剧增大，纳米粒子的表面能和表面张力也随之大幅增大，从而引起纳米粒子的物理和化学性质的变化，这一效应被称为表面效应。由于表面原子（分子）与内部原子（分子）所处的环境不同，存在许多具有不饱和性质的悬空键或点阵缺陷，具有较高的能量和很高的化学活性，极易与其他原子相结合而趋于稳定，因而导致纳米粒子拥有不同于块状材料的性质，例如熔点降低、吸附性增强、催化活性提高、相态转变、热力学性质和反应动力学参数显著改变等。

由表 10-2 可见，当纳米微粒的粒径为 10 nm 时，表面原子数为完整晶粒原子总数的 20%；而粒径降到 10 nm 时，表面原子数比例达到 99%，原子几乎全部集中到纳米微粒的表面。这样高的比表面，使处于表面的原子数越来越多，同时，表面能迅速增加。纳米微粒的表面原子所处环境与内部原子不同，它周围缺少相邻的原子，存在许多悬空键，具有不饱和性，易与其他原子相结合而稳定。因此，纳米微粒尺寸减小的结果导致了其表面积、表面能及表面结合能都迅速增大，进而使纳米微粒表现出很高的化学活性；并且表面原子的活性也会引起表面电子自旋构象和电子能谱的变化，从而使纳米微粒具有低密度、低流动速率、高混合性等特点。例如，金属纳米微粒暴露在空气中会自燃，无机纳米微粒暴露在空气中会吸附气体，并与气体进行反应。通过下例可以说明纳米微粒表面活性高的原因。

**表 10-2　纳米微粒尺寸与表面原子数的关系**

| 粒径/nm | 包含的原子数 | 表面原子比例/% | 表面能量/$(J \cdot mol^{-1})$ | 表面能量/总能量 |
|---|---|---|---|---|
| 10 | 30 000 | 20 | $4.08 \times 10^4$ | 7.6 |
| 5 | 4 000 | 40 | $8.16 \times 10^4$ | 14.3 |
| 2 | 250 | 80 | $2.04 \times 10^5$ | 35.3 |
| 1 | 30 | 99 | $9.23 \times 10^5$ | 82.2 |

### 4. 宏观量子隧道效应

量子隧道效应是基本的量子现象之一，即当微观粒子的总能量小于势垒高度时，该粒子仍能穿越这一势垒。按经典理论，粒子为脱离此能量的势垒，必须从势垒的顶部越过。但由于量子力学中的量子不确定性，时间和能量为一组共轭量。在很短的时间中（即时间很确定），能量可以很不确定，从而使一个粒子看起来像是从"隧道"中穿过了势垒。在诸如能级的切换，两个粒子相撞或分离的过程（如在太阳中发生的仅约 1 000 万摄氏度的"短核聚变"）中，量子隧道效应经常发生。

### 5. 库仑堵塞与量子隧穿效应

库仑堵塞效应是 20 世纪 80 年代介观领域（介于微观与宏观之间的领域）所发现的极其重要的物理现象之一。当体系的尺度进入纳米级（一般金属粒子为几个纳米，半导体粒子为几十纳米）时，体系电荷是"量子化"的，即充电和放电过程是不连续的，充入一个电子所需的能量 $E_c$ 为 $e^2/(2C)$，$e$ 为一个电子的电荷，$C$ 为小体系的电容，体系越小，$C$ 越小，能量 $E_c$ 越大。这个能量就称为库仑堵塞能。换句话说，库仑堵塞能是前一个电子对后一个电子的库仑排斥能，这就导致了对一个小体系的充放电过程。电子不能集体传输，而是一个一个单电子的传输。通常把小体系这种单电子传输行为称为库仑堵塞效应（简称库仑堵塞）。如果两个量子点通过一个"结"连接起来，一个量子点上的单个电子穿过能垒到另一个量子点上的行为称作量子隧穿。为了使单电子从一个量子点隧穿到另一个量子点，在一个量子点上所加的电压必须克服 $E_c$，即 $U>e/C$。通常，库仑堵塞与量子隧穿都是在极低温情况下观察到的，观察到的条件是 $[e^2/(2C)]>k_B T$。如果量子点的尺寸为 1 nm 左右，就可以在室温下观察到上述效应。当量子点尺寸在十几纳米范围时，观察上述效应必须在液氮温度下，原因很容易理解，体系的尺寸越小，电容 $C$ 越小，$e^2/(2C)$ 越大，这就允许在较高温度下进行观察。

### 6. 介电限域效应

当介质的折射率对比微粒的折射率相差很大时，就产生了折射率边界，这就导致微粒表面和内部的场强比入射场强明显增加，这种局域场强的增强称为介电限域。当介质的折射率与微粒的折射率相差很大时，产生了折射率边界，这就导致微粒表面和内部的场强比入射场强明显增加，这种局域场的增强称为介电限域效应。一般来说，过渡金属氧化物和半导体微粒都可能产生介电限域效应。纳米微粒的介电限域对光吸收、光化学、光学非线性等会有重要的影响。因此，在分析材料光学现象的时候，既要考虑量子尺寸效应，又要考虑介电限域效应。下面从

布拉斯（Brus）公式分析介电限域对光吸收带边移动（蓝移、红移）的影响，即

$$E(r) = E_g(r = \infty) + \frac{h^2\pi^2}{2\mu r^2} - 1.786\frac{e^2}{\varepsilon r} - 0.248E_{Ry} \qquad (10-4)$$

式中，$E(r)$ 为纳米微粒的吸收带隙；$E_g(r = \infty)$ 为体相的带隙；$r$ 为粒子半径；$h$ 为普朗克常数；$\mu$ 为粒子的折合质量$\left(\mu = \left(\frac{1}{m_e} + \frac{1}{m_h}\right)^{-1}，其中，m_e、m_h 分别为电子和空穴的有效质量\right)$；$E_{Ry}$ 为有效的里德伯能量。

式（10-4）中第一项是大晶粒半导体的禁带宽度；第二项为量子尺寸效应产生的蓝移能；第三项为介电限域效应产生的介电常数 $\varepsilon$ 增加引起的红移能；第四项为有效里德伯能量。

过渡金属氧化物如 $Fe_2O_3$、$Co_2O_3$、$Cr_2O_3$ 和 $Mn_2O_3$ 等纳米微粒分散在十二烷基苯磺酸钠中，出现了光学三阶非线性增强效应。$Fe_2O_3$ 纳米微粒测量结果表明，三阶非线性系数 $\chi^3$ 达到 90 $m^2/V^2$，比在水中高两个数量级。这种三阶非线性增强现象归结于介电限域效应。

#### 7. 量子限域效应

当半导体纳米微粒的半径 $r < \alpha_B$（激子玻尔半径）时，电子的平均自由程受小粒径的限制，被局限在很小的范围，空穴很容易与它形成激子，引起电子和空穴波函数的重叠，这就很容易产生激子吸收带。随着粒径的减小，重叠因子（在某处同时发现电子和空穴）的概率 $|U(0)|^2$ 增加，对半径为 $r$ 的球形粒子忽略表面效应，则激子的振子强度 $f$ 为

$$f = \frac{2m}{h^2}\Delta E|\mu|^2|U(0)|^2$$

式中，$m$ 为电子质量；$\Delta E$ 为跃迁能量；$\mu$ 为跃迁偶极矩。

当 $r < \alpha_B$ 时，电子和空穴波函数的重叠 $|U(0)|^2$，将随粒径减小而增加，近似于 $(\alpha_B/r)^3$。因为单位体积粒子的振子强度 $f_{粒子}/V$（$V$ 为粒子体积）决定了材料的吸收系数，粒径越小，$|U(0)|^2$ 越大，$f_{粒子}/V$ 也越大，则激子带的吸收系数随粒径下降而增加，即出现激子增强吸收并蓝移，这就称作量子限域效应。纳米半导体微粒增强的量子限域效应使它的光学性能不同于常规半导体。

纳米材料界面中的空穴浓度比常规材料高得多。纳米材料的颗粒尺寸小，电子运动的平均自由程短，空穴约束电子形成激子的概率高，颗粒越小，形成激子的概率越大，激子浓度越高。这种量子限域效应，使能隙中靠近导带底形成一些激子能级，产生激子发光带。激子发光带的强度随颗粒尺寸的减小而增加。

## 10.1.3 纳米材料的应用

#### 1. 电子领域的应用

纳米颗粒具有高比表面积和优异的电子特性，可以作为电子器件中的电极、催化剂和光学材料等。例如，金属纳米颗粒可以用作表面增强拉曼光谱和生物传感器，而半导体纳米颗粒则可用于太阳能电池和量子点显示屏等。此外，纳米颗粒还可以用于电子器件的制备和表面增强光谱学。

纳米线是一种具有高长度-直径比和优异电子传输特性的纳米材料。它们可以用于制造

高效的太阳能电池、柔性传感器和智能纺织品等。此外，纳米线还可以用于制造高性能的电子器件，如场效应晶体管和纳米激光器。纳米线还具有出色的机械强度和柔性，这使得它们在柔性电子器件和自修复电路等领域有着广泛的应用。

石墨烯是一种由碳原子组成的二维材料，具有高电导率和优异的机械强度。它可以用于制造高性能的电子器件，如透明导电膜、场效应晶体管和光电探测器等。此外，石墨烯还可以用于制造高效的电池和超级电容器等。石墨烯还具有出色的热传导性能和化学稳定性，这使得它们在热管理和化学传感器等领域有着广泛的应用。

### 2. 光学领域的应用

纳米材料在光学方面有着重要的应用，主要是可以作为红外反射材料、光吸收材料和隐身材料。

红外反射材料：高压钠灯以及各种用于拍照、摄影的碘弧灯都要求强照明，但是电能的69%转化为红外线，这就表明有相当多的电能转化为热能被消耗掉，仅有一小部分转化为光能来照明。同时，灯管发热也会影响灯具的寿命。如何提高发光效率，增加照明度一直是亟待解决的关键问题，纳米微粒的诞生为解决这个问题提供了一个新的途径。20世纪80年代以来，人们用纳米 $SiO_2$ 和纳米 $TiO_2$ 微粒制成了多层干涉膜，总厚度为微米级，衬在有灯丝的灯泡罩的内壁，结果不但透光率好，而且有很强的红外线反射能力。有人估计这种灯泡亮度与传统的卤素灯相同时，可节省约15%的电。

优异的光吸收材料：纳米微粒的量子尺寸效应等使它对某种波长的光吸收带有蓝移现象。纳米微粒粉体对各种波长光的吸收带有宽化现象。纳米微粒的紫外吸收材料就是利用了这两个特性。通常的纳米微粒紫外吸收材料是将纳米微粒分散到树脂中制成膜，这种膜对紫外有吸收能力依赖于纳米粒子的尺寸和树脂中纳米粒子的掺加量及组分。

目前，对紫外吸收好的几种材料有：30~40 nm 的 $TiO_2$ 纳米粒子的树脂膜；$Fe_2O_3$ 纳米微粒的聚酯树脂膜。前者对 400 nm 波长以下的紫外光有极强的吸收能力，后者对 600 nm 以下的光有良好的吸收能力，可用作半导体器件的紫外线过滤器。

隐身材料：由于纳米微粒尺寸远小于红外及雷达波波长，因此，纳米微粒材料对这种波的透过率比常规材料要强得多，这就大大减小波的反射率，使得红外探测器和雷达接收到的反射信号变得很微弱，从而达到隐身的作用；另外，纳米微粒材料的比表面积比常规粗粉大3~4 个数量级，对红外光和电磁波的吸收率也比常规材料大得多，这就使得红外探测器及雷达得到的反射信号强度大大降低，因此很难发现被探测目标，起到了隐身作用。

### 3. 磁性材料领域中的应用

磁性纳米材料的特性不同于常规的磁性材料，其原因是与磁相关的特征物理长度恰好处于纳米量级，例如，磁单畴尺寸、超顺磁性临界尺寸、交换作用长度，以及电子平均自由路程等大致都处于 1~100 nm 量级，当磁性体的尺寸与这些特征物理长度相当时，就会呈现反常的磁学性质。

纳米磁性液体：简称纳米磁流体，它是由单分子层（2 nm）表面活性剂包覆的，直径小于 10 nm 的单畴磁性颗粒高度弥散于某种载液中而形成的稳定"固液"两相胶体溶液。纳米磁性液体广泛地应用于旋转密封，如磁盘驱动器的防尘密封、高真空旋转密封等，以及扬声器、阻尼器件、磁印刷等应用。

纳米微晶软磁材料：纳米微晶软磁材料是指当粒径小于 50 nm 而具有高起始磁导率和低

矫顽力的一种材料，具有高磁导率和低铁损的综合优异性能。目前，纳米微晶软磁材料正在沿着高频、多功能方向发展，其应用领域将遍及软磁材料应用的各个方面，如功率变压器、可饱和电抗器、磁头和互感器等，它将成为铁氧体的有力竞争者。新近发现的纳米微晶软磁材料在高频场中具有巨磁阻抗效应，又使它可以用作磁敏感元件。

### 4. 新能源转化领域的应用

纳米材料在太阳能领域的应用前景很广：太阳能是目前被认为是最具潜力的可再生能源之一，纳米晶体硅是目前最常用的太阳能电池材料之一，其表面积大、电子传输效率高等特性能够提高太阳能电池的效率和稳定性。纳米材料的金属表面等离子体共振特性，还可以用来制造太阳能电池吸收层，从而实现更高效的吸光和光电能量转化。

纳米材料在储能领域的应用：由于纳米材料的高比表面积和电子传输效率，能够有效提高电池的储能密度和循环寿命，为储能技术的发展提供了新的思路。光伏钛酸钠是一种新型的储能材料，其具有高的储能密度和快速的充放电速度，被认为有望用于电动车等领域。石墨烯等纳米材料用于制造高性能的锂离子电池。

能源储存技术对于实现清洁能源的可持续利用非常重要。

纳米材料在燃料电池领域的应用：纳米级的铂、镍等金属催化剂在燃料电池中被用来促进氢气和氧气的电化学反应；纳米碳材料则可以用来制造燃料电池的氧气还原催化剂。燃料电池是一种实现清洁和高效能源转换的技术。纳米材料的应用可以提高燃料电池的效率、稳定性和成本效益，从而有望推进燃料电池技术的发展。

### 5. 环境保护领域的应用

与传统材料相比，纳米材料具有比表面积大以及活性位点多等优点，被认为是处理众多污染物的绝佳材料。自然界中存在着大量的天然纳米材料，例如，硅藻土、高岭石、埃洛石、埃洛石、海泡石等黏土矿物、铁和锰氧化物纳米颗粒等，作为吸附剂、脱色剂、净化剂、过滤剂以及纳米基底材料大量使用在环境保护领域。

合成纳米材料与天然纳米材料相比，成分更纯，结构更具多样性，性能也更加突出。研究者们已经制备出各种具有精美的多级结构的纳米材料，例如，纳米短棒构成的空心羟基磷灰石微球、纳米片穿插组装而成的 $Mg(OH)_2$ 纳米花球、梭形结构的文石介晶等，它们表现出极高的富集、吸附和回收能力而被广泛应用在环境保护领域。

### 6. 生物医药领域的应用

体内诊断：纳米颗粒可以设计功能化为不同成像方式的造影剂，造影剂可以使人体内部的结构可视化，帮助临床医生了解患病组织的健康状况，从而推荐适当的治疗方法。相比于传统造影剂，纳米颗粒可以设计实现定位富集在特定组织中，以较少剂量产生高对比度的造影效果。

体外诊断：纳米颗粒通过表面配体功能化修饰，其能够在体外通过生物识别检测与患者健康有关的特殊生物分子，可用于体外检测分子、细胞和组织。

体内治疗：纳米颗粒已被成功设计用于治疗许多疾病，其中最为突出且具有代表性的例子为针对癌症的治疗，与传统药物相比，纳米药物显著降低了各种不良反应，然而，它们的治疗效果并未取得令人满意的提高，近年来科研工作者已经开发了大量的纳米颗粒运输载体。纳米颗粒可以通过血管渗透被动富集，也能够通过分子识别结合靶组织表面配体实现主动靶向。

可植入纳米材料：研究人员也尝试合成可以安全植入体内的纳米材料，从而在体内长时间发挥作用。纳米尺度的设计及纳米材料的使用为可植入材料提供了新的功能与特性。

# 10.2　纳米材料的表面特性及改性

## 10.2.1　纳米材料的表面特性

纳米粒子粒径为 1~100 nm，绝大部分原子处于微粒的表面位置，表面积很大，因而具有特殊的表面性质。具体如下：

①纳米粒子处于高能状态，纳米体系具有很大的表面吉布斯自由能，为热力学不稳定体系，能自发地团聚、氧化或表面吸附以减少表面不稳定的原子数，降低体系的能量。

②表面原子所处的晶体场环境及结合能与内部原子不同，存在许多不饱和键，具有不饱和性质，出现许多活性中心，极易与其他原子相结合而趋于稳定，具有很高的化学活性。

③表面台阶和粗糙度增加，表面出现非化学平衡、非整数配位的化学价。纳米粒子的这些特性为对其进行表面修饰提供了可能。

### 1. 表面吸附

纳米粒子表面有大量的活性原子存在，极易吸附各种原子或分子。如在空气中，纳米粒子会吸附大量的氧、水等气体。对 10 nm 左右的银纳米粒子表面进行 X 射线光电子能谱（XPS）分析表明，氧的吸附量高达 8%，且吸附力很强。在 XPS 的真空系统中，氧也没有脱附。在半导体纳米粒子表面，因半导体类型不同会相应地吸附氧或氢等物质。研究表明，GsP 半导体纳米粒子对 $N_2$ 不仅具有很强的吸附作用，还具有活化作用。

### 2. 氧化

纳米粒子活性极大，多数金属纳米粒子在与空气接触时容易氧化甚至燃烧。因此，其抗氧化性能较差，易氧化、自燃甚至爆炸。对于银、金等稳定性较好的金属纳米粒子，氧化过程并不明显，纳米氧化银粉末在光照下还会发生分解，这可能与这些金属氧化物的稳定性有关。

### 3. 团聚

纳米粒子的团聚可以减小颗粒的比表面，减小体系吉布斯自由能，降低颗粒的活性。纳米粒子的团聚一般分为软团聚和硬团聚两类。软团聚主要是由于颗粒之间的范德瓦尔斯力和库仑力所致，这种团聚可以通过化学方法或施加机械力加以消除；硬团聚则主要是因为纳米粒子间产生了化学键合作用。目前，对纳米粒子硬团聚的形成机理存在着不同的看法，如晶体理论、氢键作用理论和化学键作用理论等。

晶体理论认为，湿凝胶在干燥过程中由于毛细管效应而使纳米粒子相互靠近，纳米粒子之间由于表面羟基和溶解沉淀形成晶桥而变得更加紧密，进而形成较大的块状聚集体。氢键作用理论认为，纳米粒子表面羟基相互作用形成氢键，纳米粒子间依靠氢键作用而相互聚集，从而形成硬团聚。化学键作用理论则认为，相邻胶粒表面的非架桥羟基发生缩合反应而桥连，纳米粒子表面存在的非架桥羟基是产生硬团聚体的根源。

## 10.2.2 纳米材料的表面改性

纳米微粒由于粒径小而具有大比表面积、大表面原子数、高表面能和高表面活性，使得它们很容易团聚在一起，从而形成带有若干弱连接界面的尺寸较大的团聚体，这给纳米微粒的制备带来了很大困难。纳米微粒的制备与纳米微粒的表面修饰是不可分割的一个整体中的两个方面，在制备的同时进行表面修饰是解决或减轻纳米微粒制备时产生团聚问题的有效方法。

纳米材料表面改性是指用物理、化学方法对纳米材料表面进行处理，根据应用的需要有目的地改变纳米材料表面的物理化学性质。通过对纳米微粒表面进行修饰，可以达到：①改善或改变纳米粒子的分散性，提高微粒表面活性；②使微粒表面产生新的物理、化学、力学性能及新的功能；③改善纳米粒子与其他物质之间的相容性。纳米微粒表面改性后，其表面晶体结构和官能团、表面能、表面疏水性、电性、化学吸附和反应特性等一系列性质都将发生变化。

按照改性剂与粒子之间的相互作用的性质，表面改性可分为表面物理改性和表面化学改性。表面物理改性是指改性剂通过吸附、包覆、涂覆等物理手段吸附在纳米颗粒表面，减弱粒子表面能量，从而保证纳米颗粒的分散稳定性。表面化学改性是指改性剂分子与纳米颗粒表面通过化学反应形成稳固的化学键，此方法形成的化学吸附层紧密稳定。常用的修饰方法有表面接枝改性法、偶联剂法和原位修饰法等。

### 1. 纳米粒子表面修饰的目的

纳米粒子经表面改性后，其吸附、润湿、分散等一系列表面性质都将发生变化，有利于颗粒保存、运输及使用。通过修饰纳米粒子表面，可以达到以下目的。

①保护纳米粒子，改善粒子的分散性。经过表面修饰的粒子，其表面存在一层包覆膜，阻隔了周围环境，防止了粒子的氧化，消除了粒子表面的带电效应，防止了团聚。同时，在粒子之间存在一个势垒，在合成烧结过程中，颗粒也不易长大。

②提高纳米粒子的表面活性。修饰后的纳米粒子表面覆盖着表面活性剂的活性基团，大大提高了纳米粒子与其他试剂的反应活性，为纳米粒子的偶联、接枝创造了条件。

③界面的微观结构和性质直接影响界面的结合力和复合材料的力学性能。修饰后的纳米粒子表面状态发生了改变，因而可获得新的性能。如纳米粒子改性可增加与聚合物的界面结合力，提高复合材料的性能。

④选择合适的修饰剂可使纳米粒子与分散介质达到良好的浸润状态，改善纳米粒子与分散介质之间的相容性。如用表面活性剂作修饰剂在水溶液中分散无机纳米粒子时，表面活性剂的非极性亲油基吸附在微粒表面，极性亲水基与水相溶，达到在水中分散的目的；反之，纳米粒子可分散在油中。

⑤为纳米材料的自组装奠定基础。纳米粒子修饰后，颗粒表面形成一层有机包覆层，包覆层的极性端吸附在颗粒的表面，非极性长链则指向溶剂。在一定条件下，有机链的非极性端结合在一起，形成规则排布的二维结构。如经有机分子修饰的 CdTe 颗粒，可自组装来制备发光 CdTe 纳米线。采用这种方式，还成功获得了银、硫化银等的二维自组装结构的纳米材料。

### 2. 纳米粒子表面改性的方法

纳米粒子的表面改性即纳米粒子表面与表面改性剂发生作用，改善纳米粒子表面的可润湿性增强。纳米粒子在介质中的界面相容性。使纳米粒子容易在有机化合物或水中分散。表面改性剂分子结构必须具有易与纳米粒子的表面产生作用的特征基团。这种特征基团可以通过表面改性剂的分子结构设计而获得。根据纳米粒子与改性剂表面发生作用的方式，改性的机理可分为表面物理修饰和表面化学修饰等。

1）表面物理修饰法

表面物理修饰法通过吸附、涂敷、包覆等物理手段对微粒表面进行改性，常见表面吸附和表面沉积法。

（1）表面吸附

表面吸附通过范德瓦尔斯力将异质材料吸附在纳米粒子的表面，防止纳米粒子的团聚。如用表面活性剂修饰纳米粒子，表面活性剂分子能在颗粒表面形成一层分子膜，阻碍了颗粒之间的相互接触，增大了颗粒之间的距离，避免了架桥羟基和真正化学键的形成。表面活性剂还可降低表面张力，减小毛细管的吸附力。加入高分子表面活性剂还可起一定的空间位阻作用。

（2）表面沉积

表面沉积将一种物质沉积到纳米粒子表面，形成与颗粒表面无化学结合的异质包覆层。利用溶胶可实现对无机纳米粒子的包覆，改善纳米粒子的性能。如将 $ZnFeO_3$ 纳米粒子放入 $TiO_2$ 溶液中，$TiO_2$ 溶胶沉积到 $ZnFeO_3$ 纳米粒子表面形成包覆层，其光催化效率大大提高。用 $Cu^+$、$Ag^+$ 对纳米 $TiO_2$ 粒子表面进行修饰，也可明显提高其杀菌效能。

2）表面化学修饰法

表面化学修饰法是纳米粒子表面原子与修饰剂分子发生化学反应，改变其表面结构和状态的方法，是纳米粒子分散、复合等的重要手段。

（1）酯化反应法

酯化试剂与纳米粒子表面原子反应，原来亲水疏油的表面变成亲油疏水的表面。适用于表面为弱酸性或中性的纳米粒子，如 $SiO_2$、$Fe_2O_3$、$TiO_2$ 等的改性。

（2）偶联剂法

$SiO_2$ 等纳米粒子的表面能较高，与表面能较低的有机物亲和性较差，两者复合时不能相容，在界面上出现空隙，导致界面处高聚物易降解、脆化。将纳米粒子表面经偶联剂处理可使其与有机物具有很好的相容性。偶联剂分子一般具备两种基团，一种能与无机纳米粒子表面进行化学反应，另一种能与有机物反应或相容。硅烷偶联剂是常见的偶联剂之一，修饰表面具有羟基的无机纳米粒子非常有效。

（3）表面接枝改性法

表面接枝改性法分为：①偶联接枝法——纳米粒子表面官能团与高分子直接反应实现接枝。目前常用的偶联剂包括硫醇、胺、有机磷分子、羧酸、聚合物、硅烷偶联剂等，其中应用最为广泛的是硅烷偶联剂。②聚合生长接枝法——单体在纳米粒子表面聚合生长，形成对纳米粒子的包覆。③聚合与接枝同步法——单体在聚合的同时，被纳米粒子表面强自由基捕获，形成高分子链与纳米粒子表面的化学连接。

表面接枝改性充分发挥了无机纳米粒子与高分子各自的优点，可实现功能材料的优化设计。此外，纳米粒子表面接枝后，大大提高了其在有机溶剂和高分子中的分散性，可制备高

纳米粉含量、高均匀分布的复合材料。

## 10.2.3 改性纳米材料的应用

### 1. 在塑料中的应用

由于纳米粒子的小尺寸效应、大比表面积和强界面结合，纳米材料可对塑料起到增韧、增强的效果，可改善塑料的抗老化性。当用二甲基硅烷处理的 $SiO_2$（粒径 14 nm）体积分数为聚乙烯的 4% 时，采用了浇注成模的方法制备了 $SiO_2/PE$ 复合材料，该复合材料的拉伸强度约为基体的 2 倍。用 CH-IA 处理过的纳米 $CaCO_3$ 粉体填充聚丙烯，其复合材料韧性、耐冲击性能有明显的提高。高能辐射表面改性的 $SiO_2$ 填充聚丙烯所得的复合材料，其模量和强度均有所提高，韧性也显著提高。

### 2. 在复合阻燃材料中的应用

将传统的无机阻燃剂纳米化，以纳米级 $Sb_2O_3$ 为载体，经表面改性可制成高效的阻燃剂，其氧指数是普通阻燃剂的数倍。另外，纳米级 $Sb_2O_3$ 和聚烯烃塑料有很好的匹配性。它具有热稳定性好、无毒、持久阻燃等优点。

### 3. 在复合催化剂中的应用

纳米粒子由于尺寸小，表面所占的体积百分数，大表面的键态和电子态与颗粒内部不同，表面光滑程度变差，形成了凹凸不平的原子台阶，增加了化学反应的接触面，原子配位不全等导致表面的活性位置增加，这些就使它具备了作为催化剂的基本条件。亚铬酸铜是促进高氯酸铵分解的一种很好的催化剂，但由于以往制备的亚铬酸铜及高氯酸超细微粒易发生团聚，利用高氯酸铵晶体包覆纳米级亚铬酸铜形成复合粒子，较好地解决了这一问题。

### 4. 在润滑领域中的应用

将纳米材料应用于润滑体系中，是一个全新的研究领域。由于纳米材料具有比表面积大、高扩散性、低烧结性、熔点降低等特性，因此，以纳米材料为基础制备的新型润滑材料，应用于摩擦系统中，将以不同于传统载荷添加剂的作用方式，起减摩抗磨作用。这种新型润滑材料不但可以在摩擦表面形成一层易剪切的薄膜，降低摩擦系数，而且可以对摩擦表面进行一定程度的填补和修复，起到抗磨作用。

### 5. 在复合涂料中的应用

纳米材料的独特作用对涂料的影响将是深远的，用纳米材料结合传统涂料来制造纳米复合涂料是涂料发展的重要方向。在成功开发出的纳米复合涂料品种中，越来越表现出这种新型复合涂料的卓越性。纳米材料表面经过改性可以获得同时憎水和憎油的特性。Nissan 和 Toyta 公司已将具有这种自清洁和防雾功能的纳米材料用于汽车视镜表面涂层。

### 6. 在橡胶中的应用

将纳米刚性粒子加入橡胶增韧体系中，由于纳米粒子的特殊效应，可赋予橡胶增强性能、屏障性能、加工性能等。橡胶与改性纳米 $SiO_2$ 复合材料中的纳米粒子分散非常均匀，分散相的化学成分及结构、尺寸及其分布、表面特性等均可控。制备的纳米复合材料具有很高的拉伸强度和撕裂强度，优异的滞后生热和动态/静态压缩性能，在最优化条件下的综合性能明显超过炭黑和白炭黑增强的橡胶纳米复合材料。该技术还可省去部分混炼加工工艺。

# 参考文献

［1］ 张立德，牟季美. 纳米材料和纳米结构［M］. 北京：科学出版社，2001.

［2］ 薛永强，崔子祥. 纳米物理化学［M］. 北京：科学出版社，2017.

［3］ 倪星元，姚兰芳，沈军，等. 纳米材料制备技术［M］. 北京：化学工业出版社，2008.

［4］ 林元华，张中太，黄淑兰. 纳米金红石型 $TiO_2$ 粉体的制备及其表征［J］. 无机材料学报，1999，4（6）：853-860.

［5］ 林志东. 纳米材料基础与应用［M］. 北京：北京大学出版社，2010.

［6］ 张万忠，乔学亮，陈建国，王洪水. 纳米材料的表面修饰与应用［J］. 化工进展，2004（23）：1067-1071.

［7］ Li Y L, Ishigaki T. Controlled one-step synthesis of nano-crystalline anatase and rutile $TiO_2$ powders by in-flight thermal plasma oxidation［J］. Physical Chemistry B，2004，108（40）：15536-15542.

［8］ 戴剑锋，刘鹏，王青，李维学. 一维 $NiFe_2O_4$ 纳米丝的制备与磁性能［J］. 有色金属工程，2018，8（3）：12-15.

［9］ 戴剑锋，刘鹏，王青，李维学. 一维 $NiFe_{1.98}RE_{0.02}O_4$（RE=Pr，Nd，Sm）纳米丝的结构和磁性能［J］. 稀有金属材料与工程，2019，48（3）：1539-1543.

［10］ 张芬. $TiO_2$ 基纳米管的制备、改性及性能研究［D］. 青岛：中国海洋大学，2011.

［11］ Vijayan B，Dimitrijevic N M，Rajh T，et al. Effect of calcination temperature on the photo-catalytic reduction and oxidation processes of hydrothermally synthesized titania nanotubes［J］. J. Phys. Chem. C，2010（114）：12994-13002.

［12］ 云虹. 改进型纳米 $TiO_2$ 复合膜的光生阴极保护研究［D］. 厦门：厦门大学，2008.

［13］ 李宾杰. 特殊结构含锑、镁化合物纳米材料的制备和阻燃性能研究［D］. 郑州：河南大学，2007.

［14］ 陈媛媛. 环境纳米材料的制备及污染物的去除研究［D］. 合肥：中国科学技术大学，2017.

［15］ 丁玎. 新型靶向纳米材料的设计及其与生理环境的相互作用［D］. 湖南：湖南大学，2017.

［16］ 黄在银. 立方体纳米 CuO 表面热力学函数的粒度及温度效应［J］. 物理化学学报. 2016，32（11）：2678-2684.

［17］ 李星星，黄在银，钟莲云，等. 八面体钼酸镉纳米体系反应动力学及表面热力学性质的粒度效应［J］. 科学通报，2014（25）：2490-2498.

［18］ 李静. 氯化银纳米粒子的制备及其表面改性的研究［D］. 长春：吉林大学，2007.

［19］ 薛茹君. 无机纳米材料的表面修饰改性与物性研究［D］. 合肥：合肥工业大学，2008.

［20］ 吕欣妍. 金属氧化物纳米材料的表面修饰及其在分离与富集中的应用［D］. 长春：吉林大学，2022.

表面分析是利用电子束、离子束、光子或中性粒子束作为探束，有时加上电场、磁场、热和机械的作用，来探测处于超高真空中的样品表面，故又称为真空表面分析技术。从 20 世纪 20 年代开始人们发明的低能电衍射仪、扫描电子显微镜等，直到六七十年代及以后的各种超高真空电子、离子、光子能仪、二次离子质谱仪、扫描隧道显微镜、原子力显微镜和扫描探针显微镜等，均用于表面分析。

要理解表面的性质和反应活性，就需要了解表面的物理形貌、化学成分、化学结构、原子结构、电子态以及分子结合情况等信息。全面研究表面现象总是需要几种技术。就解决具体问题而言，没有必要涉及所有这些不同的方面；然而通过将多种技术应用于表面研究，可以显著提高对表面的认识。

# 11.1　扫描电子显微镜

扫描电子显微镜（Scanning Electron Microscopy，SEM）可以用来观察样品表面的形貌。

## 11.1.1　扫描电子显微镜的系统结构与工作原理

扫描电子显微镜由电子光学系统，信号收集处理、图像显示和记录系统，真空系统三个基本部分组成。

**1. 电子光学系统（镜筒）**

电子光学系统包括电子枪、电磁透镜、扫描线圈和样品室。

（1）电子枪

扫描电子显微镜中的电子枪与透射电子显微镜的电子枪相似，只是加速电压比透射电子显微镜低。

（2）电磁透镜

扫描电子显微镜中各电磁透镜都不用作成像透镜，而是用作聚光镜，它们的功能只是把电子枪的束斑（虚光源）逐级聚焦缩小，使原来直径约为 50 μm 的束斑缩小成一个直径只有数纳米的细小斑点。要达到这样的缩小倍数，必须用几个透镜来完成。扫描电子显微镜一般都有三个聚光镜，前两个聚光镜是强磁透镜，可把电子束光斑缩小，第三个聚光镜是弱磁透镜，具有较长的焦距。布置这个末级透镜（习惯上称之为物镜）的目的在于使样品室和透镜之间留有一定的空间，以便装入各种信号探测器。扫描电子显微镜中照射到样品上的电子束直径越小，就相当于成像单元的尺寸越小，相应的分辨率就越高。采用普通热阴极电子枪时，扫描电子束的束径可达到 6 nm 左右。若采用六硼化镧阴极和场发射电子枪，电子束束径还可进一步缩小。

（3）扫描线圈

扫描线圈的作用是使电子束偏转，并在样品表面做有规则的扫动，电子束在样品上的扫描动作和显像管上的扫描动作保持严格同步，因为它们是由同一扫描发生器控制的。

（4）样品室

样品室内除放置样品外，还安置了信号探测器。各种不同信号的收集与相应检测器的安放位置有很大的关系，如果安置不当，则有可能收不到信号或收到的信号很弱，从而影响分析精度。

样品台本身是一个复杂而精密的组件，它应能夹持一定尺寸的样品，并能使样品做平移、倾斜和转动等运动，以利于对样品上每一特定位置进行各种分析。新式扫描电子显微镜的样品室实际上是一个微型实验室，它带有多种附件，可使样品在样品台上加热、冷却和进行力学性能实验（如拉伸和疲劳）。

**2. 信号收集处理、图像显示和记录系统**

二次电子、背散射电子和透射电子的信号都可采用闪烁计数器进行检测。信号电子进入闪烁体后即引起电离，当离子和自由电子复合后，就产生可见光。可见光信号通过光导管送入光电倍增器，光信号放大，即又转化成电流信号输出，电流信号经视频放大器放大后，就成为调制信号。由于镜筒中的电子束和显像管中的电子束是同步扫描的，而荧光屏上每一点的亮度是根据样品上被激发出来的信号强度来调制的，因此，样品上各点的状态各不相同，所以接收到的信号也不相同，于是就可以在显像管上看到一幅反映样品各点状态的扫描电子显微图像。

**3. 真空系统**

为保证扫描电子显微镜电子光学系统的正常工作，对镜筒内的真空度有一定的要求。一般情况下，如果真空系统能提供 $1.33 \times 10^{-3} \sim 1.33 \times 10^{-2}$ Pa（$10^{-5} \sim 10^{-4}$ mmHg）的真空度，就可防止样品的污染。如果真空度不足，除样品被严重污染外，还会出现灯丝寿命下降、极间放电等问题。图 11-1 所示为 JSM-7900F 型扫描电子显微镜外观。

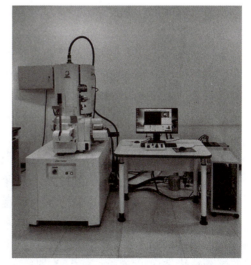

**图 11-1　JSM-7900F 型扫描电子显微镜外观**

## 11.1.2　扫描电子显微镜的应用

　　扫描电子显微镜的成像原理和透射电子显微镜完全不同，它不用电磁透镜放大成像，而是以类似电视摄影显像的方式，利用细聚焦电子束在样品表面扫描时激发出来的各种物理信号来调制成像的。新式扫描电子显微镜的二次电子像的分辨率已达到 1 nm 以下，放大倍数可从数倍放大到 30 万倍以上。由于扫描电子显微镜的景深远比光学显微镜的大，可以用它进行显微断口分析。用扫描电子显微镜观察断口时，样品不必复制，可直接进行观察，这给分析带来极大的方便。因此，目前显微断口的分析工作大都是用扫描电子显微镜来完成的。由于电子枪的效率不断提高，使扫描电子显微镜样品室附近的空间增大，可以装入更多的探测器。因此，目前的扫描电子显微镜不只是分析形貌，它还可以和其他分析仪器组合，使人们能在同一台仪器上进行形貌、微区成分和晶体结构等多种微观组织结构信息的同位分析。

　　扫描电镜主要接收来自样品表面一侧的信号，而且景深比光学显微镜大得多，很适合观察表面粗糙的大尺寸样品。图 11-2 所示为泡沫镍基底上生长的金属氧化物。

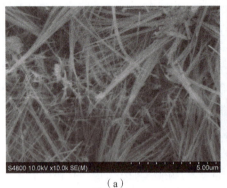

（a）　　　　　　　　　　　　　　　　　（b）

**图 11-2　泡沫镍基底上生长的金属氧化物**

（a）钴锰二元金属氧化物；（b）钴锌锰三元金属氧化物

　　扫描电镜的优点是能直接观察块状样品。但为了保证图像质量，对样品表面的性质有如下要求：

　　①导电性好，以防止表面积累电荷而影响成像。

　　②具有抗热辐照损伤的能力，在高能电子轰击下不分解、不变形。

　　③具有高的二次电子和背散射电子系数，以保证图像良好的信噪比。

　　对于不能满足上述要求的样品，如陶瓷、玻璃和塑料等绝缘材料，导电性差的半导体材料，热稳定性不好的有机材料和二次电子、背散射电子系数较低的材料，都需要进行表面镀膜处理。某些材料虽然有良好的导电性，但为了提高图像的质量，仍需进行镀膜处理。比如在高倍（例如，大于 2 000 倍）下观察金属断口时，由于存在电子辐照所造成的表面污染或氧化，影响二次电子逸出，喷镀一层导电薄膜能使分辨率大幅度提高。

　　在扫描电镜制样技术中用得最多的是真空蒸发和离子溅射镀膜法。最常用的镀膜材料是金。金的熔点较低，易蒸发；与通常使用的加热器不发生反应；二次电子和背散射电子的发射效率高；化学稳定性好。对于 X 射线显微分析、阴极荧光研究和背散射电子像观察等，碳、铝或其他原子序数较小的材料作为镀膜材料更为合适。膜厚的控制应根据观察的目的和样品的性质来决定。一般来说，从图像的真实性出发，膜应尽量薄一些。对于金膜，通常控制在 20~80 nm。如果进行 X 射线成分分析，为减小吸收效应，膜应尽可能薄一些。

# 11.2 透射电子显微镜

透射电子显微镜（Transmission Electron Microscopy，TEM）是以波长极短的电子束作为照明源，用电磁透镜聚焦成像的一种高分辨率、高放大倍数的电子光学仪器。

## 11.2.1 透射电子显微镜的结构和成像原理

透射电子显微镜由电子光学系统、电源与控制系统及真空系统三部分组成。电子光学系统通常称为镜筒，是透射电子显微镜的核心，它的光路原理与透射光学显微镜十分相似，分为三部分，即照明系统、成像系统和观察记录系统。

### 1. 照明系统

照明系统由电子枪、聚光镜和相应的平移对中、倾斜调节装置组成。其作用是提供一束亮度高、照明孔径角小、平行度好、束流稳定的照明源。为满足明场和暗场成像需要，照明束可在 2°~3°范围内倾斜。

电子枪是投射电子显微镜的电子源。

聚光镜用来会聚电子枪射出的电子束，以最小的损失照明样品，调节照明强度、孔径角和束斑大小。

### 2. 成像系统

成像系统主要由物镜、中间镜和投影镜组成。

物镜是用来形成第一幅高分辨率电子显微图像或电子衍射花样的透镜。透射电子显微镜分辨率的高低主要取决于物镜。因为物镜的任何缺陷都将被成像系统中其他透镜进一步放大。欲获得物镜的高分辨率，必须尽可能降低像差。通常采用强励磁、短焦距的物镜，其像差小。

中间镜是一个弱励磁的长焦距变倍率透镜，可在 0~20 倍范围调节。当放大倍数大于 1 时，用来进一步放大物镜像；当放大倍数小于 1 时，用来缩小物镜像。

如果把中间镜的物平面和物镜的像平面重合，则在荧光屏上得到一幅放大像，这就是电子显微镜中的成像操作；如果把中间镜的物平面和物镜的背焦面重合，则在荧光屏上得到一幅电子衍射花样，这就是透射电子显微镜中的电子衍射操作。

投影镜的作用是把经中间镜放大（或缩小）的像（或电子衍射花样）进一步放大，并投影到荧光屏上，它和物镜一样，是一个短焦距的强磁透镜。即使改变中间镜的放大倍数，使显微镜的总放大倍数有很大的变化，也不会影响图像的清晰度。

### 3. 观察和记录系统

观察和记录系统包括荧光屏和照相机构。在荧光屏下面放置一个可以自动换片的照相暗盒，照相时，只要把荧光屏掀往一侧垂直竖起，电子束即可使照相底片曝光。由于透射电子显微镜的焦长很大，虽然荧光屏和底片之间有数厘米的间距，但是仍能得到清晰的图像。

图11-3所示为JSM—2100型扫描电子显微镜外观。电子显微镜工作时，整个电子通道都必须置于真空系统内。

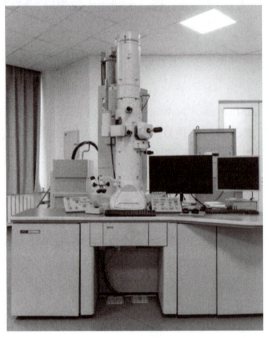

图11-3　JEM—2100型透射电子显微镜的外观

## 11.2.2　透射电子显微镜的应用

透射电子显微镜的主要特点是可以进行组织形貌与晶体结构同位分析。在透射电子显微镜成像系统中，使中间镜物平面与物镜像平面重合（成像操作），在观察屏上得到的是反映样品组织形态的形貌图像，如图11-4所示；而使中间镜的物平面与物镜背焦面重合（衍射操作），在观察屏上得到的则是反映样品晶体结构的衍射斑点，如图11-5所示。

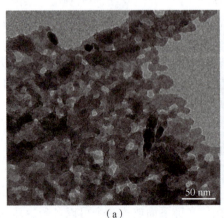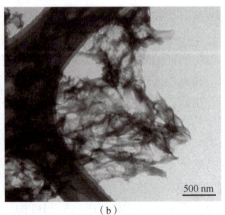

（a）　　　　　　　　　　　　　　（b）

图11-4　透射电子显微镜

（a）钴锰锌三元金属氧化物；（b）碳纳米片

多晶体的电子衍射花样是一系列不同半径的同心圆环，如图 11-5（a）所示，单晶体的衍射花样由排列得十分整齐的许多斑点组成（图 11-5（b）），而非晶态物质的衍射花样只有一个散漫的中心斑点（图 11-5（c））。在通过衍射斑点确定晶体结构的工作中，只凭一个晶带的一张衍射斑点不能充分确定其晶体结构，往往需要同时摄取同一晶体不同晶带的多张衍射斑点（即系列倾转衍射）方能准确地确定其晶体结构。

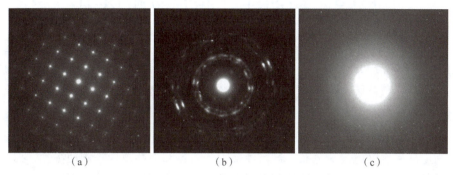

（a）　　　　　　　　　（b）　　　　　　　　　（c）

**图 11-5　多晶体、单晶体、非晶体的电子衍射花样**
（a）多晶体；（b）单晶体；（c）非晶体

透射电子显微镜样品既小又薄，复型样品通常需要一种有许多网孔（如 0.075 mm 方孔或圆孔），外径为 3 mm 的样品铜网来支持，如图 11-6 所示。样品台的作用是承载样品，并使样品能在物镜极靴孔内平移、倾斜、旋转，以选择感兴趣的样品区域或位向进行观察分析。

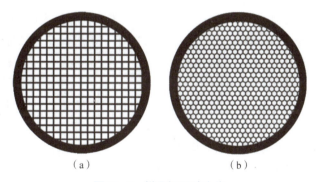

（a）　　　　　　　　　　　（b）

**图 11-6　样品铜网放大像**
（a）方孔；（b）圆孔

电子束对薄膜样品的穿透能力与加速电压有关。当电子束的加速电压为 200 kV 时，就可以穿透厚度为 500 nm 的铁膜；如果加速电压增至 1 000 kV，则可以穿透厚度大致为 1 500 nm 的铁膜。从图像分析的角度来看，样品的厚度较大时，往往会使膜内不同深度层上的结构细节彼此重叠而互相干扰，得到的图像过于复杂，以至于难以进行分析。但是，如果样品太薄，则表面效应将起十分重要的作用，以至于造成薄膜样品中相变和塑性变形的进行方式有别于大块样品。因此，为了适应不同研究目的的需要，应分别选用适当厚度的样品，对于一般金属材料而言，样品厚度都在 500 nm 以下。

合乎要求的薄膜样品必须具备下列条件：①薄膜样品的组织结构必须和大块样品相同，在制备过程中，这些组织结构不发生变化；②样品相对于电子束而言，必须有足够的"透明度"，

因为只有样品能被电子束透过，才有可能进行观察和分析；③薄膜样品应有一定强度和刚度，在制备、夹持和操作过程中，在一定的机械力作用下不会引起变形或损坏；④在样品制备过程中，不允许表面产生氧化和腐蚀，氧化和腐蚀会使样品的透明度下降，并造成多种假像。

# 11.3 扫描探针显微分析技术

19 世纪 80 年代初期，扫描探针显微镜（Scanning Probe Microscope，SPM）因首次在实空间展现了硅表面的原子图像而震动了世界，从此 SPM 在基础表面科学、表面结构分析和从硅原子结构到活体细胞表面微米尺寸的突出物的三维成像等学科中发挥着重要的作用。

扫描探针显微镜是一种具有宽广观察范围的成像工具，它延伸至光学和电子显微镜的领域。它也是一种具有空前高的 3D 分辨率的轮廓仪。在某些情况下，扫描探针显微镜可以测量诸如表面电导率、静电电荷分布、区域摩擦力、磁场和弹性模量等物理特性。扫描探针显微镜是一类仪器的总称，它们以原子到微米级别的分辨率研究材料的表面特征。

## 11.3.1 扫描隧道显微镜分析

扫描隧道显微镜（Scanning Tunneling Microscope，STM）是所有扫描探针显微镜的祖先，是第一种能够在实空间获得表面原子结构图像的仪器。

STM 具有结构简单、分辨本领高等特点，可在真空、大气或液体环境下，在实空间内进行原位动态观察样品表面的原子组态，并可直接用于观察样品表面发生的物理或化学反应的动态过程及反应中原子的迁移过程等。STM 除具有一定的横向分辨本领外，还具有极优异的纵向分辨本领。STM 的横向分辨率达 0.1 nm，在与样品垂直的 $z$ 方向，分辨率高达 0.01 nm。由此可见，STM 具有极优异的分辨本领。从仪器工作原理上看，STM 对样品的尺寸形状没有任何限制，不破坏样品的表面结构。目前，STM 已成功地用于单质金属、半导体等材料表面原子结构的直接观察。

扫描隧道显微镜的工作原理示意如图 11-7 所示。图中，A 为具有原子尺度的针尖，B 为被分析样品。STM 工作时，在样品和针尖间加一定电压，当样品与针尖间的距离小于一定值时，由于量子隧道效应，样品和针尖间会产生隧道电流。隧道电流对样品表面的微观起伏特别敏感。

根据扫描过程中针尖与样品间相对运动的不同，可将 STM 的工作原理分为恒电流模式（图 11-7（a））和恒高度模式（图 11-7（b））。若控制样品与针尖间的距离不变，如图 11-7（a）所示，则当针尖在样品表面扫描时，由于样品表面高低起伏，势必引起隧道电流变化。此时通过一定的电子反馈系统，驱动针尖随样品高低变化而做升降运动，以确保针尖与样品间的距离保持不变，此时针尖在样品表面扫描时的运动轨迹（如图 11-7（a）中的虚线所示）直接反映了样品表面态密度的分布。而在一定条件下，样品的表面态密度与样品表面的高低起伏程度有关，此即恒电流模式。若控制针尖在样品表面某一水平面上扫描，针尖的运动轨迹如图 11-7（b）所示，则随着样品表面高低起伏，隧道电流不断变化。通过记录隧道电流的变化，可得到样品表面的形貌图，此即恒高度模式。

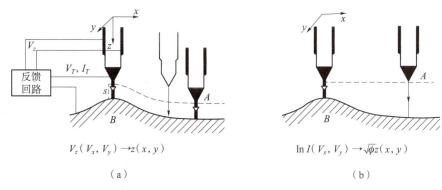

**图 11-7　扫描隧道显微镜的工作原理示意**

（a）恒电流模式；（b）恒高度模式

$S$—针尖与样品间距；$I$—隧道电流；$V_T$—工作偏压；$V_z$—控制针尖在 $z$ 方向

恒电流模式是目前 STM 仪器设计时常用的工作模式，适用于观察表面起伏较大的样品；恒高度模式适用于观察表面起伏较小的样品，一般不能用于观察表面起伏大于 1 nm 的样品。但是，恒高度模式下，STM 可进行快速扫描，而且能有效地减小噪声和热漂移对隧道电流信号的干扰，从而获得更高分辨率的图像。

扫描隧道显微镜的主要技术问题在于精确控制针尖相对于样品的运动。目前，常用 STM 仪器中针尖的升降、平移运动均采用压电陶瓷控制，利用压电陶瓷特殊的电压、位移敏感性能，通过在压电陶瓷材料上施加一定电压，使压电陶瓷制成的部件产生变形，并驱动针尖运动。只要控制电压连续变化，针尖就可以在垂直方向或水平面上做连续的升降或平移运动，其控制精度达到 0.001 nm。

## 11.3.2　原子力显微镜分析

扫描隧道显微镜不能测量绝缘体表面的形貌。1986 年，G. Binnig 提出原子力显微镜的概念，它不但可以测量绝缘体的表面形貌，分辨率达到接近原子级，还可以测量表面原子间的力，测量表面的弹性、塑性、硬度、黏着力、摩擦力等性能。

原子力显微镜（Atomic Force Microscopy，AFM）的原理接近指针轮廓仪（Stylus Profilometer），但采用 STM 技术。指针轮廓仪利用针尖（指针），通过杠杆或弹性元件把针尖轻轻压在待测表面上，使针尖在待测表面上做光栅扫描，或使针尖固定，表面相对针尖做相应移动，针尖随表面的凹凸做起伏运动，用光学或电学方法测量起伏位移随位置的变化，于是得到表面三维轮廓图。指针轮廓仪所用针尖的半径约为 1 μm，所加弹力（压力）为 $10^{-5} \sim 10^{-2}$ N，横向分辨率达 100 nm，纵向分辨率达 1 nm。而 AFM 利用 STM 技术，针尖半径接近原子尺寸，所加弹力可以小至 $10^{-10}$ N，在空气中测量，横向分辨率达 0.15 nm，纵向分辨率达 0.05 nm。

力的测量通常用弹性元件或杠杆。对于弹性元件或杠杆，有

$$F = S\Delta z \tag{11-1}$$

式中，$F$ 为所施加的力；$\Delta z$ 为位移；$S$ 为弹性系数。已知 $S$，测出 $\Delta z$ 即可计算出力。

要测量小的力，$S$ 和 $\Delta z$ 都必须很小。在减小 $S$ 时，测量系统的谐振频率 $f_d$ 降低，因 $f_d =$

$\dfrac{1}{2\pi}\sqrt{\dfrac{s}{m}}$，如 $f_d$ 较低，振动影响将较大。因此，在降低 $S$ 的同时，必须降低 $m$。由于微细加工技术的进步，要制作 $S$ 和 $m$ 都很小的杠杆或弹性元件是可能的。图 11-8 中所用的是由 Au 箔做的微杠杆，质量 $m=10^{-10}$ kg，谐振频率 $f_d=2$ kHz，利用上面的公式算出 $S=2\times10^{-2}$ N/m。在 AFM 中，利用 STM 测量微杠杆的位移，$\Delta z$ 可小至 $10^{-5}\sim10^{-3}$ nm，因此，用 AFM 测量最小力的量级为 $F=S\Delta z=2\times10^{-2}\times(10^{-14}\sim10^{-12})$ N $=2\times(10^{-16}\sim10^{-14})$ N。

图 11-8 所示为 Binnig 1986 年提出的 AFM 的结构原理，有两个针尖和两套压电晶体控制机构。B 是 AFM 的针尖；C 是 STM 的针尖；A 是 AFM 的待测样品；D 既是微杠杆，又是 STM 的样品；E 是使微杠杆发生周期振动的调制压电晶体，用于调制隧道结间隙。当隧道结间隙用交流调制时，最小可测位移 $\Delta z$ 可小至 $10^{-5}$ nm。

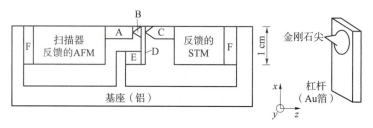

**图 11-8  AFM 的结构原理**

（a）AFM 结构原理；（b）微杠杆尺寸

A—AFM 的待测样品；B—AFM 的针尖；C—STM 的针尖（Au）；

D—微杠杆，又是 STM 的样品；E—调制压电晶体；F—氟橡胶

测量针尖和样品表面之间的原子力的方法如下：先使样品 A 离针尖 B 很远，这时杠杆位于不受力的静止位置，然后使 STM 针尖 C 靠近杠杆 D，直至观察到隧道结电流 $I_{STM}$，使 $I_{STM}$ 等于某一固定值 $I_0$，并开动 STM 的反馈系统使 $I_{STM}$ 自动保持在 $I_0$ 数值，这时由于 B 处在悬空状态，电流信号噪声很大。然后使 AFM 样品 A 向针尖 B 靠近，当 B 感受到 A 的原子力时，B 将稳定下来，STM 电流噪声明显减小。设样品表面势能和表面力的变化如图 11-9 所示，在距离样品表面较远时，表面力是负的（负力表示吸引力），随着距离减小，吸引力先增加，然后减小，直至降到零。当进一步减小距离时，表面力变正（排斥力），并且表面力随距离进一步减小而迅速增加。如果表面力是这种性质，则当样品 A 向针尖 B 靠近时，B 首先感到 A 的吸力，B 将向左倾，STM 电流将减小，STM 的反馈系统将使 STM 尖向左移动 $\Delta z$ 距离，以保持 STM 电流不变；从 STM 的 $P_z$ 所加电压的变化，即可知道 $\Delta z$；知道 $\Delta z$ 后，根据胡克定律即可求出样品表面对杠杆针尖的吸力 $F$（因为 $F=-S\Delta z$，$S$ 是杠杆的弹性系数）。样品继续右移，表面对针尖 B 的吸力增加，当吸力达到最大值时，杠杆 D 的针尖向左偏移（从 STM 感觉到 $\Delta z$）也达到最大值。样品进一步右移时，表面吸力减小，位移 $\Delta z$ 减小，直至样品和针尖 B 的距离相当于 $z_0$ 时，表面力 $F=0$，杠杆回到原位（未受力的情况）。样品继续右移，针尖 B 感受到的将是排斥力，即杠杆 D 将后仰。总之，样品和针尖 B 之间的相对距离可由 AFM 的 $P_z$（控制 $z$ 向位移的压电陶瓷）所加的电压和 STM 的 $P_z$ 所加的电压确定，而表面力的大小和方向则由 STM 的 $P_z$ 所加电压的变化来确定。这样，就可求出针尖 B 的顶端原子感受到样品表面力随距离变化的曲线。当然，以上的分析是在不考虑 STM 针尖和微杠杆之间原子力的条件下做出的。

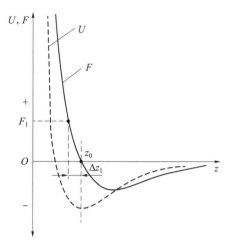

**图 11-9 样品表面势能 $U$ 及表面力 $F$ 随表面距离 $z$ 变化的曲线**

以上分析未考虑针尖或样品在力的作用下的变形。假如针尖 B 是硬度很高的材料（如金刚石），现要测量 AFM 样品的弹性或塑性变形随力的变化。在针尖与样品距离达到 $z_0$ 以后，再进一步靠近，如果样品 A 是理想的弹性材料，则当 $|\Delta z|$ 增加时，排斥力 $F$ 增加，$F$ 和针尖进入样品的深度（即 $|\Delta z|$）为图 11-10（a）所示的形状。但是当样品退回，$|\Delta z|$ 由大变小时，力 $F$ 应按原曲线变小，直至变至零，这是理想弹性材料的弹性变形。对于另一个极端，在针尖进入样品一定深度后，当样品 A 稍微回撤时，力 $F$ 即降至零，这是理想的塑性材料。由此可测量材料的弹性、塑性、硬度等性质，即 AFM 可用作纳米量级的"压痕器"（Nanoin-dentor）。

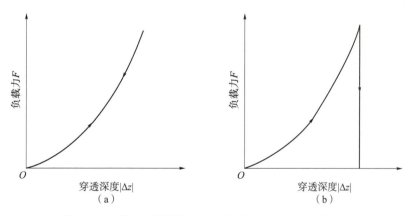

**图 11-10 针尖和样品作用力与针尖进入样品深度的关系**
（a）对理想弹性材料；（b）对理想塑性材料

利用 AFM 测量样品（包括绝缘体）的形貌或三维轮廓图的方法如下：使 AFM 针尖工作在排斥力 $F_1$ 状态（图 11-9），这时针尖相对零位向右移动 $\Delta z_1$ 距离。此后保障 STM 的 $P_z$ 固定不变，并沿 $x$（和 $y$）方向移动 AFM 样品，如样品表面凹下，则杠杆向左移动，于是 STM 的电流 $I_{STM}$ 减小，$I_{STM}$ 控制的放大器立即使 AFM 的 $P_1$ 推动样品向右移动，以保持 $I_{STM}$ 不变，即用 $I_{STM}$ 反馈控制 AFM 的 $P_z$ 以保持 $I_{STM}$ 不变。这样，当 AFM 样品相对针尖 B 做（$x$, $y$）方向光栅扫描时，记录 AFM 的 $P_z$ 随位置的变化，即得样品表面形貌的轮廓图。

# 11.4　X射线光电子能谱分析

X射线光电子能谱（X-ray Photoelectron Spectroscopy，XPS）也就是化学分析用电子能谱（Electron Spectroscopy for Chemical Analysis，ESCA），它是目前应用最广泛的表面分析方法之一，主要用于成分和化学态的分析。

X射线光电子能谱是如何产生的？用单色的X射线照射样品，具有一定能量的入射光子同样品原子相互作用，光致电离产生了光电子，这些光电子从产生之处输运到表面，然后克服逸出功而发射，这就是X射线光电子发射的三步过程。用能量分析器分析光电子的动能，得到的就是X射线光电子能谱。

X射线光电子能谱仪、俄歇谱仪和二次离子质谱仪是三种最重要的表面成分分析仪器。X射线光电子能谱仪的最大特色是可以获得丰富的化学信息，三者相比，它对样品的损伤是最轻微的，定量也是最好的。它的缺点是由于X射线不易聚焦，因而照射面积大，不适于进行微区分析。不过近年来在这方面的研究已取得一定进展，分析者已可用约100 μm直径的小面积进行分析。最近英国VG公司制成了可成像的X射线光电子能谱仪，称为"ESCAS-COPE"，除了可以得到ESCA外，还可得到ESCA像，其空间分辨率可达到10 μm，被认为表面分析技术的一项重要突破。X射线光电子能谱仪的检测极限与俄歇谱仪相近，这一性能不如二次离子质谱仪。

## 11.4.1　X射线光电子能谱的基本原理

X射线光电子能谱的检测原理很简单，它是建立在Einstein光电发射定律基础之上的，对于孤立原子，其光电子动能$E_k$为

$$E_k = h\nu - E_b \tag{11-2}$$

式中，$h\nu$是入射光子的能量；$E_b$是电子的结合能。$h\nu$是已知的，$E_k$可以用能量分析器测出，从而得出$E_b$。同一种元素的原子，不同能级上的电子$E_b$不同，所以，在相同的$h\nu$下，同一元素会有不同能量的光电子，在能谱图上，就表现为不止一个谱峰。其中最强而又最易识别的，就是主峰，一般用主峰来进行分析。不同元素的主峰，$E_b$和$E_k$不同，所以用能量分析器分析光电子动能，便能进行表面成分分析。

对于从固体样品发射的光电子，如果光电子出自内层，不涉及价带，由于逸出表面要克服逸出功$\varphi_s$，所以光电子动能为

$$E'_k = h\nu - E_b - \varphi_s \tag{11-3}$$

这里$E_b$是从费米能级算起的。实际用能量分析器分析光电子动能时，分析器与样品相连，存在着接触电位差（$\varphi_A - \varphi_s$），于是进入分析器的光电子动能

$$E'_k = h\nu - E_b - \varphi_s - (\varphi_A - \varphi_s) = h\nu - E_b - \varphi_A \tag{11-4}$$

式中，$\varphi_A$是分析器材料的逸出功。

这些能量关系可以很清楚地从图11-11看出。在X射线光电子能谱中，电子能级符号用$nl_j$表示，例如，$n=2$，$l=1$（即$p$电子），$j=3/2$的能级，就以$2p_{3/2}$表示。$1s_{1/2}$一般就写

成 1s。图 11-11 表示 $2p_{3/2}$ 光电子能量，为清楚起见，其他内层电子能级及能带均未画出。

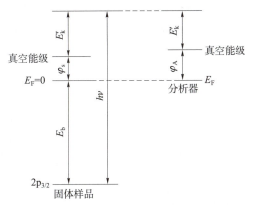

**图 11-11  从固体发射的 $2p_{3/2}$ 光电子能力，$E_F$ 是费米能级**

在式（11-4）中，如 $h\nu$ 和 $\varphi_A$ 已知，测 $E_k$ 可知 $E_b$，便可进行表面分析了。X 射线光电子能谱仪最适于研究内层电子的光电子谱。如果要研究固体的能带结构，则利用紫外光电子能谱仪（Ultraviolet Photoelectron Spectroscopy，UPS）更为合适。

根据如上所述的基本工作原理，可以得出 X 射线光电子能谱仪最基本的工作原理框图，如图 11-12 所示。

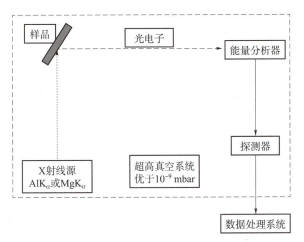

**图 11-12  X 射线光电子能谱工作原理**

常用的 X 射线源有两种：一种是利用 Mg 的 $K_\alpha$ 线；另一种是利用 Al 的 $K_\alpha$ 线。它们的 $K_\alpha$ 双线之间的能量间隔很近，因此 $K_\alpha$ 双线可认为是一条线。Mg 的 $K_\alpha$ 线能量为 1 254 eV，线宽 0.7 eV；Al 的 $K_\alpha$ 线能量为 1 486 eV，线宽 0.9 eV。Mg 的 $K_\alpha$ 线稍窄一些，但由于 Mg 的蒸气压较高，用它作阳极时，能承受的功率密度比 Al 阳极低。这两种 X 射线源所得射线线宽还不够理想，而且除主射线 $K_\alpha$ 线外，还产生其他能量的伴线，它们也会产生相应的光电子谱峰，干扰光电子谱的正确测量。此外，由于 X 射线源的韧致辐射，还会产生连续的背底。用单色器可以使线宽变得更窄，并且可除去 X 射线伴线引起的光电子谱峰，以及除去因韧致辐射造成的背底。不过，采用单色器会使 X 射线强度大大削弱。不用单色器，在数据处理时用卷积也能消除 X 射线线宽造成的谱峰重叠现象。测量小的化学位移，可采用以

上两种方法中的一种。

X 射线光电子能谱仪所采用的能量分析器，主要是带预减速透镜的半球或接近半球的球偏转分析器（SDA），其次是具有减速栅网的双通筒镜分析器（CMA）。因源面积较大而且能量分辨要求高，用前者比较合适。能量分析器的作用是把从样品发射出来的，具有某种能量的光电子选择出来，而把其他能量的电子滤除。对于以上两种能量分析器，选取的能量与加到分析器的某个电压成正比，控制电压就能控制选择的能量。如果加的是扫描电压，便可依次选取不同能量的光电子，从而得到光电子的能量分布，也就是 X 射线光电子能谱。

X 射线光电子能谱的背底不像俄歇谱那样强大，因此不用微分法，而是直接测出能谱曲线。由于信号电流非常微弱，在 $1 \sim 10^5$ cps 范围内，因此用脉冲记数法测量。与俄歇谱相比，分析速度较慢。电子倍增器一般采用通道电子倍增器，大体上能较好地满足要求。近年来各厂家在新的 X 射线光电子能谱仪中采用了位置灵敏检测器（PSD），明显地提高了信号强度。

X 射线光电子能谱的检测极限受限于背底和噪声。X 射线照射样品产生的光电子在输运到表面的过程中受到非弹性散射，损失部分能量后，就不再是信号，而成为背底。对于性能良好的 X 射线光电子能谱仪，噪声主要是信号与背底的散粒噪声。所以，X 射线光电子能谱的背底和噪声与被测样品有关。一般来说，检测极限大约为 0.1%。采用位置灵敏检测器能检测含量更小的元素，但设备较复杂，价格较高。

## 11.4.2　X 射线光电子能谱的应用

根据测得的光电子动能可以确定表面存在什么元素以及该元素原子所处的化学状态，这就是 X 射线光电子能谱的定性分析。根据具有某种能量的光电子的数量，便可知道某种元素在表面的含量，这就是 X 射线光电子能谱的定量分析。为什么得到的是表面信息呢？这是因为：光电子发射过程的后两步，与俄歇电子从产生处输运到表面然后克服逸出功而发射出去的过程是完全一样的，只有深度极浅范围内产生的光电子，才能够能量无损地输运到表面。用来进行分析的光电子能量范围与俄歇电子能量范围大致相同，所以，和俄歇谱一样，从 X 射线光电子能谱得到的也是表面的信息，信息深度与俄歇谱相同。如果用离子束溅射剥蚀表面，用 X 射线光电子能谱进行分析，两者交替进行，还可得到元素及其化学状态的深度分布，这就是深度剖面分析。

XPS 产生的光电子的结合能仅与元素种类以及所激发的原子轨道有关。特定元素的特定轨道产生的光电子能量是固定的，依据其结合能就可以标定元素。根据测量所得光电子谱峰位置，可以确定表面存在哪些元素以及这些元素存在于什么化合物中，这就是定性分析。

XPS 分析可以用来鉴定除 H 以外的所有元素。定性分析可借助手册进行，最常用的手册就是 Perkin-Elmer 公司的 X 射线光电子谱手册。在此手册中有在 $MgK_\alpha$ 和 $AlK_\alpha$ 照射下从 Li 开始的各种元素的标准谱图。谱图上有光电子谱峰和俄歇峰的位置，还附有化学位移的数据。对照实测谱图与标准谱图，不难确定表面存在的元素及其化学状态。

定性分析所利用的谱峰，当然应该是元素的主峰（也就是该元素最强、最尖锐的峰）。有时会遇到含量少的某元素主峰与含量多的另一元素的非主峰相重叠的情况，造成识谱的困难。这时可利用"自旋-轨道耦合双线"，也就是不仅看一个主峰，还看与其 n、l 相同但 j

不同的另一峰，这两峰之间的距离及其强度比是与元素有关的，并且对于同一元素，两峰的化学位移又是非常一致的，所以可根据两个峰（双线）的情况来识别谱图。伴峰的存在及谱峰的分裂会造成识谱困难，因此，要进行正确的定性分析，必须正确鉴别各种伴峰及正确判定谱峰分裂现象。

一般进行定性分析首先进行全扫描（整个 X 射线光电子能量范围扫描），以鉴定存在的元素，然后再对所选择的谱峰进行窄扫描，以鉴定化学状态。在 XPS 谱图里，C1s、O1s、CKLL、OKLL 的谱峰通常比较明显，应首先鉴别出来，并鉴别其伴线；然后由强到弱逐步确定测得的光电子谱峰，最后用"自旋-轨道耦合双线"核对所得结论。在 XPS 中，除光电子谱峰外，还存在 X 射线产生的俄歇峰。对某些元素，俄歇主峰相当强，也比较尖锐。俄歇峰也携带着化学信息，如何合理利用它是一个重要问题。

XPS 定量分析的依据——谱线强度，即谱图上光电子峰的面积。光电子能谱的强度除与产生该信号的元素浓度有关外，还与电子的平均自由程及试样材料对激发 X 射线的吸收系数等因素有关。在定量分析时，应考虑这些因素，用标准试样对实验结果进行校正。在实际中，用得较多的是元素相对含量的测定或同一元素不同价态相对含量的测定。

# 11.5  俄歇电子能谱分析

俄歇电子能谱（Auger Electron Spectroscopy，AES）是表面分析的主要手段之一，是一种研究原子和固体表面的重要工具。

## 11.5.1  俄歇电子能谱的基本原理

在前文讨论高能电子束与固体样品相互作用时已经指出，当原子内壳层电子因电离激发而留下一个空位时，由较外层电子向这一能级跃迁使原子释放能量的过程中，可以发射一个具有特征能量的 X 射线光子，也可以将这部分能量交给另外一个外层电子引起进一步的电离，从而发射一个具有特征能量的俄歇电子，如图 11-13 所示。检测俄歇电子的能量和强度可以获得有关表层化学成分的定性或定量信息，这就是俄歇电子能谱仪的基本分析原理。近年来，由于超高真空（$1.33 \times 10^{-8} \sim 1.33 \times 10^{-7}\,\mathrm{Pa}$）和能谱检测技术的发展，俄歇电子能谱仪作为一种极为有效的表面分析工具，为探索和澄清许多涉及表面现象的理论和工艺问题做出了十分重要的贡献，日益受到人们普遍的重视。

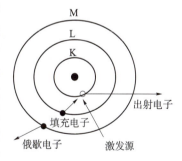

**图 11-13  俄歇电子产生示意**

原子发射一个 $KL_2L_2$ 俄歇电子，其能量由下式给定

$$E_{KL_2L_2} = E_K - E_{L_2} - E_{L_2} - E_W \tag{11-5}$$

可见，俄歇跃迁涉及三个核外电子。普遍的情况应该是，由于 A 壳层电子电离，B 壳层电子向 A 壳层的空位跃迁，导致 C 壳层电子的发射。考虑到后一过程中 A 电子的电离将引起原子库仑电场的改组，使 C 壳层能级略有变化，可以看成原子处于失去一个电子的正离

子状态，因而对于原子序数为 $Z$ 的原子，电离以后 C 壳层由 $E_C(Z)$ 变为 $E_C(Z+\Delta)$，于是俄歇电子的特征能量应为

$$E_{ABC}(Z) = E_A(Z) - E_B(Z) - E_C(Z+\Delta) - E_W \qquad (11-6)$$

式中，$E_W$ 为样品材料逸出功；$\Delta$ 是一个修正量，数值为 1/2～3/4，近似地，可以取作 1。这就是说，式中 $E_C$ 可以近地认为是比 $Z$ 高 1 的那个元素原子中 C 壳层电子的结合能。

俄歇电子发射至少要涉及两个能级和三个电子参与，用于分析 2 nm 以内的表面信息。俄歇电子的命名。如图 11-14 所示，以 $KL_2L_3$ 为例，表示：初态空位在 K 层，$L_2$ 层电子越迁到 K 层，剩余的能量将另一个 $L_3$ 层上的电子激发出去。

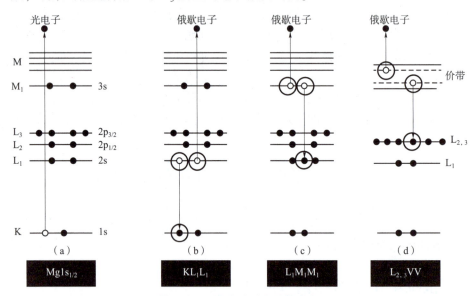

图 11-14　不同俄歇电子的命名

可能引起俄歇电子发散的电子跃迁过程是多种多样的。例如，对于 K 层电离的初始激发状态，其后的跃迁过程中既可能发射各种不同能量的 K 系 X 射线光子（$K_{\alpha1}$、$K_{\alpha2}$、$K_{\beta1}$、$K_{\beta2}$、…），也可能发射各种不同能量的 K 系俄歇电子（$KL_1L_1$、$KL_1L_{2,3}$、$K_{2,3}L_{2,3}$、…），这是两个互相竞争的不同跃迁方式，它们的相对发射概率，即荧光产额 $\omega_K$ 和俄歇电子产额 $\bar{\alpha}_K$ 应满足

$$\omega_K + \bar{\alpha}_K = 1 \qquad (11-7)$$

以 L 或 M 层电子电离作为初始激发态时，也存在同样的情况。事实上，最常见的俄歇电子能量总是相应于最有可能发生的跃迁过程，也即那些给出最强 X 射线谱线的电子跃迁过程。选用强度较高的俄歇电子进行检测有助于提高分析的灵敏度。

平均俄歇电子产额 $\bar{\alpha}_K$ 随原子序数的变化如图 11-15 所示。对于 $Z<15$ 的轻元素的 K 系，以及几乎所有元素的 L 和 M 系，俄歇电子的产额都是很高的。由此可见，俄歇电子能谱分析对于轻元素是特别有效的；对于中、高原子序数的元素来说，采用 L 和 M 系俄歇电子也比采用荧光产额很低的长波长 L 或 M 系 X 射线进行分析灵敏度高得多。通常，对于 $Z \leqslant 14$ 的元素，采用 KLL 电子来鉴定；对于 $Z>14$ 的元素，LMM 电子比较合适；对于 $Z \geqslant 42$ 的元素，以 MNN 和 MNO 电子为佳。为了激发上述这些类型的俄歇电子跃迁，产生必要的初始电离所需的入射电子能量都不高，例如，2 keV 以下就足够了。

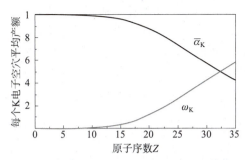

图 11-15　平均俄歇电子产额 $\bar{\alpha}_K$ 随原子序数 Z 变化

大多数元素在 50~1 000 eV 能量范围内都有产额较高的俄歇电子，它们的有效激发体积取决于发射的深度和入射电子束的束斑直径 $d_p$。虽然俄歇电子的实际发射深度取决于入射电子的穿透能力，但真正能够保持其特征能量而逸出表面的俄歇电子却仅限于表层以下 0.1~1 nm 的深度范围。这是因为大于这一深度处发射的俄歇电子，在到达表面以前，将由于与样品原子的非弹性散射而被吸收，或者部分地损失能量而混同于大量二次电子信号的背景。0.1~1 nm 的深度只相当于表面几个原子层，这就是俄歇电子能谱仪作为有效的表面分析工具的依据。显然，在这样的浅表层内，入射电子束的侧向扩展几乎完全不存在，其空间分辨率直接与束斑尺寸 $d_p$ 相当。目前，利用细聚焦入射电子束的"俄歇探针仪"可以分析大约 50 nm 的微区表面化学成分。

## 11.5.2　俄歇电子能谱的应用

在俄歇电子能谱仪中，一束电子照射到样品表面会得到以下信息：

①根据从样品表面发射的俄歇电子能量，可以确定表面存在什么元素——定性分析。

②根据发射俄歇电子的数量，可以确定元素在表面的含量——定量分析（不能准确定量）。

③不同的化学环境，会使俄歇峰位置移动，峰形发生变化，所以俄歇峰包含丰富的化学信息——化学态分析。

④如果用离子束溅射，逐渐剥离表面，还可以得到元素在深度方向的分布——元素深度剖析。

⑤电子束可以聚得非常细，偏转、扫描也容易，让一束聚得很细的电子在样品表面扫描，就可以测得元素在表面上的分布——微区分析。

### 1. 定量分析

根据俄歇峰位置可以确定元素种类，对样品进行定性分析。俄歇电子的能量仅与原子本身的轨道能级有关，与入射电子的能量无关。对于特定的元素及特定的俄歇跃迁过程，其俄歇电子的能量是特征的。

实际分析的俄歇电子谱图是样品中各种元素俄歇电子谱的组合，定性分析的方法是将测得的俄歇电子谱（微分谱上负峰位置）与纯元素的标准谱图比较，通过对比峰的位置和形状来识别元素的种类。

俄歇电子能谱定性分析方法适用于除氢、氦以外的所有元素，且每个元素有多个俄歇峰, 定性分析的准确性很高。俄歇电子能谱技术适用于对所有元素进行一次全分析, 对未知样品的定性鉴定非常有效。为了增加谱图的信噪比, 通常采用俄歇谱的微分谱的负峰来进行定性鉴定。在判断元素是否存在时, 应用其所有的次强峰进行佐证。由于相近原子序数元素激发出的俄歇电子的动能有较大差异, 因此, 相邻元素间的干扰作用很小。此外, 考虑到元素化学状态不同所产生的化学位移, 测得的峰的能量与标准谱图上的峰的能量相差几个电子伏特是很正常的。

俄歇电子能谱图的横坐标为俄歇电子动能, 纵坐标为俄歇电子计数的一次微分。激发出来的俄歇电子由其俄歇过程所涉及的轨道的名称标记。如图 11-16 所示, 由于俄歇跃迁过程涉及多个能级, 可以同时激发出多种俄歇电子, 因此, 在 AES 谱图上可以发现 Ti 的 LMM 俄歇跃迁有两个峰。由于大部分元素都可以激发出多组光电子峰, 因此非常有利于元素的定性标定, 排除能量相近峰的干扰。

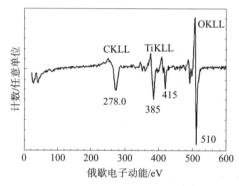

**图 11-16　金刚石表面的 Ti 薄膜的俄歇定性分析谱 (微分谱),
电子枪的加速电压为 3 kV**

俄歇电子强度与样品中对应原子的浓度有线性关系, 据此可以进行元素的半定量分析。俄歇电子强度除与原子的多少有关外, 还与样品表面的光洁度、元素存在的化学状态以及俄歇电子的逃逸深度有关, 谱仪的污染程度、样品表面的 C 和 O 的污染、吸附物的存在、激发源能量的不同, 均影响定量分析结果, 所以, AES 不是一种很好的定量分析方法, 它给出的仅仅是半定量的分析结果。

根据测得的俄歇电子信号的强度来确定产生俄歇电子的元素在样品表面的浓度。元素的浓度用原子分数 $C$ 表示。$C$ 即样品表面区域单位体积内元素 X 的原子数占总原子数的分数 (百分比)。定量分析方法常用的是相对灵敏度因子法, 该法是将各元素产生的俄歇电子信号均换算成纯 Ag 当量来进行比较计算。具体过程为: 在相同条件下测量纯元素 X 和纯 Ag 的主要俄歇峰强度 $I_X$ 和 $I_{Ag}$, 比值 $S_X = I_X/I_{Ag}$ 即为元素 X 的相对灵敏度因子, 表示元素 X 产生俄歇电子信号与纯 Ag 产生的相当程度。这样, 元素 X 的原子分数为

$$C_X = \frac{I_X/S_X}{\sum_j (I_j/S_j)} \tag{11-8}$$

### 2. 成分深度分析

AES 的深度分析功能是 AES 最有用的分析功能, 主要分析元素及含量随样品表面深度变化。采用能量为 500 eV~5 keV 的惰性气体氩离子溅射逐层剥离样品, 并用俄歇电子能谱仪对样品原位进行分析, 测量俄歇电子信号强度 $I$ (元素含量) 随溅射时间 $t$ (溅射深度) 的

关系曲线，这样就可以获得元素在样品中沿深度方向的分布。离子溅射深度分布分析是一种破坏性分析方法。离子的溅射过程非常复杂，不仅会改变样品表面的成分和形貌，有时还会引起元素化学价态的变化。溅射产生的表面粗糙也会大大降低深度剖析的深度分辨率。溅射时间越长，表面粗糙度越大。解决方法是旋转样品，以增加离子束的均匀性。通过俄歇电子能谱的深度剖析，可以获得多层膜的厚度。这种方法尤其适用于很薄的膜以及多层膜的厚度测定。

### 3. 微区分析

微区分析也是俄歇电子能谱分析的一个重要功能，可以分为选点分析、线扫描分析和面扫描分析三个方面。

俄歇电子能谱由于采用电子束作为激发源，其束斑面积可以聚焦到非常小。理论上，俄歇电子能谱选点分析的空间分别率可以达到束斑面积大小。因此，利用俄歇电子能谱可以在很微小的区域内进行选点分析。选点范围取决于样品架的可移动程度。

在研究工作中，有时需要了解元素沿某一方向的分布情况，俄歇扫描分析能很好地解决这一问题。俄歇线扫描分析可以在微观和宏观的范围内进行（1~6 000 μm），可以了解一些元素沿某一方向的分布情况。线扫描分析常应用于表面扩展研究、界面分析研究等方面。

俄歇电子能谱可以把某个元素在某一区域内的分布以图像的方式表示出来，就像电镜照片一样。只不过电镜提供的是样品表面形貌，而俄歇电子能谱提供的是元素的分布图像。

## 参考文献

[1] 黄惠忠. 表面化学分析 [M]. 上海：华东理工大学出版社，2007.
[2] 马毅龙. 材料分析测试技术与应用 [M]. 北京：化学工业出版社，2017.
[3] 郭立伟，朱艳，戴鸿滨. 现代材料分析测试方法 [M]. 北京：北京大学出版社，2019.
[4] 周玉. 材料分析方法（第 4 版）[M]. 北京：机械工业出版社，2020.